组态软件 KingView 从入门到监控应用 50 例

李江全 主 编
马 强 李丹阳 兰海鹏 副主编

电子工业出版社
Publishing House of Electronics Industry
北京·BEIJING

内 容 简 介

本书从实际应用出发，通过 50 个典型实例系统地介绍了组态软件 KingView 的设计方法及监控应用技术。全书由入门基础篇和监控应用篇组成。其中，入门基础篇包括组态软件概述、KingView 应用基础及初高级应用实例；监控应用篇采用 KingView 实现多个监控设备（包括智能仪器、三菱 PLC、西门子 PLC、远程 I/O 模块、单片机、PCI 数据采集卡、USB 数据采集模块等）的模拟电压输入/输出、数字量输入/输出、温度监控等功能。设计实例由设计任务、线路连接、任务实现等部分组成，每个实例均提供详细的操作步骤。

为方便读者学习，本书提供超值配套光盘，内容包括实例源程序、程序录屏、测试录像、软硬件资源等。

本书内容丰富，论述深入浅出，有较强的实用性和可操作性，可供测控仪器、计算机应用、机电一体化、自动化等专业的学生及工程技术人员学习和参考。

未经许可，不得以任何方式复制或抄袭本书之部分或全部内容。
版权所有，侵权必究。

图书在版编目（CIP）数据

组态软件 KingView 从入门到监控应用 50 例 / 李江全主编. —北京：电子工业出版社，2015.5
ISBN 978-7-121-25851-0

Ⅰ．①组… Ⅱ．①李… Ⅲ．①工业监控系统－应用软件 Ⅳ．①TP277

中国版本图书馆 CIP 数据核字（2015）第 075780 号

策划编辑：陈韦凯
责任编辑：康　霞
印　　刷：北京虎彩文化传播有限公司
装　　订：北京虎彩文化传播有限公司
出版发行：电子工业出版社
　　　　　北京市海淀区万寿路 173 信箱　邮编　100036
开　　本：787×1 092　1/16　印张：19　字数：486 千字
版　　次：2015 年 5 月第 1 版
印　　次：2021 年 9 月第 5 次印刷
定　　价：59.00 元（含 DVD 光盘 1 张）

凡所购买电子工业出版社图书有缺损问题，请向购买书店调换。若书店售缺，请与本社发行部联系，联系及邮购电话：（010）88254888，88258888。
质量投诉请发邮件至 zlts@phei.com.cn，盗版侵权举报请发邮件至 dbqq@phei.com.cn。
本书咨询联系方式：chenwk@phei.com.cn。

前 言

组态软件是标准化、规模化、商品化的通用工控开发软件，读者只需进行标准功能模块的软件组态和简单的编程，即可设计出标准化、专业化、通用性强、可靠性高的上位机人机界面工控程序，且工作量较小，开发调试周期短，对程序设计员的要求也较低。组态软件因其性能优良的特点而成为开发上位机工控程序的主流工具。

近几年来，随着计算机软件技术的发展，组态软件技术的发展也非常迅速，可以说是到了令人目不暇接的地步，特别是图形画面技术、面向对象编程技术、组件技术的出现，使原来单调、呆板、操作麻烦的人机界面变得面目一新，除了一些小型的工控系统需要开发者自己编写应用程序外，对于大中型的工控系统，最明智的办法应该是选择一个合适的组态软件。

组态王 KingView 软件采用了多线程、COM 组件等新技术，实现了实时多任务数据采集和控制功能，使用方便，功能强大，性能优异，运行稳定。它是一个完全意义上的工业级软件平台，已广泛应用于化工、电力、粮库、邮电通信、环保、水处理、冶金和食品等各个行业，并且作为首家国产监控组态软件应用于国防、航空航天等关键领域。

本书从实际应用出发，通过 50 个典型实例系统地介绍了组态软件 KingView 的设计方法及其监控应用技术。全书由入门基础篇和监控应用篇组成。其中，入门基础篇包括组态软件概述、KingView 应用基础及初高级应用实例；监控应用篇采用 KingView 实现多个监控设备（包括智能仪器、三菱 PLC、西门子 PLC、远程 I/O 模块、单片机、PCI 数据采集卡、USB 数据采集模块等）的模拟电压输入/输出、数字量输入/输出、温度监控等功能。设计实例由设计任务、线路连接、任务实现等部分组成，每个实例均提供详细的操作步骤。

本书内容丰富，论述深入浅出，有较强的实用性和可操作性，可供测控仪器、自动化、计算机应用、机电一体化等专业的学生及工程技术人员学习和参考。

为方便读者学习，本书提供了超值配套光盘，内容包括每个实例的源程序、程序录屏、测试录像及软硬件资源等。

本书由李江全教授担任主编并统稿，马强、李丹阳、兰海鹏担任副主编。其中，石河子大学马强编写第 3、5 章，李丹阳编写第 6、7 章，邢文静编写第 8、9 章，李江全编写第 10、11、12 章，塔里木大学兰海鹏编写第 1、2、4 章。参与编写与调试程序等工作的人员还有田敏、郑瑶、胡蓉、汤智辉、郑重、邓红涛、钟福如、刘恩博、王平、李伟等。北京亚控科技、北京研华科技、电子开发网等公司为本书提供了大量的技术支持，编者借此机会对他们致以深深的谢意。

由于编者水平有限，书中难免存在不妥或错误之处，恳请广大读者批评指正。

编 者

目　　录

入门基础篇

第1章　组态软件概述 ... 1
  1.1　组态与组态软件 ... 1
  1.2　组态软件的功能与特点 ... 5
  1.3　组态软件的构成与组态方式 ... 8
  1.4　组态软件的使用与组建 ... 13

第2章　KingView 应用基础 ... 16
  2.1　工程管理 ... 16
  2.2　画面设计 ... 24
  2.3　变量定义 ... 28
  2.4　动画连接 ... 32
  2.5　命令语言 ... 35

第3章　KingView 基础应用实例 ... 39
  实例1　整数变量与数值显示 ... 39
  实例2　字符串变量与信息提示 ... 44
  实例3　实数变量与实时趋势曲线 ... 48
  实例4　离散变量与开关指示灯 ... 51
  实例5　应用程序命令语言 ... 54
  实例6　数据改变命令语言 ... 56
  实例7　事件命令语言 ... 59

第4章　KingView 的高级应用 ... 62
  4.1　控件 ... 62
  4.2　报表 ... 64
  4.3　趋势曲线 ... 65
  4.4　报警窗口 ... 70
  4.5　动态数据交换 ... 73
  4.6　组态王与数据库 ... 74
  4.7　I/O 设备通信 ... 75

  4.8 系统的安全性 ·· 78

第 5 章 KingView 高级应用实例 ·· 81

  实例 8 棒图控件的制作 ·· 81
  实例 9 X-Y 轴曲线的制作 ·· 83
  实例 10 报警窗口的制作 ··· 85
  实例 11 历史趋势曲线的制作 ·· 88
  实例 12 数据日报表的制作 ·· 91
  实例 13 数据库的存储与查询 ·· 96

监控应用篇

第 6 章 PC 串口通信及智能仪器温度监测 ·· 105

  实例 14 PC 与 PC 串口通信 ·· 105
  实例 15 PC 双串口互通信 ·· 109
  实例 16 单台智能仪器温度监测 ··· 112
  实例 17 多台智能仪器温度监测 ··· 120
  实例 18 网络化温度监测 ··· 128

第 7 章 三菱 PLC 监控及其与 PC 通信 ·· 135

  实例 19 三菱 PLC 模拟电压采集 ··· 135
  实例 20 三菱 PLC 模拟电压输出 ··· 141
  实例 21 三菱 PLC 开关信号输入 ··· 148
  实例 22 三菱 PLC 开关信号输出 ··· 153
  实例 23 三菱 PLC 温度监控 ··· 157

第 8 章 西门子 PLC 监控及其与 PC 通信 ··· 165

  实例 24 西门子 PLC 模拟电压采集 ··· 165
  实例 25 西门子 PLC 模拟电压输出 ··· 172
  实例 26 西门子 PLC 开关信号输入 ··· 177
  实例 27 西门子 PLC 开关信号输出 ··· 182
  实例 28 西门子 PLC 温度监控 ··· 186
  实例 29 利用仿真 PLC 实现模拟量输入 ·· 195

第 9 章 远程 I/O 模块监控及其与 PC 通信 ·· 199

  实例 30 远程 I/O 模块模拟电压采集 ·· 199
  实例 31 远程 I/O 模块模拟电压输出 ·· 203
  实例 32 远程 I/O 模块数字信号输入 ·· 206

实例 33　远程 I/O 模块数字信号输出 ……………………………………………… 210

实例 34　远程 I/O 模块温度监控 …………………………………………………… 214

第 10 章　单片机监控及其与 PC 通信 …………………………………………………… 219

实例 35　单片机模拟电压采集 ……………………………………………………… 219

实例 36　单片机模拟电压输出 ……………………………………………………… 224

实例 37　单片机开关信号输入 ……………………………………………………… 229

实例 38　单片机开关信号输出 ……………………………………………………… 234

实例 39　短信接收与发送 …………………………………………………………… 239

第 11 章　PCI 数据采集卡监控应用 ……………………………………………………… 249

实例 40　PCI 数据采集卡模拟电压采集 …………………………………………… 249

实例 41　PCI 数据采集卡模拟电压输出 …………………………………………… 253

实例 42　PCI 数据采集卡数字信号输入 …………………………………………… 256

实例 43　PCI 数据采集卡数字信号输出 …………………………………………… 260

实例 44　PCI 数据采集卡温度监控 ………………………………………………… 263

实例 45　组态王与 VB 动态数据交换 ……………………………………………… 271

第 12 章　USB 数据采集模块监控应用 …………………………………………………… 275

实例 46　USB 数据采集模块模拟电压采集 ………………………………………… 275

实例 47　USB 数据采集模块模拟电压输出 ………………………………………… 278

实例 48　USB 数据采集模块数字信号输入 ………………………………………… 281

实例 49　USB 数据采集模块数字信号输出 ………………………………………… 285

实例 50　USB 数据采集模块温度监控 ……………………………………………… 288

参考文献 …………………………………………………………………………………………… 296

入门基础篇

第1章 组态软件概述

监控组态软件在计算机测控系统中起着举足轻重的作用。现代计算机测控系统的功能越来越强，除了完成基本的数据采集和控制功能外，还要完成故障诊断、数据分析、报表的形成和打印、与管理层交换数据、为操作人员提供灵活、方便的人机界面等功能。另外，随着生产规模的变化，也要求计算机测控系统的规模跟着变化，也就是说，计算机接口的部件和控制部件可能要随着系统规模的变化进行增减，从而要求计算机测控系统的应用软件有很强的开放性和灵活性，组态软件应运而生。

近几年来，随着计算机软件技术的发展，计算机测控系统的组态软件技术的发展也非常迅速，特别是图形界面技术、面向对象编程技术、组件技术的出现，使原来单调、呆板、操作麻烦的人机界面变得面目一新。目前，除了一些小型的测控系统需要开发者自己编写应用程序外，凡是大中型的测控系统，最明智的办法是选择一个合适的组态软件。

1.1 组态与组态软件

1.1.1 组态软件的含义

在使用工控软件时，人们经常提到组态一词。与硬件生产相对照，组态与组装类似。如要组装一台计算机，事先提供了各种型号的主板、机箱、电源、CPU、显示器、硬盘及光驱等，我们的工作就是用这些部件拼凑成自己需要的计算机。当然，软件中的组态要比硬件的组装有更大的发挥空间，因为它一般要比硬件中的"部件"更多，而且每个"部件"都很灵活，且软件都有内部属性，通过改变属性即可以改变其规格（如大小、形状、颜色等）。

组态（Configuration）有设置、配置等含义，也就是模块的任意组合。在软件领域内，是指操作人员根据应用对象及控制任务的要求，配置用户应用软件的过程（包括对象的定义、制作和编辑，以及对象状态特征属性参数的设定等），即使用软件工具对计算机及软件的各种资源进行配置，达到让计算机或软件按照预先设置自动执行特定任务、满足使用者要求的目的，也就是把组态软件视为"应用程序生成器"。

组态软件更确切的称呼应该是人机界面（HMI，Human Machine Interface）/控制与数据采集（SCADA，Supervisory Control and Data Acquisition）软件。组态软件最早出现时，实现 HMI 和控制功能是其主要内涵，即主要解决人机图形界面和计算机数字控制问题。

组态软件是指一些数据采集与过程控制的专用软件，它们是在自动控制系统控制层一级的软件平台和开发环境，使用灵活的组态方式（而不是编程方式）为用户提供良好的用户开发界面和简捷的使用方法，它解决了控制系统通用性问题。其预设置的各种软件模块可以非常容易地实现和完成控制层的各项功能，并能同时支持各种硬件厂家的计算机和 I/O 产品，与工控计算机和网络系统结合，可向控制层和管理层提供软/硬件的全部接口，进行系统集成。组态软件应该能支持各种工控设备和常见的通信协议，并且通常应提供分布式数据管理和网络功能。对应于原有的 HMI 概念，组态软件应该是一个使用户能快速建立自己 HMI 的软件工具或开发环境。

在工业控制中，组态一般是指通过对软件采用非编程的操作方式（主要有参数填写、图形连接和文件生成等）使得软件乃至整个系统具有某种指定的功能。由于用户对计算机控制系统的要求千差万别（包括流程画面、系统结构、报表格式、报警要求等），而开发商又不可能专门为每个用户进行开发，所以只能是事先开发好一套具有一定通用性的软件开发平台，生产（或者选择）若干种规格的硬件模块（如 I/O 模块、通信模块、现场控制模块），然后根据用户的要求在软件开发平台上进行二次开发，以及进行硬件模块的连接。这种软件的二次开发工作就称为组态。相应的软件开发平台就称为控制组态软件，简称组态软件。"组态"一词既可以用做名词也可以用做动词。计算机控制系统在完成组态之前只是一些硬件和软件的集合体，只有通过组态，才能使其成为一个具体的满足生产过程需要的应用系统。

从应用角度讲，组态软件是完成系统硬件与软件沟通、建立现场与控制层沟通的人机界面软件平台，它主要应用于工业自动化领域，但又不仅仅局限于此。在工业过程控制系统中存在两大类可变因素：一是操作人员需求的变化；二是被控对象状态的变化及被控对象所用硬件的变化。组态软件正是在保持软件平台执行代码不变的基础上，通过改变软件配置信息（包括图形文件、硬件配置文件、实时数据库等）适应两大不同系统对两大因素的要求，构建新的控制系统的平台软件。以这种方式构建系统既提高了系统的成套速度，又保证了系统软件的成熟性和可靠性，使用方便，且便于修改和维护。

目前的组态软件都采用面向对象编程技术，它提供了各种应用程序模板和对象。二次开发人员根据具体系统的需求，建立模块（创建对象），然后定义参数（定义对象的属性），最后生成可供运行的应用程序。具体地说，组态实际上是生成一系列可以直接运行的程序代码。生成的程序代码可以直接运行在用于组态的计算机上，也可以下装（下载）到其他计算机（站）上。组态可以分为离线组态和在线组态两种。所谓离线组态，是指在计算机控制系统运行之前完成组态工作，然后将生成的应用程序安装在相应的计算机中。而在线组态则是指在计算机控制系统运行过程中的组态。

随着计算机软件技术的快速发展及用户对计算机控制系统功能要求的增加，实时数据库、实时控制、SCADA、通信及联网、开放数据接口、对 I/O 设备的广泛支持已经成为其主要内容，随着计算机控制技术的发展，组态软件将会不断被赋予新的内涵。

1.1.2 采用组态软件的意义

在实时工业控制应用系统中，为了实现特定的应用目标，需要进行应用程序的设计和开发。

过去由于技术发展水平的限制，没有相应的软件可供使用。应用程序一般都需要应用单位自行开发或委托专业单位开发，这不仅影响了整个工程的进度，而且系统的可靠性和其他性能指标也难以得到保证。为了解决这个问题，不少厂商在发展系统的同时，也致力于控制软件产品的开发。工业控制系统的复杂性对软件产品提出了很高的要求。要想成功开发一个较好的通用控制系统软件产品，需要投入大量的人力物力，并需经实际系统检验，代价是很昂贵的，特别是功能较全、应用领域较广的软件系统，投入的费用更是惊人。从应用程序开发到应用软件产品正式上市，其过程有很多环节。因此，一个成熟的控制软件产品的推出，一般带有如下特点。

（1）在研制单位丰富系统经验的基础上，花费多年努力和代价才得以完成。

（2）产品性能不断完善和提高，以版本更新为实现途径。

（3）产品售价不可能很低，一些国外的著名软件产品更是如此，因此软件费用在整个系统中所占的比例逐年提高。

对于应用系统的使用者而言，虽然购买一个适合自己系统应用的控制软件产品要付出一定的费用，但相对于自己开发所花费的各项费用总和还是比较合算的。况且，一个成熟的控制软件产品一般都已在多个项目中得到了成功应用，各方面的性能指标都在实际运行中得到检验，能保证较好地实现应用单位控制系统的目标，同时整个系统的工程周期也可相应缩短，便于更早地为生产现场服务，并创造出相应的经济效益。因此，近年来有不少应用单位也开始购买现成的控制软件产品来为自己的应用系统服务。

在组态软件出现之前，工控领域的用户通过手工或委托第三方编写 HMI 应用，开发时间长、效率低、可靠性差，或者购买专用的工控系统，通常是封闭的系统，选择余地小，往往不能满足需求，很难与外界进行数据交互，升级和增加功能都受到严重的限制。组态软件的出现把用户从这些困境中解脱出来，用户可以利用组态软件的功能构建一套最适合自己的应用系统。

采用组态技术构成的计算机控制系统在硬件设计上除采用工业 PC 外，系统大量采用各种成熟通用的 I/O 接口设备和现场设备，基本不再需要单独进行具体的电路设计。这不仅节约了硬件开发时间，而且提高了工控系统的可靠性。组态软件实际上是一个专为工控开发的工具软件。它为用户提供了多种通用工具模块，用户不需要掌握太多的编程语言技术（甚至不需要编程技术）就能很好地完成一个复杂工程所要求的所有功能。系统设计人员可以把更多的注意力集中在如何选择最优的控制方法、设计合理的控制系统结构、选择合适的控制算法等这些提高控制品质的关键问题上。另外，从管理的角度来看，用组态软件开发的系统具有与 Windows 一致的图形化操作界面，非常便于生产的组织与管理。

由于组态软件都是由专门的软件开发人员按照软件工程的规范来开发的，使用前又经过比较长时间的工程运行考验，其质量是有充分保证的。因此，只要开发成本允许，采用组态软件是一种比较稳妥、快速和可靠的办法。

组态软件是标准化、规模化、商品化的通用工业控制开发软件，只需进行标准功能模块的软件组态和简单的编程，就可设计出标准化、专业化、通用性强、可靠性高的上位机人机界面控制程序，且工作量较小，开发调试周期短，对程序设计员要求也较低，因此控制组态软件是性能优良的软件产品，已成为开发上位机控制程序的主流开发工具。

由 IPC、通用接口部件和组态软件构成的组态控制系统是计算机控制技术综合发展的结果，是技术成熟化的标志。由于组态技术的介入，计算机控制系统的应用速度大大加快了。

1.1.3 常用的组态软件

随着社会对计算机控制系统需要的日益增加，组态软件已经形成一个不小的产业。目前市面上已经出现了各种不同类型的组态软件。按照使用对象来分类，可以将组态软件分为两类：一类是专用的组态软件；另一类是通用的组态软件。

专用的组态软件主要是由一些集散控制系统厂商和 PLC 厂商专门为自己的系统开发的，如 Honeywell 的组态软件、Foxboro 的组态软件、Rockwell 公司的 RSView、西门子公司的 WinCC 和 GE 公司的 Cimplicity。

通用的组态软件并不特别针对某一类特定的系统，开发者可以根据需要选择合适的软件和硬件来构成自己的计算机控制系统。如果开发者在选择了通用组态软件后发现其无法驱动自己选择的硬件，则可以提供该硬件的通信协议，请组态软件的开发商来开发相应的驱动程序。

通用组态软件目前发展很快，也是市场潜力很大的产业。国外开发的组态软件有 FIX/iFIX、InTouch、Citech、Lookout、TraceMode，以及 Wizcon 等。国产的组态软件有组态王（Kingview）、MCGS、Synall2000、ControX 2000、Force Control 和 FameView 等。

下面简要介绍几种常用的组态软件。

（1）InTouch。美国 Wonderware 公司的 InTouch 堪称组态软件的"鼻祖"，是率先推出的 16 位 Windows 环境下的组态软件，在国际上获得较高的市场占有率。InTouch 软件的图形功能比较丰富，使用较方便，其 I/O 硬件驱动丰富，工作稳定，在中国市场普遍受到好评。

（2）iFIX。美国 Intellution 公司的 FIX 产品系列较全，包括 DOS 版、16 位 Windows 版、32 位 Windows 版、OS/2 版和其他一些版本，功能较强，是全新模式的组态软件，思想和体系结构都比现有的其他组态软件先进，但实时性仍欠缺，最新推出的 iFIX 是全新模式的组态软件，思想和体系结构都比较新，提供的功能也较完整。但由于过于"庞大"和"臃肿"，对系统资源耗费巨大，且经常受微软操作系统的影响。

（3）Citech。澳大利亚 CIT 公司的 Citech 是组态软件中的后起之秀，在世界范围内扩展很快。Citech 产品的控制算法比较好，具有简洁的操作方式，但其操作方式更多的是面向程序员，而不是工控用户。I/O 硬件驱动相对较少，但大部分驱动程序可随软件包提供给用户。

（4）WinCC。德国西门子公司的 WinCC 也属于比较先进的产品之一，功能强大，使用较复杂，新版软件有了很大进步，但在网络结构和数据管理方面要比 InTouch 和 iFIX 差。WinCC 主要针对西门子硬件设备。因此对使用西门子硬件设备的用户来说，WinCC 是不错的选择。若用户选择其他公司的硬件，则需开发相应的 I/O 驱动程序。

（5）ForceControl。大庆三维公司的 ForceControl（力控）是国内较早出现的组态软件之一，该产品在体系结构上具备了较明显的先进性，最大的特征之一就是其基于真正意义上的分布式实时数据库三层结构，而且实时数据库结构为可组态的活结构，是一个面向方案的 HMI/SCADA 平台软件。在很多环节的设计上，能从国内用户的角度出发，既注重实用性，又不失大软件的规范。

（6）MCGS。北京昆仑通态公司的 MCGS 设计思想比较独特，有很多特殊的概念和使用方式，为用户提供了解决实际工程问题的完整方案和开发平台。使用 MCGS，用户无须具备计算机编程知识，就可以在短时间内轻而易举地完成一个运行稳定、功能成熟、维护量小，且具备专业水准的计算机监控系统的开发工作。

（7）组态王（Kingview）。组态王是北京亚控科技发展有限公司开发的一个较有影响的组态软件。组态王提供了资源管理器式的操作主界面，并且提供了以汉字作为关键字的脚本语言支持。其界面操作灵活、方便，易学易用，有较强的通信功能，支持的硬件也非常丰富。

（8）WebAccess。webAccess是研华（中国）公司近几年开发的一种面向网络监控的组态软件，是未来组态软件的发展趋势。

1.2　组态软件的功能与特点

1.2.1　组态软件的功能

组态软件通常有以下几方面功能。

1．强大的界面显示组态功能

目前，工控组态软件大都运行于 Windows 环境下，充分利用 Windows 的图形功能完善、界面美观的特点，可视化的 IE 风格界面，丰富的工具栏，操作人员可以直接进入开发状态，节省时间。丰富的图形控件和工况图库提供了大量的工业设备图符、仪表图符，还提供趋势图、历史曲线、组数据分析图等，既提供所需的组件，又是界面制作向导。提供给用户丰富的作图工具，可随心所欲地绘制出各种工业界面，并可任意编辑，从而将开发人员从繁重的界面设计中解放出来，丰富的动画连接方式，如隐含、闪烁、移动等，使界面生动、直观。画面丰富多彩，为设备的正常运行、操作人员的集中控制提供了极大的方便。

2．良好的开放性

社会化大生产使得系统构成的全部软硬件不可能出自一家公司的产品，"异构"是当今控制系统的主要特点之一。开放性是指组态软件能与多种通信协议互联，支持多种硬件设备。开放性是衡量一个组态软件好坏的重要指标。

组态软件向下应能与低层的数据采集设备通信，向上通过 TCP/IP 可与高层管理网互联，实现上位机与下位机的双向通信。

3．丰富的功能模块

组态软件提供丰富的控制功能库，满足用户的测控要求和现场要求。利用各种功能模块，完成实时监控，产生功能报表，显示历史曲线、实时曲线，提供报警等功能，使系统具有良好的人机界面，易于操作。系统既可适用于单机集中式控制、DCS 分布式控制，也可以是带远程通信能力的远程测控系统。

4．强大的数据库

组态软件配有实时数据库，可存储各种数据，如模拟量、离散量、字符型等，实现与外部设备的数据交换。

5．可编程的命令语言

组态软件有可编程的命令语言,使用户可根据自己的需要编写程序,增强图形界面。

6．周密的系统安全防范

组态软件对不同的操作者赋予不同的操作权限,保证整个系统的安全、可靠运行。

7．仿真功能

组态软件提供强大的仿真功能使系统并行设计,从而缩短了开发周期。

1.2.2 组态软件的特点

通用组态软件的主要特点如下。

1．封装性

通用组态软件所能完成的功能都用一种方便用户使用的方法包装起来,对于用户来说,不需掌握太多的编程语言技术(甚至不需要编程技术)就能很好地完成一个复杂工程所要求的所有功能,因此易学易用。

2．开放性

组态软件大量采用"标准化技术",如 OPC、DDE、ActiveX 控件等,在实际应用中,用户可以根据自己的需要进行二次开发,例如,可以很方便地使用 VB 或 C++等编程工具自行编制所需的设备构件装入设备工具箱,不断充实设备工具箱。很多组态软件提供了一个高级开发向导,自动生成设备驱动程序的框架,为用户开发设备驱动程序提供帮助,用户甚至可以采用 I/O 自行编写动态链接库(DLL)的方法在策略编辑器中挂接自己的应用程序模块。

3．通用性

每个用户根据工程实际情况,利用通用组态软件提供的底层设备(PLC、智能仪表、智能模块、板卡、变频器等)的 I/O Driver、开放式的数据库和界面制作工具,就能完成一个具有动画效果、实时数据处理、历史数据和曲线并存、具有多媒体功能和网络功能的工程,不受行业限制。

4．方便性

由于组态软件的使用者是自动化工程设计人员,组态软件的主要目的是确保使用者在生成适合自己需要的应用系统时不需要或者尽可能少地编制软件程序的源代码。因此,在设计组态软件时,应充分了解自动化工程设计人员的基本需求,并加以总结提炼,重点、集中解决共性问题。

下面是组态软件主要解决的共性问题:
(1)如何与采集、控制设备间进行数据交换;
(2)使来自设备的数据与计算机图形画面上的各元素关联起来;
(3)处理数据报警及系统报警;

(4) 存储历史数据并支持历史数据的查询；

(5) 各类报表的生成和打印输出；

(6) 为使用者提供灵活、多变的组态工具，可以适应不同应用领域的需求；

(7) 最终生成的应用系统运行稳定、可靠；

(8) 具有与第三方程序的接口，方便数据共享。

在很好地解决了上述问题后，自动化工程设计人员在组态软件中只需填写一些事先设计好的表格，再利用图形功能把被控对象（如反应罐、温度计、锅炉、趋势曲线、报表等）形象地画出来，通过内部数据变量连接把被控对象的属性与 I/O 设备的实时数据进行逻辑连接。当由组态软件生成的应用系统投入运行后，与被控对象相连的 I/O 设备数据发生变化会直接带动被控对象的属性变化，同时在界面上显示。若要对应用系统进行修改也十分方便，这就是组态软件的方便性。

5. 组态性

组态控制技术是计算机控制技术发展的结果，采用组态控制技术的计算机控制系统的最大特点是从硬件到软件开发都具有组态性，设计者的主要任务是分析控制对象，在平台基础上按照使用说明进行系统级二次开发即可构成针对不同控制对象的控制系统，免去了程序代码、图形图表、通信协议、数字统计等诸多具体内容细节的设计和调试，从而系统的可靠性和开发速率提高了，开发难度却下降了。

1.2.3 对组态软件的性能要求

1. 实时多任务

实时性是指工业控制计算机系统应该具有能够在限定时间内对外来事件做出反应的特性。在具体确定限定时间时，主要考虑两个要素：其一，工业生产过程出现的事件能够保持多长时间；其二，该事件要求计算机在多长时间内必须做出反应，否则，将对生产过程造成影响甚至造成损害。可见，实时性是相对的。工业控制计算机及监控组态软件具有时间驱动能力和事件驱动能力，即在按一定的时间周期对所有事件进行巡检扫描的同时，可以随时响应事件的中断请求。

实时性一般都要求计算机具有多任务处理能力，以便将测控任务分解成若干个并行执行的任务，加速程序执行速度。可以把那些变化并不显著，即使不立即做出反应也不至于造成影响或损害的事件，作为顺序执行的任务，按照一定的巡检周期有规律地执行，而把那些保持时间很短且需要计算机立即做出反应的事件作为中断请求源或事件触发信号，为其专门编写程序，以便在该类事件一旦出现时计算机能够立即响应。如果由于测控范围庞大，变量繁多，从而分配仍然不能保证所要求的实时性时，则表明计算机的资源已经不够使用，只得对结构进行重新设计，或者提高计算机的档次。

实时性是组态软件的重要特点。在实际工业控制中，同一台计算机往往需要同时进行实时数据的采集、信号数据处理、实时数据存储、历史数据查询、检索管理、输出、算法的调用、实现图形图表的显示、完成报警输出、实时通信及人机对话等多个任务。

基于 Windows 系统的组态软件，充分利用面向对象的技术和 ActiveX 动态链接库技术，极大地丰富了控制系统的显示画面和编程环境，从而方便、灵活地实现多任务操作。

2．高可靠性

在计算机、数据采集控制设备正常工作的情况下，如果供电系统正常，当监控组态软件的目标应用系统所占的系统资源不超负荷时，则要求软件系统稳定、可靠地运行。

如果对系统的可靠性要求更高，就要利用冗余技术构成双机乃至多机备用系统。冗余技术是利用冗余资源来克服故障影响从而增加系统可靠性的技术，冗余资源是指在系统完成正常工作所需资源以外的附加资源。说得通俗和直接一些，冗余技术就是用更多的经济投入和技术投入来获取系统可能具有的更高的可靠性指标。

双机热备一般是指两台计算机同时运行几乎相同功能的软件。可以指定一台机器为主机，另一台作为从机，从机内容与主机内容实时同步，主机、从机可同时操作。从机实时监视主机状态，一旦发现主机停止响应便接管控制，从而提高系统的可靠性。

组态软件提供了一套较完善的安全机制，为用户提供能够自由组态控制菜单、按钮和退出系统的操作权限，只允许有操作权限的操作员对某些功能进行操作，防止意外或非法关闭系统、进入研发系统修改参数。

3．标准化

尽管目前尚没有一个明确的国际、国内标准用来规范组态软件，但国际电工委员会的IEC61131—3 开放型国际编程标准在组态软件中起着越来越重要的作用。IEC61131—3 提供了用于规范 DCS 和 PLC 中的控制用编程语言，规定了 4 种编程语言标准（梯形图、结构化高级语言、方框图、指令助记符）。

此外，OLE、OPC 是微软公司的编程技术标准，目前也被广泛使用。TCP/IP 是网络通信的标准协议，被广泛应用于现场测控设备之间及测控设备与操作站之间的通信。

组态软件本身的标准尚难统一，其本身就是创新的产物，处于不断发展变化之中。由于使用习惯的原因，早一些进入市场的软件在用户意识中已形成一些不成文的标准，成为某些用户判断另一种产品的"标准"。

1.3　组态软件的构成与组态方式

1.3.1　组态软件的设计思想

在单任务操作系统环境下（如 MS-DOS），要想让组态软件具有很强的实时性就必须利用中断技术，这种环境下的开发工具较简单，软件编制难度大，目前运行于 MS-DOS 环境下的组态软件基本上已退出市场。

在多任务环境下，由于操作系统直接支持多任务，组态软件的性能得到全面加强，因此组态软件一般都由若干组件构成，而且组件的数量在不断增加，功能也不断加强。各组态软件普遍使用了"面向对象"的编程和设计方法，使软件更加易于学习和掌握，功能也更强大。

一般的组态软件都由图形界面系统、实时数据库系统、第三方程序接口组件、控制功能组件组成。下面将分别讨论每一类组件的设计思想。

在图形画面生成方面,构成现场各过程图形的画面被划分成 3 类简单的对象:线、填充形状和文本。每个对象均有影响其外观的属性。对象的基本属性包括线的颜色、填充颜色、高度、宽度、取向、位置移动等。这些属性可以是静态的,也可以是动态的。静态属性在系统投入运行后保持不变,与原来组态时一致;而动态属性则与表达式的值有关,表达式可以是来自 I/O 设备的变量,也可以是由变量和运算符组成的数学表达式。这种对象的动态属性随表达式值的变化而实时改变。例如,用一个矩形填充体模拟现场的液位,在组态这个矩形的填充属性时,指定代表液位的工位号名称,液位的上、下限及对应的填充高度,从而完成了液位的图形组态。这个组态过程通常叫做动画连接。

在图形界面上还具备报警通知及确认、报表组态及打印、历史数据查询与显示等功能。各种报警、报表、趋势都是动画连接的对象,其数据源都可以通过组态来指定,从而每个画面的内容均可以根据实际情况由工程技术人员灵活设计,每幅画面中的对象数量均不受限制。

在图形界面中,各类组态软件普遍提供了一种类 Basic 语言的脚本语言来扩充其功能。用脚本语言编写的程序段可由事件驱动或周期性地执行,是与对象密切相关的。例如,当按下某个按钮时可指定执行一段脚本语言程序,完成特定的控制功能,也可以指定当某一变量的值变化到关键值以下时,马上启动一段脚本语言程序完成特定的控制功能。

控制功能组件以基于 PC 的策略编辑/生成组件(也有人称之为软逻辑或软 PLC)为代表,是组态软件的主要组成部分。虽然脚本语言程序可以完成一些控制功能,但还是不很直观,对于用惯了梯形图或其他标准编程语言的自动化工程师来说太不方便,因此目前的多数组态软件都提供了基于 IECll31—3 标准的策略编辑/生成控制组件。它也是面向对象的,但不唯一地由事件触发,它像 PLC 中的梯形图一样按照顺序周期性地执行。策略编辑/生成组件在基于 PC 和现场总线的控制系统中大有可为,可以大幅度地降低成本。

实时数据库是更重要的一个组件。因为 PC 的处理能力太强了,因此实时数据库更加充分地表现出了组态软件的长处。实时数据库可以存储每个工艺点的多年数据,用户既可浏览工厂当前的生产情况,又可回顾过去的生产情况。可以说,实时数据库对于工厂来说就如同飞机上的"黑匣子"。工厂的历史数据是很有价值的,实时数据库具备数据档案管理功能。工厂的实践告诉我们:现在很难知道将来进行分析时哪些数据是必需的,因此保存所有的数据是防止信息丢失的最好方法。

通信及第三方程序接口组件是开放系统的标志,是组态软件与第三方程序交互及实现远程数据访问的重要手段之一。

1.3.2 组态软件的系统构成

目前世界上组态软件的种类繁多,仅国产的组态软件就有不下 30 种之多,其设计思想、应用对象都相差很大,因此很难用一个统一的模型来进行描述。但是,组态软件在技术特点上有以下几点是共同的:

(1)提供开发环境和运行环境;

(2)采用客户/服务器模式;

(3)软件采用组件方式构成;

(4)采用 DDE、OLE、COM/DCOM、ActiveX 技术;

(5)提供诸如 ODBC、OPC、APl 接口;

(6)支持分布式应用;

(7)支持多种系统结构,如单用户、多用户(网络),甚至多层网络结构;

(8)支持 Internet 应用。

组态软件的结构划分有多种标准,下面以使用软件的工作阶段和软件体系的成员构成两种标准讨论其体系结构。

1. 以使用软件的工作阶段划分

从总体结构上看,组态软件一般都是由系统开发环境(或称组态环境)与系统运行环境两大部分组成。系统开发环境和系统运行环境之间的联系纽带是实时数据库,三者之间的关系如图1-1所示。

图 1-1 系统组态环境、系统运行环境和实时数据库三者之间的关系

1)系统开发环境

系统开发环境是自动化工程设计工程师为实施其控制方案,在组态软件的支持下,应用程序的系统生成工作所必需的工作环境。通过建立一系列用户数据文件,生成最终的图形目标应用系统,供系统运行环境运行时使用。

系统开发环境由若干个组态程序组成,如图形界面组态程序、实时数据库组态程序等。

2)系统运行环境

在系统运行环境下,目标应用程序被装入计算机内存并投入实时运行。系统运行环境由若干个运行程序组成,如图形界面运行程序、实时数据库运行程序等。

组态软件支持在线组态技术,即在不退出系统运行环境的情况下可以直接进入组态环境并修改组态,使修改后的组态直接生效。

自动化工程设计工程师最先接触的一定是系统开发环境,通过一定工作量的系统组态和调试,最终将目标应用程序在系统运行环境中投入实时运行,完成一个工程项目。

一般工程应用必须有一套开发环境,也可以有多套运行环境。在本书的例子中,为了方便,将开发环境和运行环境放在一起,通过菜单限制编辑修改功能来实现运行环境。

一套好的组态软件应该能够为用户提供快速构建自己计算机控制系统的手段。例如,对输入信号进行处理的各种模块、各种常见的控制算法模块、构造人机界面的各种图形要素、使用户能够方便地进行二次开发的平台或环境等。如果是通用的组态软件,则还应当提供各类工控设备的驱动程序和常见的通信协议。

2. 按照成员构成划分

组态软件因为其功能强大,且每个功能相对来说又具有一定的独立性,所以其组成形式是一个集成的软件平台，由若干程序组件构成。

组态软件必备的功能组件包括如下6个部分。

1）应用程序管理器

应用程序管理器是提供应用程序搜索、备份、解压缩、建立应用等功能的专用管理工具。在自动化工程师应用组态软件进行工程设计时经常会遇到下面一些烦恼：

（1）经常要进行组态数据的备份；

（2）经常需要引用以往成功项目中的部分组态成果（如画面）；

（3）经常需要迅速了解计算机中保存了哪些应用项目。

虽然这些工作可以用手动方式实现，但效率低下，极易出错，有了应用程序管理器的支持后这些工作变得非常简单。

2）图形界面开发程序

图形界面开发程序是自动化工程设计人员为实施其控制方案，在图形编辑工具的支持下进行图形系统生成工作所依赖的开发环境。通过建立一系列用户数据文件，生成最终的图形目标应用系统，供图形运行环境运行时使用。

3）图形界面运行程序

在系统运行环境下，图形目标应用系统被图形界面运行程序装入计算机内并投入实时运行。

4）实时数据库系统组态程序

有的组态软件只在图形开发环境中增加了简单的数据管理功能，因而不具备完整的实时数据库系统。目前比较先进的组态软件都有独立的实时数据库组件，以提高系统的实时性，增强处理能力。实时数据库系统组态程序是建立实时数据库的组态工具，可以定义实时数据库的结构、数据来源、数据连接、数据类型及相关各种参数。

5）实时数据库系统运行程序

在系统运行环境下，目标实时数据库及其应用系统被实时数据库运行程序装入计算机内存，并执行预定的各种数据计算、数据处理任务。历史数据的查询、检索、报警管理都是在实时数据库系统运行程序中完成的。

6）I/O驱动程序

I/O驱动程序是组态软件中必不可少的组成部分，用于I/O设备通信，互相交换数据。DDE和OPC客户端是两个通用的标准I/O驱动程序，用来支持DDE和OPC标准的I/O设备通信，多数组态软件的DDE驱动程序被整合在实时数据库系统或图形系统中，而OPC客户端则多数单独存在。

1.3.3 常见的组态方式

下面介绍几种常见的组态方式。由于目前有关组态方式的术语还未能统一，因此本书中所用的术语可能会与一些组态软件所用的有所不同。

1. 系统组态

系统组态又称为系统管理组态（或系统生成），这是整个组态工作中的第一步，也是最重要的一步。系统组态的主要工作是对系统的结构及构成系统的基本要素进行定义。以 DCS 的系统组态为例，硬件配置的定义包括选择什么样的网络层次和类型（如宽带、载波带），选择什么样的工程师站、操作员站和现场控制站（I/O 控制站）（如类型、编号、地址、是否为冗余等）及其具体的配置。有的 DCS 的系统组态可以做得非常详细。例如，机柜，机柜中的电源、电缆与其他部件，各类部件在机柜中的槽位，打印机，以及各站使用的软件等，都可以在系统组态中进行定义。系统组态的过程一般都是用图形加填表的方式。

2. 控制组态

控制组态又称为控制回路组态，这同样是一种非常重要的组态。为了确保生产工艺的实现，一个计算机控制系统要完成各种复杂的控制任务。例如，各种操作的顺序动作控制，各个变量之间的逻辑控制，以及对各个关键参量采用的各种控制（如 PID、前馈、串级、解耦，甚至是更复杂的多变量预控制、自适应控制），因此有必要生成相应的应用程序来实现这些控制。组态软件往往会提供各种不同类型的控制模块，组态的过程就是将控制模块与各个被控变量相联系，并定义控制模块的参数（如比例系数、积分时间）。另外，对于一些被监视的变量，也要在信号采集之后对其进行一定处理，这种处理也是通过软件模块来实现的。因此，也需要将这些被监视的变量与相应的模块相联系，并定义有关参数。这些工作都是在控制组态中来完成的。

由于控制问题往往比较复杂，组态软件提供的各种模块不一定能够满足现场的需要，这就需要用户作进一步开发，即自己建立符合需要的控制模块。因此，组态软件应该能够给用户提供相应的开发手段。通常可以有两种方法：一是用户自己用高级语言来实现，然后再嵌入系统中；二是由组态软件提供脚本语言。

3. 画面组态

画面组态的任务是为计算机控制系统提供一个方便操作员使用的人机界面。显示组态的工作主要包括两方面：一是画出一幅（或多幅）能够反映被控制过程概貌的图形；二是将图形中的某些要素（如数字、高度、颜色）与现场的变量相联系（又称为数据连接或动画连接），当现场的参数发生变化时，可以及时地在显示器上显示出来，或者通过在屏幕上改变参数来控制现场的执行机构。

现在的组态软件都会为用户提供丰富的图形库，图形库中包含大量的图形元件，只需在图库中将相应的子图调出，再进行少量修改即可。因此，即使是完全不会编程序的人也可以"绘制"出漂亮的图形来。图形又可以分为两种：一种是平面图形；另一种是三维图形。平面图形虽然不是十分美观，但占用内存小，运行速度快。

数据连接分为两种：一种是被动连接；另一种是主动连接。对于被动连接，当现场的参数改变时，屏幕上相应数字量的显示值或图形的某个属性（如高度、颜色等）也会相应改变。对于主动连接方式，当操作人员改变屏幕上显示的某个数字值或某个图形的属性（如高度、位置等）时，现场的某个参量就会发生相应改变。显然，利用被动连接就可以实现现场数据的采集与显示，而利用主动连接则可以实现操作人员对现场设备的控制。

4．数据库组态

数据库组态包括实时数据库组态和历史数据库组态。实时数据库组态的内容包括数据库各点（变量）的名称、类型、工位号、工程量转换系数上/下限、线性化处理、报警限和报警特性等。历史数据库组态的内容包括定义各个进入历史库数据点的保存周期，有的组态软件将这部分工作放在历史组态中，还有的组态软件将数据点与 I/O 设备的连接放在数据库组态中。

5．报表组态

一般计算机控制系统都会带有数据库。因此，可以很轻易地将生产过程形成的实时数据形成对管理工作十分重要的日报、周报或月报。报表组态包括定义报表的数据项、统计项，报表的格式及打印报表的时间等。

6．报警组态

报警功能是计算机控制系统很重要的一项功能，它的作用就是当被控或被监视的某个参数达到一定数值的时候，以声音、光线、闪烁或打印机打印等方式发出报警信号，提醒操作人员注意并采取相应措施。报警组态的内容包括报警的级别、报警限、报警方式和报警处理方式的定义。有的组态软件没有专门的报警组态，而是将其放在控制组态或显示组态中顺便完成报警组态任务。

7．历史组态

由于计算机控制系统对实时数据采集的采样周期很短，形成的实时数据很多，这些实时数据不可能也没有必要全部保留，可以通过历史模块将浓缩实时数据形成有用的历史记录。历史组态的作用就是定义历史模块的参数，形成各种浓缩算法。

8．环境组态

由于组态工作十分重要，如果处理不好，就会使计算机控制系统无法正常工作，甚至会造成系统瘫痪。因此，应当严格限制组态的人员。一般的做法是：设置不同的环境，如过程工程师环境、软件工程师环境，以及操作员环境等。只有在过程工程师环境和软件工程师环境中才可以进行组态，而在操作员环境只能进行简单的操作。为此，还引出环境组态的概念。所谓环境组态，是指通过定义软件参数，建立相应的环境。不同的环境拥有不同的资源，且环境是有密码保护的。还有一个办法是：不在运行平台上组态，组态完成后再将运行的程序代码安装到运行平台中。

1.4 组态软件的使用与组建

1.4.1 组态软件的使用步骤

组态软件通过 I/O 驱动程序从现场 I/O 设备中获得实时数据，对数据进行必要的加工后，一方面以图形方式直观地显示在计算机屏幕上；另一方面按照组态要求和操作人员的指令将控制数据送给 I/O 设备对执行机构实施控制或调整控制参数。具体的工程应用必须经过完整、详细的组态设计，组态软件才能够正常工作。

下面列出组态软件的使用步骤。

（1）将所有 I/O 点的参数收集齐全，并填写表格，以备在控制组态软件和控制、检测设备上组态时使用。

（2）搞清所使用的 I/O 设备的生产商、种类、型号，使用的通信接口类型，采用的通信协议，以便在定义 I/O 设备时做出准确选择。

（3）将所有 I/O 点的 I/O 标识收集齐全，并填写表格，I/O 标识是唯一确定的一个 I/O 点的关键字，组态软件通过向 I/O 设备发出 I/O 标识来请求对应的数据。在大多数情况下，I/O 标识是 I/O 点的地址或位号名称。

（4）根据工艺过程绘制、设计画面结构和画面草图。

（5）按照第 1 步统计出的表格，建立实时数据库，正确组态各种变量参数。

（6）根据第 1 步和第 3 步的统计结果，在实时数据库中建立实时数据库变量与 I/O 点的一一对应关系，即定义数据连接。

（7）根据第 4 步的画面结构和画面草图，组态每一幅静态的操作画面。

（8）将操作画面中的图形对象与实时数据库变量建立动画连接关系，规定动画属性和幅度。

（9）对组态内容进行分段和总体调试。

（10）系统投入运行。

在一个自动控制系统中，投入运行的控制组态软件是系统的数据收集处理中心、远程监视中心和数据转发中心，处于运行状态的控制组态软件与各种控制、检测设备（如 PLC、智能仪表、DCS 等）共同构成快速响应的控制中心。控制方案和算法一般在设备上组态并执行，也可以在 PC 上组态，然后下装到设备中执行，根据设备的具体要求而定。

监控组态软件投入运行后，操作人员可以在它的支持下完成以下 6 项任务。

（1）查看生产现场的实时数据及流程画面；

（2）自动打印各种实时/历史生产报表；

（3）自由浏览各个实时/历史趋势画面；

（4）及时得到并处理各种过程报警和系统报警；

（5）在需要时人为干预生产过程，修改生产过程参数和状态；

（6）与管理部门的计算机联网，为管理部门提供生产实时数据。

1.4.2 组态工控系统的组建过程

1. 工程项目系统分析

首先要了解控制系统的构成和工艺流程，弄清被控对象的特征，明确技术要求。然后在此基础上进行工程的整体规划，包括系统应实现哪些功能、控制流程如何、需要什么样的用户窗口界面、实现何种动画效果，以及如何在实时数据库中定义数据变量。

2. 设计用户操作菜单

在系统运行过程中，为了便于画面的切换和变量的提取，通常应由用户根据实际需要建立自己的菜单，方便用户操作。例如，制定按钮来执行某些命令或通过其输入数据给某些变量等。

3. 画面设计与编辑

画面设计分为画面建立、画面编辑和动画编辑与连接几个步骤。画面由用户根据实际需要编辑制作，然后将画面与已定义的变量关联起来，以便运行时使画面上的内容随变量变化。用户可以利用组态软件提供的绘图工具进行画面的编辑制作，也可以通过程序命令即脚本程序来实现。

4. 编写程序进行调试

用户程序编写好后要进行在线调试。在实际调试前，先借助一些模拟手段进行初调，通过对现场数据进行模拟，检查动画效果和控制流程是否正确。

5. 连接设备驱动程序

利用组态软件编写好的程序最后要实现和外围设备的连接，在进行连接前，要装入正确的设备驱动程序和定义彼此间的通信协议。

6. 综合测试

对系统进行整体调试，经验收后方可投入试运行，在运行过程中发现问题并及时完善系统设计。

第 2 章　KingView 应用基础

KingView（即组态王）是目前国内具有自主知识产权、市场占有率相对较高的组态软件，运行于 Microsoft WindowsNT/XP 平台。组态王 KingView 的应用领域几乎囊括了大多数行业的工业控制。

组态王软件包由工程管理器、工程浏览器、画面运行系统、信息窗口四部分组成。工程浏览器内嵌画面开发系统，即组态王开发系统。工程浏览器和画面运行系统是各自独立的 Windows 应用程序，均可单独使用，两者又相互依存，在工程浏览器的画面开发系统中设计开发的画面应用程序必须在画面运行系统运行环境中才能运行。

2.1　工程管理

在组态王中，设计者开发的每一个应用系统称为一个工程，每个工程必须在一个独立的目录中，不同的工程不能共用一个目录。工程目录也称为工程路径。在每个工程路径下，组态王为此项目生成了一些重要的数据文件，这些数据文件一般是不允许修改的。每建立一个新的应用程序时，都必须先为这个应用程序指定工程路径，以便于组态王根据工程路径对不同的应用程序分别进行不同的自动管理。

2.1.1　新建工程

运行组态王程序，出现组态王工程管理器画面，如图 2-1 所示。

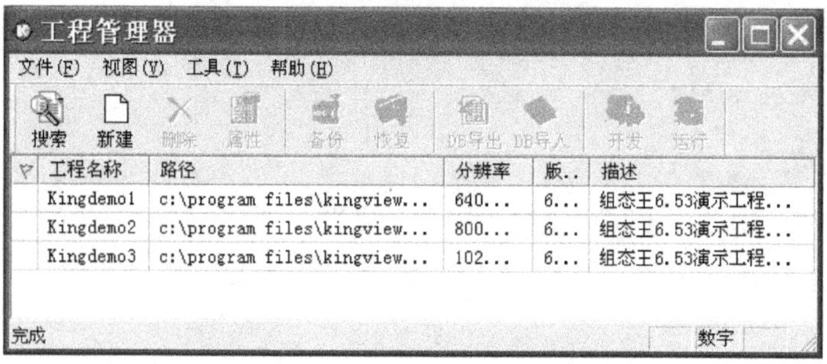

图 2-1　组态王工程管理器

组态王工程管理器的主要作用就是为用户集中管理本机上的所有组态王工程。主要功能包括：新建、删除工程；搜索指定路径下的所有组态王工程；对工程重命名；修改工程属性；

工程的备份、恢复；数据词典的导入/导出；切换到组态王开发或运行环境等。

为建立一个新工程，请执行以下操作。

（1）在工程管理器中选择菜单"文件→新建工程"或单击快捷工具栏中的"新建"命令，出现"新建工程向导之一欢迎使用本向导"对话框。

（2）单击"下一步"出现"新建工程向导之二选择工程所在路径"对话框，选择或指定工程所在路径。如果需要更改工程路径，单击"浏览"按钮；如果路径或文件夹不存在，应创建。

（3）单击"下一步"出现"新建工程向导之三工程名称和描述"对话框。

在对话框中输入工程名称，如"整数累加"（必须，可以任意指定）；在工程描述中输入说明文字，如"一个整数从零开始每隔 1s 加 1"（可选）。

在组态王中，工程名称是唯一的，不能重名，工程名称和工程路径是一一对应的。

（4）单击"完成"，新工程建立，单击"是"按钮，确认将新建的工程设为组态王当前工程，此时组态王工程管理器中出现新建的工程"整数累加"，如图 2-2 所示。

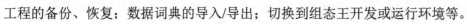

图 2-2　新工程建立

完成以上操作就可以新建一个组态王的工程信息了。此处新建的工程在实际上并未真正创建工程，只是在用户给定的工程路径下设置了工程信息，当用户将此工程作为当前工程，并且切换到组态王开发环境时才真正创建工程。

2.1.2　添加工程

1. 找到一个已有的组态王工程

在工程管理器中使用"添加工程"命令来找到一个已有的组态王工程，并将工程的信息显示在工程管理器的信息显示区中。单击菜单栏"文件→添加工程"命令后，弹出添加路径选择对话框，如图 2-3 所示。

选择想要添加的工程所在的路径，单击"确定"按钮，将选定的工程路径下的组态王工程添加到工程管理器显示区中。如果选择的路径不是组态王的工程路径，则添加不了。

如果添加的工程名称与当前工程信息显示区中存在的工程名称相同，则被添加的工程将动态生成一个工程名称，在工程名称后添加序号。当存在多个具有相同名称的工程时，将按照顺序生成名称，直到没有重复的名称为止。

2. 找到多个已有的组态王工程

添加工程只能单独添加一个已有的组态王工程，要想找到更多的组态王工程，则只能使用"搜索工程"命令。单击菜单栏"文件→搜索工程"命令或工具条"搜索"按钮或快捷菜单"搜索工程"命令后，弹出搜索路径选择对话框，如图 2-4 所示。

图 2-3　添加路径选择对话框

图 2-4　搜索路径选择对话框

路径的选择方法与 Windows 的资源管理器相同，选定有效路径之后，单击"确定"按钮，工程管理器开始搜索工程，将搜索指定路径及其子目录下的所有工程。搜索完成后，搜索结果自动显示在管理器的信息显示区内，路径选择对话框自动关闭。单击"取消"按钮，取消搜索工程操作。

如果搜索到的工程名称与当前工程信息表格中存在的工程名称相同，或搜索到的工程中有相同名称的，在工程信息被添加到工程管理器时，将动态地生成工程名称，在工程名称后添加序号。当存在多个具有相同名称的工程时，将按照顺序生成名称，直到没有重复的名称为止。

2.1.3　工程操作

1. 设置一个工程为当前工程

在工程管理器工程信息显示区中选中加亮想要设置的工程，单击菜单栏"文件→设为当前工程"命令即可设置该工程为当前工程，以后进入组态王开发系统或运行系统时，系统将默认打开该工程。被设置为当前工程的工程在工程管理器信息显示区的第一列中用一个图标（小红旗）来标识，如图 2-2 所示。

2. 修改当前工程的属性

修改工程属性主要包括工程名称和工程描述两部分。选中要修改属性的工程，使之加亮显示，单击菜单栏"文件→工程属性"命令或工具条"属性"按钮或快捷菜单"工程属性"命令后，弹出修改工程属性对话框，如图 2-5 所示。

（1）"工程名称"文本框中显示的为原工程名称，用户可直接修改。
（2）"版本"、"分辨率"文本框中分别显示开发该工程的组态王软件版本和工程的分辨率。
（3）"工程路径"显示该工程所在的路径。

（4）"描述"显示该工程的描述文本，允许用户直接修改。

3．清除当前不需要显示的工程

选中要清除信息的工程，使之加亮显示，单击菜单栏"文件→清除工程信息" 命令后，将显示的工程信息条从工程管理器中清除，不再显示，执行该命令不会删除工程或改变工程。用户可以通过"搜索工程"或"添加工程" 重新使该工程信息显示到工程管理器中。

4．工程备份

选中要备份的工程，使之加亮显示。单击菜单栏"工具→工程备份"命令或工具条"备份"按钮或快捷菜单"工程备份"命令后，弹出备份工程对话框，如图2-6所示。

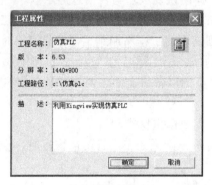

图 2-5 修改工程属性对话框

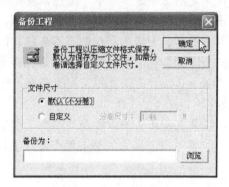

图 2-6 备份工程对话框

工程备份文件分为两种形式：不分卷、分卷。不分卷是指将工程压缩为一个备份文件，无论该文件有多大都如此。分卷是指将工程备份为若干指定大小的压缩文件。系统的默认方式为不分卷。

（1）默认（不分卷）。选择该选项，系统将把整个工程压缩为一个备份文件。单击"浏览"按钮，选择备份文件存储的路径和文件名称。工程被存储成扩展名为.cmp 的文件，如 filename.cmp。工程备份完后，生成一个 filename.cmp 文件。

（2）自定义（分卷）。选择该选项，系统将把整个工程按照给定的分卷尺寸压缩为给定大小的多个文件。"分卷尺寸"文本框变为有效，在该文本中输入分卷的尺寸，即规定每个备份文件的大小，单位为 MB。分卷尺寸不能为空，否则系统会提示用户输入分卷尺寸大小。单击"浏览"按钮，选择备份文件存储的路径和文件名称。分卷文件存储时会自动生成一系列文件，生成的第一个文件的文件名为所定义的文件名.cmp，其他依次为文件名.c01、文件名.c02…如定义的文件名为 filename，则备份产生的文件为 filename.cmp、filename.c01、filename.c02…

备份过程中在工程管理器的状态栏左边有文字提示，右边有备份进度条标识当前进度。

5．工程恢复

选中要恢复的工程，使之加亮显示。单击菜单栏"工具→工程恢复"命令或工具条 "恢复"按钮后，弹出"选择要恢复的工程"对话框。选择组态王备份文件——扩展名为.cmp 的文件，单击"打开"按钮，弹出"恢复工程"对话框。

单击对话框中的"是"按钮将以前备份的工程覆盖当前的工程。如果恢复失败，系统会自动将工程还原为恢复前的状态。恢复过程中，工程管理器的状态栏上会有文字提示信息和进度条显示恢复进度。

单击"取消"按钮取消恢复工程操作。

单击对话框中的"否"按钮，则另行选择工程目录，将工程恢复到别的目录下。此时弹出"路径选择"对话框。

在"恢复到此路径"文本框里输入恢复工程的新路径，或单击"浏览…"按钮，在弹出的路径选择对话框中进行选择。如果输入的路径不存在，则系统会提示用户是否自动创建该路径。路径输入完成后，单击"确定"按钮恢复工程。工程恢复期间，在工程管理器的状态栏上会有恢复信息和进度显示。工程恢复完成后，弹出恢复成功与否信息提示框。

单击"是"将恢复的工程作为当前工程，单击"否"返回工程管理器。恢复的工程名称若与当前工程信息表格中存在的工程名称相同，则恢复的工程添加到工程信息表格时将动态地生成一个工程名称，在工程名称后添加序号，例如，原工程名为"Demo"，则恢复后的工程名为"Demo（2）"；恢复的工程路径为指定路径下的以备份文件名为子目录名称的路径。

注意：

（1）恢复工程将丢失自备份后的新工程信息。需要慎重操作。

（2）如果用户选择的备份工程不是原工程的备份，则系统在进行覆盖恢复时，会提示工程错误。

6．删除工程

选中要删除的工程，该工程为非当前工程，使之加亮显示，单击菜单栏的"文件→删除工程"命令或工具条"删除"按钮或快捷菜单"删除工程"命令后，为防止用户误操作，弹出删除工程确认对话框，提示用户是否确定删除，如图 2-7 所示。单击"是"删除工程，单击"否"取消删除工程操作。删除工程将从工程管理器中删除该工程的信息，工程所在目录将被全部删除，包括子目录。

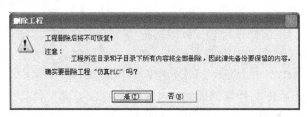

图 2-7　删除工程确认

注意：删除工程将把工程的所有内容全部删除，不可恢复。用户应慎重操作。

2.1.4　工程浏览器

1．工程浏览器概述

工程浏览器是组态王软件的核心部分和管理开发系统，它将画面制作系统中已设计的图形画面、命令语言、设备驱动程序管理、配方管理、数据报告等工程资源进行集中管理，并在一个窗口中进行树形结构排列。在工程浏览器中可以查看工程的各个组成部分，可以完成数据库的构造、定义外部设备等。

双击工程管理器中的工程名，出现演示方式提示对话框，单击"确定"按钮，进入工程浏览器对话框，如图2-8所示。

组态王的工程浏览器由Tab标签条、菜单栏、工具栏、工程目录显示区、目录内容显示区和状态栏组成。工程目录显示区以树形结构图显示功能节点，用户可以扩展或收缩工程浏览器中所列的功能项。

工程浏览器左侧是"工程目录显示区"，主要展示工程的各个组成部分，主要包括"系统"、"变量"、"站点"和"画面"四部分，这四部分之间的切换是通过工程浏览器最左侧的Tab标签来实现的。

"系统"部分共有 "文件"、"数据库"、"设备"、"系统配置"、"SQL访问管理器"和"Web"六大项。

（1）"文件"主要包括"画面"、"命令语言"、"配方"和"非线性表"。其中命令语言又包括"应用程序命令语言"、"数据改变命令语言"、"事件命令语言"、"热键命令语言"和 "自定义函数命令语言"。"命令语言"用来驱动应用程序。

"画面"部分用于对画面进行分组管理，创建和管理画面组。

（2）"数据库"主要包括"结构变量"、"数据词典"和"报警组"。

（3）"设备"主要包括"串口1（COM1）"、"串口2（COM2）"、"DDE设备"、 "板卡"、"OPC服务器"和"网络站点"。

（4）"系统配置"主要包括"设置开发系统"、"设置运行系统"、 "报警配置"、"历史数据记录"、"网络配置"、"用户配置"和"打印配置"。

（5）"SQL访问管理器"主要包括"表格模板"和"记录体"。

（6）"Web"为组态王For Internet功能画面发布工具。

工程浏览器右侧是"目录内容显示区"，将显示每个工程组成部分的详细内容， 同时对工程提供必要的编辑修改功能。

图2-8　工程浏览器

2．配置运行系统

配置菜单中的"运行系统"命令用于设置运行系统外观、定义运行系统基准频率、设定运行系统启动时自动打开的主画面等。单击"配置→运行系统"菜单，弹出运行系统设置画面。 如图2-9所示。

图2-9 运行系统设置（1）

"运行系统设置"对话框由3个配置属性页组成。

（1）"运行系统外观"属性页。

此属性页中各项的含义和使用介绍如下。

① 启动时最大化：TouchView启动时占据整个屏幕。

② 启动时缩成图标：TouchView启动时自动缩成图标。

③ 标题条文本：此文本框用于输入TouchView运行时出现在标题栏中的标题。若此内容为空，则TouchView运行时将隐去标题条，全屏显示。

④ 系统菜单：选择此选项使TouchView运行时标题栏中带有系统菜单框。

⑤ 最小化按钮：选择此选项使TouchView运行时标题栏中带有最小化按钮。

⑥ 最大化按钮：选择此选项使TouchView运行时标题栏中带有最大化按钮。

⑦ 可变大小边框：选择此选项使TouchView运行时可以改变窗口大小。

⑧ 标题条中显示工程路径：选择此选项使当前应用程序目录显示在标题栏中。

⑨ 菜单：选择TouchView运行时要显示的菜单。

（2）"主画面配置"属性页

单击"主画面配置"标签显示该属性页，同时属性页画面列表对话框中列出了当前工程中所有有效的画面，选中的画面加亮显示。此属性页规定TouchView运行系统启动时自动加载的画面。如果几个画面互相重叠，则最后调入的画面在前面显示。

（3）"特殊"属性页

此属性页对话框用于设置运行系统的基准频率等一些特殊属性，单击"特殊"属性页，则此属性页弹出，如图2-10所示。

第 2 章 KingView 应用基础

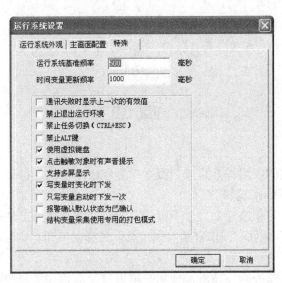

图 2-10 运行系统设置（2）

① 运行系统基准频率。运行系统基准频率是一个时间值。所有其他与时间有关的操作选项（如有"闪烁"动画连接的图形对象的闪烁频率、趋势曲线的更新频率、后台命令语言的执行）都以它为单位，是它的整数倍。组态王最高基准频率为 55ms。

② 时间变量更新频率。时间变量更新频率用于控制 TouchView 在运行时更新系统的时间变量（如$秒、$分、$时等）的频率。

③ 通信失败时显示上一次的有效值。该选项用于控制组态王中的 I/O 变量在通信失败后在画面上的显示方式。选中此项后，对于组态王画面上 I/O 变量的"值输出"连接，在设备通信失败时画面上将显示组态王最后采集到的数据值，否则将显示"？？？"。

④ 禁止退出运行环境。选择此选项使 TouchView 启动后，用户不能使用系统的"关闭"按钮或菜单来关闭程序，使程序退出运行。但用户可以在组态王中使用 EXIT( )函数来控制程序退出。

⑤ 禁止任务切换（CTRL+ESC）。选择此选项将禁止使用"<CTRL>+<ESC>"键，用户不能进行任务切换。

⑥ 禁止 ALT 键。选择此选项将禁止"<ALT>"键，用户不能用<ALT>键调用菜单命令。

注意：若将上述所有选项选中，则只有使用组态王提供的内部函数 Exit(Option)退出。

⑦ 使用虚拟键盘。选择此选项后，画面程序运行时，当需要操作者使用键盘时，比如输入模拟值，则弹出模拟键盘窗口，操作者用鼠标在模拟键盘上选择字符即可输入。

⑧ 点击触敏对象时有声音提示。选择此选项后，系统运行时，鼠标单击按钮等可操作的图素时，蜂鸣器发出声音。

⑨ 支持多屏显示。选择此选项后，系统支持多显卡显示，可以一台主机接多个显示器，组态王画面在多个显示器上显示。

⑩ 写变量时变化下发。选择此选项后，如果变量的采集频率为 0，则组态王写变量的时候，只有变量值发生变化才写，否则不写。

⑪ 只写变量启动时下发一次。对于只写变量，选择此选项后，运行组态王，将初始值向下写一次，否则不写。

2.2 画面设计

用组态王系统开发的应用程序是以"画面"为程序单位的，每一个"画面"对应于程序实际运行时的一个 Windows 窗口。

用户可以为每个应用程序建立数目不限的画面，在每个画面上生成互相关联的静态或动态图形对象。"组态王"提供类型丰富的绘图工具，还提供按钮、实时趋势曲线、历史趋势曲线、报警窗口等复杂的图形对象。

组态王采用面向对象的编程技术，使用户可以方便地建立画面的图形界面。用户构图时可以像搭积木那样利用系统提供的图形对象完成画面的生成。

画面开发系统是应用程序的集成开发环境，工程人员在这个环境里进行系统开发。

2.2.1 新建画面

在工程浏览器左侧树形菜单中选择"文件/画面"，在右侧视图中双击"新建"，出现画面属性对话框，在这里可以设置画面属性。输入画面名称如"整数累加"，设置画面位置、大小等，如图 2-11 所示。

图 2-11 画面属性对话框

（1）画面名称。在此编辑框内输入新画面的名称，画面名称最长为 20 个字符。如果在画面风格里选中"标题杆"选择框，则此名称将出现在新画面的标题栏中。

（2）对应文件。此编辑框输入本画面在硬盘上对应的文件名，也可由"组态王"自动生成默认文件名。工程人员也可根据自己的需要输入。对应文件名称最长为 8 个字符。画面文件的扩展名必须为".pic"。

（3）注释。此编辑框用于输入与本画面有关的注释信息，注释最长为 49 个字符。

（4）画面位置。输入 6 个数值决定画面的显示窗口位置、大小和画面大小。

① 左边、顶边。左边和顶边位置形成画面左上角坐标。

② 显示宽度、显示高度。显示宽度和显示高度指显示窗口的宽度和高度。以像素为单位计算。

③ 画面宽度、画面高度。画面宽度和画面高度指画面的大小是画面总的宽度和高度，其总是大于或等于显示窗口的宽度和高度。

可以通过对画面属性中显示窗口大小和画面大小的设置来实现组态王的大画面漫游功能。大画面漫游功能也就是组态王制作的画面不再局限于屏幕大小，可以绘制任意大小的画面，通过拖动滚动条来查看，并且在开发和运行状态都提供画面移动和导航功能。

画面的最大宽度和高度为 8000mm×8000mm，最小宽度和高度为 50mm×50mm。如指定的画面宽度或高度小于显示窗口的大小，则自动设置画面大小为显示窗口大小。画面的显示高度和显示宽度设置分别不能大于画面的高度和宽度设置。

当定义画面大小小于或者等于显示窗口大小时，不显示窗口滚动条；当画面宽度大于显示窗口宽度时显示水平滚动条；当画面高度大于显示窗口高度时，显示垂直滚动条。可用鼠标拖动滚动条，拖动滚动条时画面也随之滚动。当画面滚动时，如选择"工具→显示导航图"命令，则在画面的右上方有一个小窗口出现，此窗口为导航图，在导航图中标志当前显示窗口在整个画面中相对位置的矩形也随之移动。

组态王开发系统会自动记录滚动条的位置，也就是说当下次再切换到此画面时，仍然是上次编辑的状态。当工程关闭后，再打开时仍然保持关闭前的状态。

通过鼠标拖动画面右下角可设置画面显示窗口的大小，拖动画面左上角可设置显示窗口的位置。当显示窗口大小拖动后大于画面大小时，画面大小自动设置为显示窗口大小。

通过鼠标拖拉画面右下角，并同时按下 Ctrl 键可设置画面显示窗口和画面实际大小相等，以显示窗口的大小为准。

（5）画面风格

① 标题杆。此选项用于决定画面是否有标题杆。选中此选项画面有标题杆，同时标题杆上将显示画面名称。

② 大小可变。此选项用于决定画面在开发系统（TouchExplorer）中是否能由工程人员改变大小。改变画面大小的操作与改变 Windows 窗口相同。鼠标挪动到画面边界时，鼠标箭头变为双向箭头，拖动鼠标，可以修改画面的大小。

（6）类型。主要指在运行系统中有 3 种画面类型可供选择。

● "覆盖式"。新画面出现时，它重叠在当前画面之上。关闭新画面后被覆盖的画面又可见。

● "替换式"。新画面出现时，所有与之相交的画面自动从屏幕上和内存中删除，即所有画面被关闭。建议使用"替换式"画面以节约内存。

● "弹出式"。"弹出式"画面被打开后始终显示为当前画面，只有关闭该画面后才能对其他组态王画面进行操作。

（7）边框。画面边框的三种样式可从中选择一种。只有当"大小可变"选项没被选中时该选项才有效，否则灰色显示无效。

（8）背景色。此按钮用于改变窗口的背景色，按钮中间是当前默认的背景色。用鼠标按下此按钮后出现一个浮动的调色板窗口，可从中选择一种颜色。

（9）命令语言（画面命令语言）。根据程序设计者的要求，画面命令语言可以在画面显示时执行、在隐含时执行或者在画面存在期间定时执行。如果希望定时执行，还需要指定时间间隔。执行画面命令语言的方式有 3 种：显示时、存在时、隐含时。这 3 种执行方式的含义如下。

① 显示时。每当画面由隐含变为显示时，则"显示时"编辑框中的命令语言就被执行一次。

② 存在时。只要该画面存在，即画面处于打开状态，则"存在时"编辑框中的命令语言按照设置的频率被反复执行。

③ 隐含时。每当画面由显示变为隐含时，则"隐含时"编辑框中的命令语言就被执行一次。

单击"确定"按钮，进入组态王画面开发系统，此时工具箱自动加载，如图 2-12 所示。

图 2-12　组态王画面开发系统

组态王画面开发系统是应用程序的集成开发环境。工程人员在这个环境中可以完成界面的设计、动画连接等工作。画面开发系统具有先进、完善的图形生成功能；数据库中有多种数据类型，能合理地抽象控制对象的特性，对数据变量的报警、趋势曲线、过程记录、安全防范等重要功能有简单的操作办法。利用组态王丰富的图库，用户可以大大减少设计界面的时间，从整体上提高工控软件的质量。

如果工具箱没有出现，则可选择菜单"工具→显示工具箱"或按 F10 键打开。

绘制图素的主要工具放在图形编辑工具箱中，各基本工具的使用方法与"画笔"类似。

画面设计完成后，在开发系统的"文件"菜单中执行"全部存"命令将设计的画面和程序全部存储。

在开发系统中对画面所做的任何改变必须存储，从而所做的改变才有效，即在画面运行系统中才能运行我们所做的工作。

2.2.2 图库管理器

在开发系统中执行菜单"图库→打开图库"命令,进入图库管理器,如图 2-13 所示。

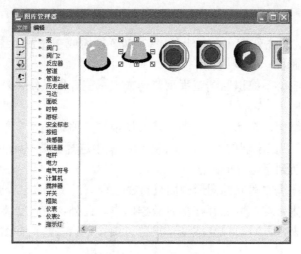

图 2-13 图库管理器

图库管理器内存放的是组态软件的各种图素(称为图库精灵),用户选择需要的图库精灵就可以设计自己需要的界面。使用图库管理器有 3 方面好处:降低人工设计界面的难度,缩短开发周期;用图库开发的软件将具有统一的外观;利用图库的开放性,工程人员可以生成自己的图库精灵。

图库精灵中大部分都有连接向导或精灵外观设置,可将精灵和数据词典中的变量联系起来,但是也有一些精灵没有动画连接,只能作为普通图片使用。将图库精灵加载到画面上之后,双击精灵可弹出连接向导,每种精灵有各自的连接向导,一般是将组态王的变量连接到精灵中,此外还有对精灵外观的设置。

2.2.3 画面存储与运行

一般而言,在组态设计上只进行一次是很难开发出令人满意的界面的,所以在使用组态软件开发后必须经过反复的调试修改之后才能达到理想的效果。在完成设计后就可以与实际的设备通信,进而实现需要的控制要求。

1. 配置主画面

在工程浏览器中,单击快捷工具栏上的"运行"按钮,出现"运行系统设置"对话框。单击"主画面配置"选项卡,选中制作的图形画面名称,如"整数累加",单击"确定"按钮即将其配置成主画面。将图形画面设为有效,其目的是启动组态王画面运行程序 TouchView 后,直接进入当前设计的画面,无须再进行画面选择。

2. 画面存储

画面设计完成后,在开发系统"文件"菜单中执行"全部存"命令将设计的画面和程序全部存储。

在开发系统中对画面所做的任何改变必须存储,从而所做的改变才有效,即在画面运行系统中才能运行我们所做的工作。

3. 画面运行

在工程浏览器中,单击快捷工具栏上的"VIEW"按钮或在开发系统中执行"文件→切换到 view"命令,启动画面运行系统。

如果有异常,则应将系统退回到工程浏览器或组态王开发系统,然后作相应修改,直到系统工作完全正常为止。

如果系统有多个画面,在运行过程中,若要切换到其他画面,则单击菜单条中"画面"中的"打开"命令,然后在出现的"打开画面"对话框中选择想要显示的画面名称,单击"确定"按钮,画面即切换到所选择的画面。

在应用工程开发环境中建立的图形画面只有在运行系统(TouchView)中才能运行。运行系统从控制设备中采集数据,并保存在实时数据库中。此外,它还负责把数据的变化以动画的方式形象地表示出来,同时可以完成变量报警、操作记录、趋势曲线等监视功能,并生成历史数据文件。

2.3 变量定义

数据库是组态王最核心的部分。在组态王运行时,工业现场的生产状况要以动画的形式反映在屏幕上,同时工程人员在计算机前发布的指令也要迅速送达生产现场,所有这一切都以实时数据库为中间环节,所以说数据库是联系上位机和下位机的桥梁。

定义变量在工程浏览器"数据词典"中进行,如图 2-14 所示。在数据库中存放的是变量的当前值,变量包括系统变量和用户定义的变量。变量的集合形象地称为"数据词典",数据词典记录了所有用户可使用数据变量的详细信息。

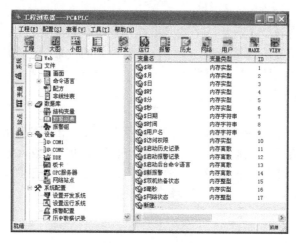

图 2-14 数据词典

"组态王"系统中定义的变量与一般程序设计语言（如 BASIC、PASCAL、C 语言）定义的变量有很大不同，此外的变量既能满足程序设计的一般需要，又考虑到工控软件的特殊需要。

2.3.1 变量的基本属性配置

在工程浏览器的左侧树形菜单中选择"数据库→数据词典"，在右侧双击"新建"，弹出"定义变量"对话框，如图 2-15 所示。

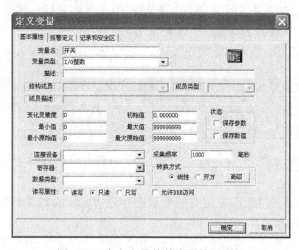

图 2-15　定义变量的基本属性对话框

"定义变量"对话框基本属性卡片中的各项用来定义变量的基本特征，各项意义解释如下。

（1）变量名。变量名用来唯一标识一个应用程序中数据变量的名字，同一应用程序中的数据变量不能重名，不能与组态王中现有的变量名、函数名、关键字、构件名称等相重复；数据变量名区分大小写，第一个字符不能是数字，只能为字符，名称中间不允许有空格、算术符号等非法字符存在，最长不能超过 31 个字符。

（2）变量类型。在对话框中只能定义 8 种基本类型中的一种，用鼠标单击变量类型下拉列表框列出可供选择的数据类型，当定义有结构模板时，一个结构就是一种变量类型。

（3）描述。该项用于编辑和显示数据变量的注释信息。

（4）结构成员、成员类型和成员描述。这 3 项在变量类型为结构变量时有效。

（5）变化灵敏度。数据类型为模拟量或长整型时此项有效。只有当该数据变量值的变化幅度超过"变化灵敏度"时，"组态王"才更新与之相连接的图素（默认为 0）。

（6）初始值。这项内容与所定义的变量类型有关，定义模拟量时出现编辑框可输入一个数值，定义离散量时出现开或关两种选择，定义字符串变量时出现编辑框可输入字符串，它们规定软件开始运行时变量的初始值。

（7）最小值。最小值指该变量值在数据库中的下限。

（8）最大值。最大值指该变量值在数据库中的上限。

（9）最小原始值。该项表示变量为 I/O 模拟型时，与最小值所对应的输入寄存器的值的下限。

（10）最大原始值。该项表示变量为 I/O 模拟型时，与最大值所对应的输入寄存器的值的上限。

以上 4 项是对 I/O 模拟量进行工程值自动转换所需要的。组态王将所采集到的数据按照这 4 项的对应关系自动转为工程值。

（11）保存参数。系统运行时修改变量的域的值（可读可写型），系统则自动保存这些参数值，系统退出后，其参数值不会发生变化。当系统再启动时，变量的域的参数值为上次系统运行时最后一次的设置值，无须用户再去重新定义。

（12）保存数值。系统运行时，当变量的值发生变化后，系统自动保存该值。当系统退出后再次运行时，变量的初始值为上次系统运行过程中变量值最后一次变化的值。

（13）连接设备。只对 I/O 类型的变量起作用，工程人员只需从下拉式"连接设备"列表框中选择相应的设备即可。所列的连接设备名是已安装的逻辑设备名。

> **注意：** 如果连接设备选为 Windows 的 DDE 服务程序，则"连接设备"选项下的选项名为"项目名"；如果连接设备选为 PLC 等，则"连接设备"选项下的选项名为"寄存器"；如果连接设备选为板卡等，则"连接设备"选项下的选项名为"通道"。

项目名：连接设备为 DDE 设备时，DDE 会话中的项目名可参考 Windows 的 DDE 交换协议资料。

（14）寄存器。指定要与组态王定义的变量进行连接通信的寄存器变量名，该寄存器与工程人员指定的连接设备有关。

（15）数据类型。只对 I/O 类型的变量起作用，定义变量对应的寄存器的数据类型，共有 9 种数据类型供用户使用。

（16）读写属性。定义数据变量的读写属性，工程人员可根据需要定义变量为"只读"属性、"只写"属性、"读写"属性。

① 只读。对于进行采集的变量一般定义属性为只读，其采集频率不能为 0。

② 只写。对于只需要进行输出而不需要读回的变量一般定义属性为只写。

③ 读写。对于既需要进行输出控制又需要读回的变量一般定义属性为读写。

（17）允许 DDE 访问。组态王用 COM 组件编写的驱动程序与外围设备进行数据交换，为了使工程人员用其他程序对该变量进行访问，则选中"允许 DDE 访问"，即可与 DDE 服务程序进行数据交换。

（18）采集频率。用于定义数据变量的采样频率。

（19）转换方式。规定 I/O 模拟量输入原始值到数据库使用值的转换方式。

对于 I/O 变量中的模拟变量，在现场实际中，可能要根据输入要求的不同而将其按照不同的方式进行转换。比如，一般的信号与工程值都是线性对应的，可以选择线性转换；有些需要进行累计计算，则选择累计转换。组态王为用户提供了线性、开方、非线性表、直接累计、差值累计等多种转换方式。

① 线性转换方式。这种方式用原始值和数据库使用值的线性插值进行转换。线性转换是将设备中的值与工程值按照固定的比例系数进行转换。在变量基本属性定义对话框的"最大值"、"最小值"编辑框中输入变量工程值的范围，在"最大原始值"、"最小原始值"编辑框中输入设备中转换后的数字量值的范围（可以参考组态王驱动帮助中的介绍），则系统运行时，

按照指定的量程范围进行转换，得到当前实际的工程值。线性转换方式是最直接也是最简单的一种转换方式。

② 开方转换方式。该方式用原始值的平方根进行转换，即转换时将所采集到的原始值进行开方运算，得到的值为实际工程值，该值在变量基本属性定义的"最大值"、"最小值"范围内。

③ 非线性表转换与累计转换。单击转换方式的"高级"按钮，出现"数据转换"对话框，此时可进行非线性表转换和累计转换。非线性表转换：采用非线性表的方式实现非线性物理量的转换；累计转换：累计是在工程中经常用到的一种工作方式，常用于流量、电量等计算方面，组态王的变量可以定义为自动进行数据的累计。

2.3.2 变量的类型

变量可以分为基本类型和特殊类型两大类。

1. 基本变量类型

基本类型的变量又分为"内存变量"和"I/O"变量两类，如图 2-16 所示。

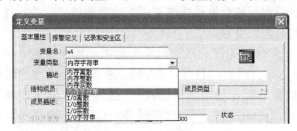

图 2-16 基本变量类型

"内存变量"是指那些不需要和其他应用程序交换数据，也不需要从下位机得到数据，只在组态王内需要使用的变量，比如，计算过程的中间变量就可以设置成内存变量。

"I/O 变量"是指组态王与外部数据采集程序直接进行数据交换的变量，如下位机数据采集设备（如 PLC、仪表等）或其他应用程序（如 DDE、OPC 服务器等）。这种数据交换是双向的、动态的。也就是说，在组态王系统运行过程中，每当 I/O 变量的值改变时，该值就会自动写入下位机或其他应用程序；每当下位机或应用程序中的值改变时，组态王系统中的变量值也会自动更新，所以那些从下位机采集来的数据、发送给下位机的指令，如"反应罐液位"、"电源开关"等变量，都需要设置成"I/O 变量"。

2. 变量的数据类型

基本类型的变量也可以按照数据类型分为离散型、整数型、实数型、字符串型。

内存实型变量、I/O 实型变量：类似一般程序设计语言中的浮点型变量，用于表示浮点数据，取值范围为 10E-38～10E+38，有效值为 7 位。

内存离散变量、I/O 离散变量：类似一般程序设计语言中的布尔（BOOL）变量，只有 0，1 两种取值，用于表示一些开关量。

内存整数变量、I/O 整数变量：类似一般程序设计语言中的有符号长整数型变量，用于表示带符号的整型数据，取值范围为-2 147 483 648～2 147 483 647。

内存字符串型变量、I/O 字符串型变量：类似一般程序设计语言中的字符串变量，可用于记录一些有特定含义的字符串，如名称、密码等，该类型变量可以进行比较运算和赋值运算。字符串长度最大值为 128 个字符。

3. 特殊变量类型

特殊变量类型有报警窗口变量、历史趋势曲线变量及系统预设变量 3 种。这几种特殊类型的变量体现了组态王系统面向工控软件、自动生成人机接口的特色。

报警窗口变量是工程人员在制作画面时通过定义报警窗口生成的，在报警窗口定义对话框中有一选项为："报警窗口名"，工程人员在此处输入的内容即为报警窗口变量。此变量在数据词典中是找不到的，是组态王内部定义的特殊变量，可用命令语言编制程序来设置或改变报警窗口的一些特性，如改变报警组名或优先级，在窗口内上下翻页等。

历史趋势曲线变量是工程人员在制作画面时通过定义历史趋势曲线时生成的，在历史趋势曲线定义对话框中有一选项为"历史趋势曲线名"，工程人员在此处输入的内容即为历史趋势曲线变量(区分大小写)。此变量在数据词典中是找不到的，是组态王内部定义的特殊变量。工程人员可用命令语言编制程序来设置或改变历史趋势曲线的一些特性，如改变历史趋势曲线的起始时间或显示的时间长度等。

系统预设变量有 8 个时间变量是系统已经在数据库中定义的，用户可以直接使用，即$年、$月、$日、$时、$分、$秒、$日期、$时间，表示系统当前的时间和日期，由系统自动更新，设计者只能读取时间变量，而不能改变它们的值。预设变量还有$用户名、$访问权限、$启动历史记录、$启动报警记录、$新报警、$启动后台命令、$双机热备状态、$毫秒、$网络状态。

2.4 动画连接

2.4.1 动画连接的含义与特点

工程人员在组态王开发系统中制作的画面都是静态的，要逼真地显示系统的运行状况，必须将图素和数据库中已设定的相应变量联系起来，即让画面"动"起来。将画面中的图形对象与数据库中的对应变量建立对应关系的过程称为"动画连接"，当数据库中的变量值改变时，图形对象就可以按照设定的动画连接随之做同步变化，或者由软件使用者通过图形对象改变数据变量的值，从而当工业现场的数据，如温度、液面高度等发生变化时，通过 I/O 接口将引起实时数据库中变量的变化，如果设计者曾经定义了一个画面图素，如指针与这个变量相关，则将会看到指针在同步偏转。

动画连接的引入是设计人机界面的一次突破，它把程序员从重复的图形编程中解放出来，为程序员提供了标准的工业控制图形界面，并且用可编程的命令语言连接来增强图形界面的功能。

一个图形对象可以同时定义多个连接，组合成复杂的效果，以便满足实际中任意的动画显示需要。

当应用程序窗口中的图形对象设计完成后，应建立与窗口对象相关联的动画连接，在应用程序运行过程中，根据数据变量或表达式的变化，以及操作员对触控对象的操作，图形对象应按照动画连接的要求而改变，从而形象、生动地体现实际系统的动态过程。

组态王的动画连接具有以下的特点。

（1）一个图形对象可以同时定义多个动画连接，从而可以实现复杂的动画功能。

（2）建立动画连接的过程非常简单，不需要编写任何程序即可完成。

（3）动画过程的引发不限于变量，也可以是由变量组成的连接表达式。

（4）为每一个有动画连接的图形对象设置访问权限，以增强系统安全性。

创建动画制作连接的基本步骤如下。

（1）创建或选择连接对象（线、填充图形、文本、按钮或符号）。

（2）双击图形对象，弹出"动画连接"对话框。

（3）选择对象想要进行的连接。

（4）为连接定义输入详细资料。

当用户创建动画制作连接时，在连接生效之前，使用的标记名必须在数据库中定义。如果未被定义，则当"确定"按钮按下时，将会要求用户立即定义它。

动画连接包括属性变化连接、位置与大小变化连接、值输出连接、用户输入连接、特殊动画连接、滑动杆输入连接、命令语言连接等几类。

2.4.2 动画连接的类型

1. 属性变化连接

属性变化连接共有 3 种连接，它们规定了图形对象的颜色、线型、填充类型等属性如何随变量或连接表达式值的变化而变化。

在连接表达式中不允许出现函数、赋值语句，表达式的值在组态王运行时计算。

（1）线属性连接。线属性连接使被连接对象的边框或线的颜色和线型随连接表达式的值改变。定义这类连接需要同时定义分段点（阈值）和对应的线属性。

（2）填充属性连接。填充属性连接使图形对象的填充颜色和填充类型随连接表达式的值改变，通过定义一些分段点（包括阈值和对应填充属性），使图形对象的填充属性在一段数值内为指定值。

（3）文本色连接。文本色连接使文本对象的颜色随连接表达式的值改变，通过定义一些分段点（包括颜色和对应数值），使文本颜色在特定数值段内为指定颜色。如定义某分段点，阈值为 0，文本色为红色，则当连接表达式的值在 0 到下一个阈值之间时，对象的文本色为红色。

2. 位置与大小变化连接

位置与大小变化连接包括 5 种连接，规定了图形对象如何随变量值的变化而改变位置或大小。

(1)水平移动连接。水平移动连接是使被连接对象在画面中随连接表达式值的改变而水平移动。移动距离以像素为单位,以被连接对象在画面制作系统中的原始位置为参考基准。水平移动连接常用来表示图形对象实际的水平运动。

(2)垂直移动连接。垂直移动连接使被连接对象在画面中的位置随连接表达式的值而垂直移动。移动距离以像素为单位,以被连接对象在画面制作系统中的原始位置为参考基准。垂直移动连接常用来表示对象实际的垂直运动。

(3)缩放连接。缩放连接使被连接对象的大小随连接表达式的值变化。

(4)旋转连接。旋转连接使被连接对象在画面中的位置随连接表达式的值旋转。

(5)填充连接。填充连接使被连接对象的填充物(颜色和填充类型)占整体的百分比随连接表达式的值变化。

3.值输出连接

值输出连接用来在画面上输出文本图形对象的连接表达式的值。运行时,文本字符串将被连接表达式的值替换,输出字符串的大小、字体和文本对象相同。

(1)模拟值输出连接。模拟值输出连接使文本对象的内容在程序运行时被连接表达式的值取代。

(2)离散值输出连接。离散值输出连接使文本对象的内容在运行时被连接表达式的指定字符串取代。

(3)字符串输出连接。字符串输出连接使画面中文本对象的内容在程序运行时被某个字符串的值取代。

4.用户输入连接

用户输入连接中,所有的图形对象都可以定义为模拟值输入连接、离散值输入连接和字符串输入连接3种用户输入连接中的一种,输入连接使被连接对象在运行时为触敏对象。TouchView 运行时,当鼠标滑过该对象时,触敏对象周围出现反显的矩形框。按 Space 键、Enter 键或鼠标左键,会弹出"输入"对话框,可以用鼠标或键盘输入数据以改变数据库中变量的值。

(1)模拟值输入连接。模拟值输入连接用于改变数据库中某个模拟型变量的值。

(2)离散值输入连接。离散值输入连接用于改变数据库中某个离散型变量的值。

(3)字符串输入连接。字符串输入连接用于改变某个字符串型变量的值。

5.特殊动画连接

所有的图形对象都可以定义两种特殊动画连接,这是规定图形对象可见性的连接。

(1)闪烁连接。闪烁连接使被连接对象在条件表达式的值为真时闪烁。闪烁效果易于引起注意,故常用于出现非正常状态时的报警。

(2)隐含连接。隐含连接使被连接对象根据条件表达式的值而显示或隐含。

6.滑动杆输入连接

滑动杆输入连接有水平和垂直滑动杆输入连接两种。滑动杆输入连接使被连接对象在运行时为触敏对象。当 TouchView 运行时,触敏对象周围出现反显的矩形框。鼠标左键拖动有滑动杆输入连接的图形对象可以改变数据库中变量的值。滑动杆输入连接和用户输入连接是运行中改变变量值的两种不同方法。

（1）垂直滑动杆输入连接。运行中沿垂直方向拖动，有垂直滑动杆输入连接的图形对象其连接的变量的值将会被改变。当变量的值改变时，图形对象的位置也会发生变化。

（2）水平滑动杆输入连接。运行中沿水平方向拖动，有水平滑动杆输入连接的图形对象其连接的变量的值将会被改变。当变量的值改变时，图形对象的位置也会发生变化。

7．命令语言连接

命令语言连接会使被连接对象在运行时成为触敏对象。Touchview 运行时，当鼠标滑过被连接对象时，触敏对象周围出现反显的矩形框。命令语言有 3 种："按下时"、"弹起时"和"按住时"，分别表示鼠标左键在触敏对象上按下、弹起、按住时执行连接的命令语言程序。

2.5 命令语言

组态王除了在建立动画连接时支持连接表达式外，还允许用户定义命令语言来驱动应用程序，极大地增强了应用程序的灵活性。

命令语言的语法和 C 语言非常类似，是 C 的一个子集，具有完备的语法查错功能和丰富的运算符、数学函数、字符串函数、控件函数、SQL 函数和系统函数。

命令语言都是靠事件触发执行的，如定时、数据的变化、键盘按键的按下、鼠标的单击等。命令语言具有完备的词法、语法查错功能和丰富的运算符、数学函数、字符串函数、控件函数、SQL 函数和系统函数。各种命令语言通过"命令语言编辑器"编辑输入，在组态王运行系统中被编译执行。

2.5.1 命令语言的形式

根据事件和功能的不同，命令语言有 6 种形式，包括应用程序命令语言、热键命令语言、事件命令语言、数据改变命令语言、自定义函数命令语言和画面命令语言等。如图 2-17 所示，其区别在于命令语言执行的时机或条件不同。

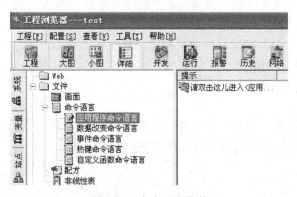

图 2-17 命令语言菜单

应用程序命令语言、热键命令语言、事件命令语言、数据改变命令语言可以称为"后台命令语言",它们的执行不受画面打开与否的限制,只要符合条件就可以执行。另外可以使用运行系统中的菜单——"特殊→开始执行后台任务"和"特殊→停止执行后台任务"来控制所有这些命令语言是否执行,而画面和动画连接命令语言的执行不受影响;也可以通过修改系统变量"$启动后台命令语言"的值来实现上述控制,该值置 0 时停止执行,置 1 时开始执行。

1．应用程序命令语言

根据工程人员的要求,应用程序命令语言可以在程序启动时执行、关闭时执行或者在程序运行期间定时执行。如果希望定时执行,还需要指定时间间隔(或频率)。

应用程序命令语言主要用于系统的初始化、系统退出时的处理,以及常规程序处理。

2．数据改变命令语言

当应用数据改变命令语言时,在变量或变量的域的值变化到超出数据词典中所定义的变化灵敏度时,命令语言程序就被执行一次。

3．事件命令语言

当应用事件命令语言时,可以规定在事件发生、存在和消失时分别执行的程序。离散变量名或表达式都可以作为事件。

在使用"事件命令语言"或"数据改变命令语言"过程中要注意防止死循环。 例如,在数据改变命令语言中若变量 A 变化执行程序 B=B+1,那么在数据改变命令语言中若变量 B 变化就不能再执行程序 A=A+1,否则程序运行就会进入死循环。

4．热键命令语言

热键命令语言被链接到工程人员指定的热键上,软件运行期间,操作人员随时按下热键都可以启动这段命令语言程序。热键命令语言可以指定使用权限和操作安全区,主要用于处理用户的键盘命令。

5．自定义函数命令语言

如果组态王提供的各种函数不能满足工程的特殊需要,则可以利用它提供的用户自定义函数功能。用户可以自己定义各种类型的函数,通过这些函数能够实现工程的特殊需要。自定义函数是利用类似 C 语言来编写的一段程序,通过其他命令语言来调用执行编写好的自定义函数,从而实现工程的特殊需要,如累加、线性化、阶乘计算等。

6．画面命令语言

根据工程人员的要求,画面命令语言可以在画面显示时执行、隐含时执行,或者在画面存在期间定时执行。如果希望定时执行,还需要指定时间间隔。

2.5.2 命令语言对话框

各种命令语言通过"命令语言"对话框编辑输入,在组态王运行系统中被编译执行。在工程浏览器左侧树形菜单中双击命令语言"应用程序命令语言"项,出现"应用程序命令语言"编辑对话框,如图 2-18 所示。

图 2-18 应用程序命令语言对话框

(1) 命令语言编辑区。该区域是输入命令语言程序的区域。命令语言对话框的左侧区域为命令语言编辑区,用户在此编辑区输入和编辑程序。编辑区支持块操作。块操作之前需要定义块。

(2) 关键字选择列表。可以在此处直接选择现有的画面名称、报警组名称、其他关键字(运算连接符等)到命令语言编辑区。如选中一个画面名称,然后双击它,则该画面名称就被自动添加到编辑器中。

(3) 函数选择。组态王支持使用内建的复杂函数,其中包括字符串函数、数学函数、系统函数、控件函数、配方函数、报告函数及其他函数。

函数选择按钮如下。

① "全部函数"——显示组态王提供的所有函数列表。
② "系统"——显示系统函数列表。
③ "字符串"——显示与字符串操作相关的函数列表。
④ "数学"——显示数学函数列表。
⑤ "SQL"——显示 SQL 函数列表。
⑥ "控件"——选择 ActiveX 控件的属性和方法。
⑦ "自定义"——显示自定义函数列表。

单击某一按钮,弹出相关的函数选择列表,直接选择某一函数到命令语言编辑区中。

当用户不知道函数的用法时,可以单击"帮助"按钮进入在线帮助,查看使用方法。

(4) 运算符输入。单击某一按钮,按钮上标签表示的运算符或语句自动被输入编辑器中。

(5) 变量选择。单击"变量[.域]"按钮时,弹出"选择变量名"对话框。所有变量名均可通过左下角的"变量[.域]"按钮来选择。

以上几种工具都是为减少手工输入而设计的。

2.5.3 命令语言的句法

命令语言可以进行赋值、比较、数学运算，还提供了可执行 IF-ELSE 及 WHILE 型表达式的逻辑操作能力。

用运算符连接变量或常量就可以组成较简单的命令语言语句，如赋值、比较、数学运算等。

（1）赋值语句。赋值语句用得最多，语法如下：

  变量（变量的可读写域）＝ 表达式；

例如：自动开关＝1，表示将自动开关置为开（1 表示开，0 表示关）；

  颜色＝2，将颜色置为黑色（如果数字2代表黑色）。

（2）IF-ELSE 语句。IF 语句用于按表达式的状态有条件地执行各个指令，语法为：

  IF（表达式）
  {
  一条或多条语句（以；结尾）
  }
  ELSE
  {
  一条或多条语句（以；结尾）
  }

需注意的是，IF 里的语句即使是单条语句，也必须在一对花括弧"{}"中，这与 C 语言不同，ELSE 分支可以省略。

在命令语言程序中添加注释增强了程序的可读性，也方便了程序的维护和修改。组态王的所有命令语言中都支持注释。注释的方法分为单行注释和多行注释两种，可以在程序的任何地方进行。

单行注释在注释语句的开头加注释符"//"，例如：

  //设置装桶速度
  if(游标刻度>=10)   //判断液位的高低
  {装桶速度=80；}

多行注释是在注释语句前加"/*"，在注释语句后加"*/"。多行注释也可以用在单行注释上，例如：

  /*判断液位的高低
  改变装桶的速度*/
  if(游标刻度>=10)
   {装桶速度=80；}
  else
  {装桶速度=60；}

第3章 KingView 基础应用实例

本章通过实例讲解组态软件 KingView 的基础应用，包括整数变量、离散变量、实数变量、字符串变量的应用，以及应用程序命令语言、数据改变命令语言、事件命令语言的应用等。

实例1 整数变量与数值显示

一、设计任务

（1）了解监控组态软件 KingView 的集成开发环境和应用程序的设计步骤。
（2）一个整数从零开始每隔 1 秒加 1，累加数显示在画面的文本框中。

二、任务实现

1．建立新工程项目

运行组态王程序，出现组态王工程管理器画面。
（1）在工程管理器中选择菜单"文件→新建工程"或单击快捷工具栏中的"新建"命令，出现"新建工程向导之一欢迎使用本向导"对话框。
（2）单击"下一步"按钮出现"新建工程向导之二选择工程所在路径"对话框，选择或指定工程所在路径，如图 3-1 所示。如果您需要更改工程路径，请单击"浏览"按钮；如果路径或文件夹不存在，可创建。
（3）单击"下一步"按钮出现"新建工程向导之三工程名称和描述"对话框，如图 3-2 所示。
在对话框中输入工程名称："整数累加"（必须）；在工程描述中输入："一个整数从零开始每隔 1 秒加 1"（可选）。

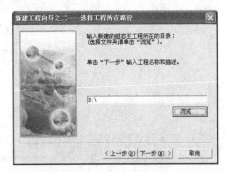
图 3-1 选择工程路径对话框

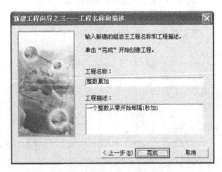
图 3-2 输入工程名称对话框

（4）单击"完成"按钮，新工程建立，单击"是"按钮，确认将新建的工程设为组态王当前工程，此时组态王工程管理器中出现新建的工程，如图3-3所示。

图3-3 新工程建立

在组态王中，工程名称是唯一的，不能重名，工程名称和工程路径是一一对应的。

（5）双击新建的工程名，出现演示方式"提示"对话框，单击"确定"按钮，进入工程浏览器对话框，如图3-4所示。

图3-4 工程浏览器

注意：每套正版组态王软件均配置了"加密狗"，在实际工业监控中，如果将"加密狗"安装在计算机并口上，则组态王运行时没有时间限制。

2．制作图形画面

在工程浏览器左侧树形菜单中选择"文件→画面"，在右侧视图中双击"新建"，出现画面属性对话框，输入画面名称"整数累加"，设置画面位置、大小、画面风格等，如图3-5所示。单击"确定"按钮，进入组态王画面开发系统，此时工具箱自动加载，如图3-6所示。

图3-5 画面属性对话框

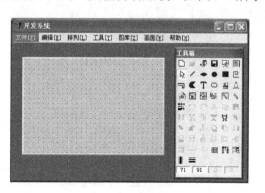

图3-6 开发系统

绘制图素的主要工具放在图形编辑工具箱中，各基本工具的使用方法与"画笔"类似。

（1）添加1个文本对象。用鼠标单击工具箱中的文本工具按钮"T"，然后将鼠标移动到画面上的适当位置单击，则用户可以在画面中输入文字"000"。输入完毕后，单击鼠标，文字输入完成。

若需要对输入的文字进行修改，则可以首先选中该文本，然后单击鼠标右键，在弹出的菜单中单击"字符串替换"菜单项，此时弹出"字符串替换"对话框，在对话框中输入要修改的文字。

（2）添加1个按钮对象。用鼠标单击工具箱中的"按钮"工具，然后将鼠标移动到画面上的适当位置单击，则将"按钮"控件添加到画面中。

若需要对按钮的显示文本进行修改，则首先选中该按钮，然后单击鼠标右键，在弹出的菜单中单击"字符串替换"菜单项，此时弹出"按钮属性"对话框，在对话框中将字符串"文本"改为"关闭"。

设计的图形画面如图3-7所示。

图3-7 图形画面

注意：建立仪表、文本、按钮等对象和变量的动画连接后，才可对这些对象进行各种属性设置。

3．定义变量

在工程浏览器的左侧树形菜单中选择"数据库→数据词典"，在右侧双击"新建"，弹出"定义变量"对话框。

定义1个内存整数变量的方法如下：

变量名设为"num"，变量类型选为"内存整数"，初始值设为"0"，最小值设为"0"，最大值设为"1000"，如图3-8所示。

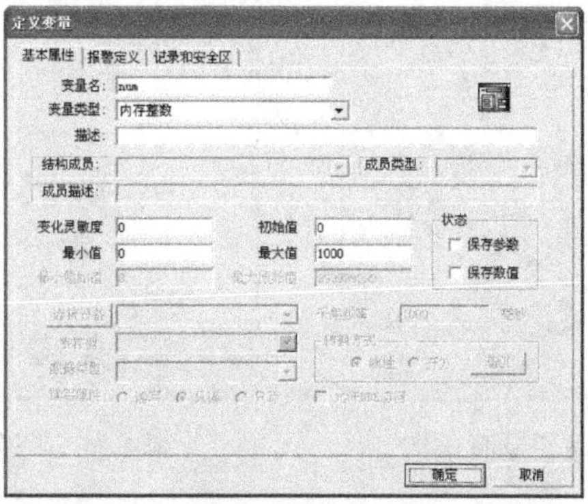

图3-8 定义内存整数变量"num"

定义完成后，单击"确定"按钮，则在数据词典中增加 1 个内存整数变量"num"。

4．建立动画连接

进入开发系统，双击画面中的图形对象，将定义好的变量与相应对象连接起来。

（1）建立显示文本对象"000"的动画连接。

双击画面中的文本对象"000"，出现"动画连接"对话框，单击"模拟值输出"按钮，弹出"模拟值输出连接"对话框，将其中的表达式设置为"\\本站点\num"（可以直接输入，也可以单击表达式文本框右边的？号，选择已定义好的变量名"num"），整数位数设为 2，小数位数设为 0，单击"确定"按钮返回到"动画连接"对话框，再次单击"确定"按钮，动画连接设置完成，如图 3-9 所示。

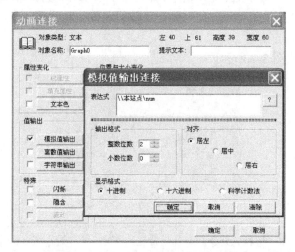

图 3-9　文本对象"000"的动画连接

（2）建立按钮对象的动画连接

双击"关闭"按钮对象，出现"动画连接"对话框，如图 3-10 所示。单击命令语言连接中的"弹起时"按钮，出现"命令语言"窗口，在编辑栏中输入命令："exit(0);"，如图 3-11 所示。

图 3-10　"关闭"按钮动画连接

图 3-11　"关闭"按钮控制程序

单击"确认"按钮，返回"动画连接"对话框，再单击"确定"按钮，"关闭"按钮的动画连接建立完成。

> **注意**：命令输入要求在语句的尾部加分号；输入程序时，各种符号如括号、分号等应在英文输入法状态下输入；命令语言编程时也如此。

5．命令语言编程

各种命令语言通过"命令语言"对话框编辑输入，在组态王运行系统中被编译执行。

在工程浏览器左侧树形菜单中双击命令语言"应用程序命令语言"项，出现"应用程序命令语言"编辑对话框，单击"运行时"选项卡，将循环执行时间设定为1000ms，然后在命令语言编辑框中输入控制程序"\\本站点\num=\\本站点\num+1;"，实现整数的累加，如图3-12所示。单击"确认"按钮，完成命令语言的输入。

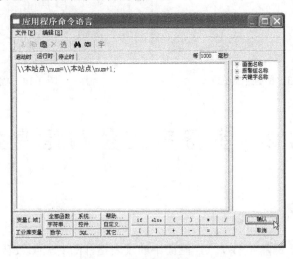

图3-12　编写整数累加程序

程序中的变量名可以直接输入，也可以单击文本框下方的"变量[.域]"选择已定义好的变量名"num"。

6．程序运行

（1）画面存储。画面设计完成后，在开发系统"文件"菜单中执行"全部存"命令将设计的画面和程序全部存储。

> **注意**：在开发系统中，对画面所做的任何改变必须存储，所做的改变才有效，即在画面运行系统中才能运行我们所做的工作。

（2）配置主画面。在工程浏览器中，单击快捷工具栏上的"运行"按钮，出现"运行系统设置"对话框，如图3-13所示。单击"主画面配置"选项卡，选中制作的图形画面名称"整数累加"，单击"确定"按钮即将其配置成主画面。

将图形画面"整数累加"设为有效，目的是启动组态王画面运行程序TouchView后直接进入"整数累加"画面，无须再进行画面选择。

（3）程序运行。在工程浏览器中，单击快捷工具栏上的"VIEW"按钮或在开发系统中执行"文件→切换到 view"命令,启动运行系统。

画面文本对象中的数字开始累加,如图 3-14 所示。单击"关闭"按钮,程序停止运行并退出。

图 3-13　配置主画面

图 3-14　程序运行画面

实例 2　字符串变量与信息提示

一、设计任务

一个整数从零开始每隔 1 秒加 1,画面中的仪表指针随着累加数转动;当整数累加至 10 时,停止累加,画面中出现提示信息:"数值超限!"。

二、任务实现

1. 建立新工程项目

工程名称:"字符串信息提示"。
工程描述:"整数累加至 10 时出现提示信息"。

2. 制作图形画面

(1) 添加 1 个文本对象。用鼠标单击工具箱中的文本工具按钮"T",然后将鼠标移动到画面上的适当位置单击,则用户可以在画面中输入字符"####"。输入完毕后,单击鼠标,文字修改完成。

(2) 添加 1 个仪表对象。在开发系统中执行菜单"图库→打开图库"命令,进入图库管理器,选择仪表库中的一个仪表图形对象,如图 3-15 所示。

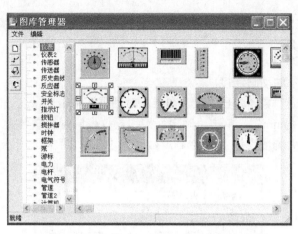

图 3-15　在图库管理器中选择仪表对象

双击选中的仪表图形，此时图库管理器消失，显示开发系统画面窗口，在开发系统画面空白处单击并拖动鼠标，则画面中出现选中的仪表图形，可以通过鼠标拖动图形边上的箭头来放大或缩小图形。

（3）添加 1 个按钮对象。在工具箱中选择"按钮"控件添加到画面中，然后选中该按钮，单击鼠标右键，选择"字符串替换"，将"文本"按钮改为"关闭"按钮。

设计的图形画面如图 3-16 所示。

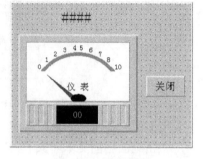

图 3-16　图形画面

3. 定义变量

（1）定义 1 个内存整数变量，变量名设为"num"，变量类型选为"内存整数"，初始值设为"0"，最小值设为"0"，最大值设为"100"。定义完成后，单击"确定"按钮，则在数据词典中增加 1 个内存整数变量 num。

（2）定义 1 个内存字符串变量，变量名设为"str"，变量类型选为"内存字符串"，初始值设为"正常！"，如图 3-17 所示。

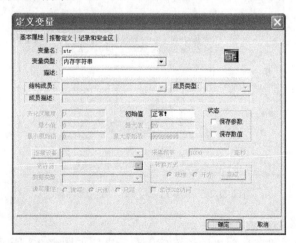

图 3-17　定义内存字符串变量"str"

定义完成后，单击"确定"按钮，则在数据词典中增加了1个内存字符串变量"str"。

4．建立动画连接

（1）建立仪表对象的动画连接。

双击画面中的仪表对象，弹出"仪表向导"对话框，单击变量名文本框右边的？号，选择已定义好的变量名"num"，单击"确定"按钮，仪表向导变量名文本框中出现"\\本站点\num"表达式，将最大刻度设为10，主刻度数设为10，如图3-18所示。

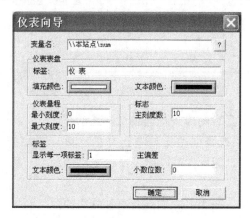

图3-18　仪表对象的动画连接

（2）建立显示文本对象"####"的动画连接。

双击画面中的文本对象"####"，出现"动画连接"对话框，单击"字符串输出"按钮，则弹出"文本输出连接"对话框，将其中的表达式设置为"\\本站点\str"，对齐方式选"居中"，如图3-19所示。单击"确定"按钮返回"动画连接"对话框，再次单击"确定"按钮，动画连接完成。

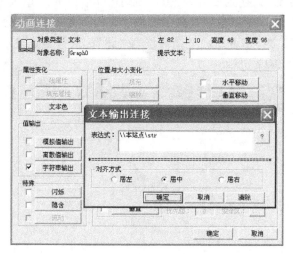

图3-19　文本对象"str"的动画连接

（3）建立按钮对象的动画连接。

双击"关闭"按钮对象，出现"动画连接"对话框，如图3-20所示。单击命令语言连接中的"弹起时"按钮，出现"命令语言"窗口，在编辑栏中输入命令："exit(0);"。

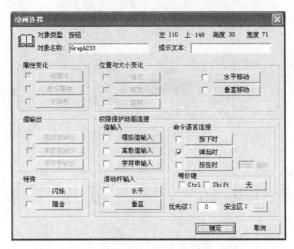

图 3-20 "关闭"按钮的动画连接

单击"确定"按钮，返回"动画连接"对话框，再单击"确定"按钮，"关闭"按钮的动画连接完成。

5．命令语言编程

在工程浏览器左侧树形菜单中双击命令语言"应用程序命令语言"项，出现"应用程序命令语言"编辑对话框，单击"运行时"选项卡，将循环执行时间设定为1000ms，然后在命令语言编辑框中输入整数累加与信息显示程序，如图3-21所示，然后单击"确认"按钮完成命令语言的输入。

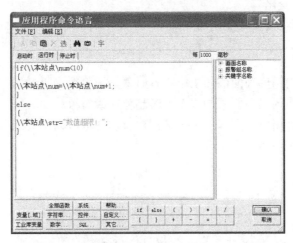

图 3-21 编写命令语言

6．程序运行

将设计好的画面全部存储并配置成主画面，启动画面运行程序。

一个整数从零开始累加，画面中的仪表指针随着累加数转动；当整数累加至10时，停止累加，画面中即出现提示信息"数值超限！"，如图3-22所示。

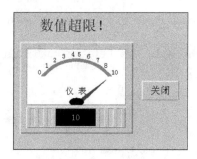

图 3-22　程序运行画面

实例 3　实数变量与实时趋势曲线

一、设计任务

一个实数从零开始每隔 1 秒递增 0.5，当达到 10 时开始每隔 1 秒递减 0.5，到 0 后又开始递增，循环变化；绘制该实数实时变化曲线（类似三角波）。

二、任务实现

1．建立新工程项目

工程名称："实数变化"。
工程描述："绘制实数实时变化曲线"。

2．制作图形画面

（1）通过工具箱为图形画面添加 1 个文本对象，数值改为"00"。
（2）通过工具箱为图形画面添加 1 个实时趋势曲线对象。
（3）通过工具箱为图形画面添加 1 个按钮对象，文本改为"关闭"。
设计的图形画面如图 3-23 所示。

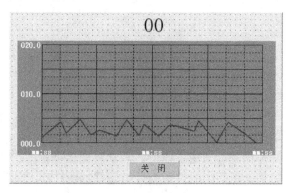

图 3-23　图形画面

3. 定义变量

（1）定义 1 个内存实数变量，变量名设为"data"，变量类型选为"内存实数"，初始值设为"0"，最小值设为"0"，最大值设为"100"，如图 3-24 所示。

定义完成后，单击"确定"按钮，则在数据词典中增加 1 个内存实数变量"data"。

（2）定义 1 个内存整数变量，变量名设为"bz"，变量类型选"内存整数"，初始值设为"0"，最小值设为"0"，最大值设为"10"。

定义完成后，单击"确定"按钮，则在数据词典中增加 1 个内存整数变量"bz"。

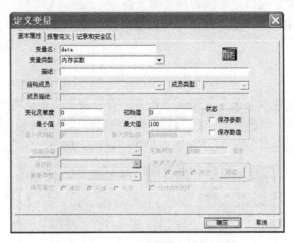

图 3-24　定义内存实数变量"data"

4. 建立动画连接

进入开发系统，双击画面中的图形对象，将定义好的变量与相应对象连接起来。

（1）建立实时趋势曲线对象的动画连接。

双击画面中的实时趋势曲线对象，出现动画连接对话框。在曲线定义选项卡中，单击曲线 1 表达式文本框右边的？号，选择已定义好的变量"data"，如图 3-25 所示。

进入标识定义选项卡，数值轴最大值设为"20"，数值格式选为"实际值"，时间长度单位选为"分"，数值设为"2"分，如图 3-26 所示。

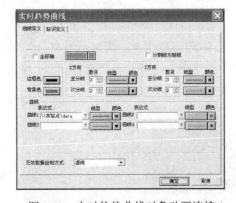

图 3-25　实时趋势曲线对象动画连接 1

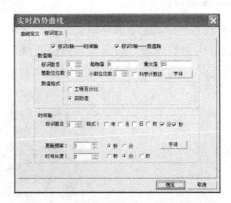

图 3-26　实时趋势曲线对象动画连接 2

(2) 建立显示文本对象"00"的动画连接。

双击画面中的文本对象"00",出现"动画连接"对话框,单击"模拟值输出"按钮,则弹出"模拟值输出连接"对话框,将其中的表达式设置为"\\本站点\data",整数位数设为 2,小数位数设为 1,单击"确定"按钮返回"动画连接"对话框,再次单击"确定"按钮,动画连接设置完成。

(3) 建立按钮对象的动画连接。

双击"关闭"按钮对象,出现"动画连接"对话框。单击命令语言连接中的"弹起时"按钮,出现"命令语言"窗口,在编辑栏中输入命令:"exit(0);"。

单击"确定"按钮返回"动画连接"对话框,再单击"确定"按钮,"关闭"按钮的动画连接设置完成。

5. 命令语言编程

在工程浏览器左侧树形菜单中双击命令语言"应用程序命令语言"项,出现"应用程序命令语言"编辑对话框,单击"运行时"选项卡,将循环执行时间设定为 1000ms,然后在命令语言编辑框中输入程序,如图 3-27 所示,单击"确认"按钮,完成命令语言的输入。

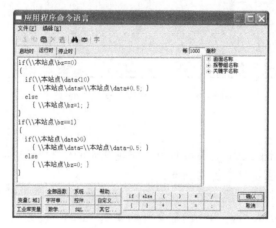

图 3-27 编写命令语言

6. 程序运行

将设计好的画面全部存储并配置成主画面,启动画面运行程序。

随着实数的递增,画面显示数值变换,递增到 10 时开始递减,递减到 0 时开始递增,往复循环变化,同时绘制该数的实时变化曲线(类似三角波),如图 3-28 所示。

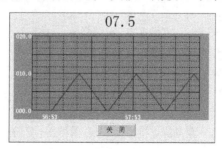

图 3-28 程序运行画面

实例 4 离散变量与开关指示灯

一、设计任务

单击画面中的开关,模拟打开和关闭动作,控制画面中的指示灯变换颜色。

二、任务实现

1. 建立新工程项目

工程名称:"开关指示灯"。
工程描述:"开关控制指示灯变换颜色"。

2. 制作图形画面

(1)添加 1 个指示灯对象。在开发系统中执行菜单"图库→打开图库"命令,进入图库管理器,选择"指示灯"库中的一个图形对象,如图 3-29 所示。

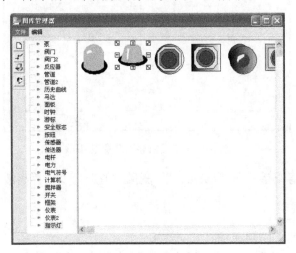

图 3-29 在图库管理器中选择指示灯对象

双击选中的指示灯图形,图库管理器消失,此时显示开发系统画面窗口,在开发系统画面空白处单击并拖动鼠标,则画面中出现选中的指示灯图形,可以通过鼠标拖动图形边上的箭头来放大或缩小图形。

(2)添加 1 个开关对象。在开发系统中执行菜单"图库→打开图库"命令,进入图库管理器,选择"开关"库中的一个图形对象。

(3)用工具箱"直线"工具画线将开关对象与指示灯对象连接起来。

(4)通过工具箱为图形画面添加 1 个按钮对象,文本改为"关闭"。

设计的图形画面如图 3-30 所示。

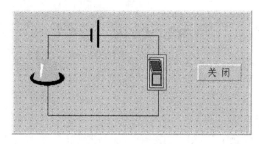

图 3-30 图形画面

3. 定义变量

(1) 定义 1 个内存离散变量"deng",变量类型选为"内存离散",初始值选为"关",如图 3-31 所示。

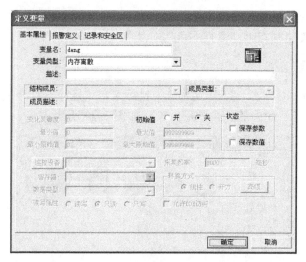

图 3-31 定义内存离散变量 deng

(2) 定义 1 个内存离散变量"kaiguan",变量类型选为"内存离散",初始值选为"关"。

4. 建立动画连接

(1) 建立开关对象的动画连接。

双击画面中的开关对象,出现"开关向导"对话框,将变量名(离散量)设定为"\\本站点\kaiguan"(可以直接输入,也可以单击变量名文本框右边的"?"号,选择已定义好的变量名"kaiguan"),如图 3-32 所示。设置完毕后单击"确定"按钮,开关对象动画连接设置完成。

(2) 建立指示灯对象的动画连接。

双击画面中的指示灯对象,出现"指示灯向导"对话框,将变量名(离散量)设定为"\\本站点\deng"(可以直接输入,也可以单击变量名文本框右边的"?"号,选择已定义好的变量名"deng"),如图 3-33 所示。将正常色设置为绿色,报警色设置为红色。设置完毕后单击"确定"按钮,指示灯对象动画连接完成。

第 3 章　KingView 基础应用实例

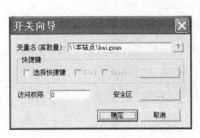 

图 3-32　开关对象的动画连接设置　　　图 3-33　指示灯对象的动画连接设置

也可以将指示灯对象与"kaiguan"变量直接连接,即在指示灯向导对话框中选择"kaiguan"变量,故后面就不需要进行命令语言编程。

（3）建立按钮对象的动画连接。

双击"关闭"按钮对象,出现"动画连接"对话框。单击命令语言连接中的"弹起时"按钮,出现"命令语言"窗口,在编辑栏中输入命令:"exit(0);"。单击"确定"按钮,返回"动画连接"对话框,再单击"确定"按钮,"关闭"按钮的动画连接设置完成。

5．命令语言编程

在工程浏览器左侧树形菜单中选择命令语言"数据改变命令语言",在右侧双击"新建…"按钮,出现"数据改变命令语言"编辑对话框,在"变量[.域]"文本框中输入"\\本站点\kaiguan"（也可以单击文本框右边的"？"号,选择已定义好的变量名"kaiguan"）,然后在命令语言编辑框中输入控制程序,如图 3-34 所示,然后单击"确认"按钮,完成命令语言的输入。

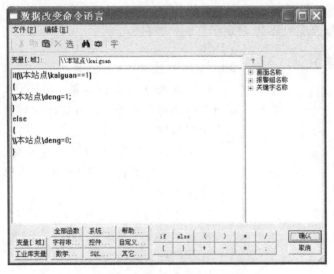

图 3-34　开关控制指示灯程序

6．程序运行

将设计好的画面全部存储并配置成主画面,启动画面运行程序。用鼠标单击画面中的开关,模拟开关的打开/关闭动作,画面中指示灯的颜色也随着变化,如图 3-35 所示。

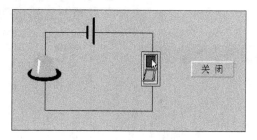

图 3-35　程序运行画面

实例 5　应用程序命令语言

一、设计任务

采用应用程序命令语言编写程序：一个整数从零开始每隔 1 秒加 1，画面中的游标指示标尺随着累加数的增加向上移动；当整数累加至 10 时停止累加，画面中的指示灯变换颜色。

二、任务实现

1．建立新工程项目

工程名称："指示灯报警"。
工程描述："整数累加至 10 时指示灯变换颜色"。

2．制作图形画面

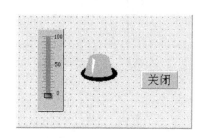

图 3-36　图形画面

（1）添加 1 个游标对象。在开发系统中执行菜单 "图库→打开图库"命令，进入图库管理器，选择游标库中的一个图形对象。

（2）添加 1 个指示灯对象。在开发系统中执行菜单 "图库→打开图库"命令，进入图库管理器，选择指示灯库中的一个图形对象。

（3）添加 1 个按钮对象。在工具箱中选择 "按钮"控件添加到画面中，将按钮 "文本"改为 "关闭"。

设计的图形画面如图 3-36 所示。

3．定义变量

（1）定义 1 个内存整数变量，变量名设为 "num"，变量类型选为 "内存整数"，初始值设为 "0"，最小值设为 "0"，最大值设为 "1000"。

定义完成后，单击 "确定"按钮，则在数据词典中增加 1 个内存整数变量 "num"。

（2）定义 1 个内存离散变量，变量名设为 "deng"，变量类型选为 "内存离散"，初始值选为"关",如图 3-37 所示。

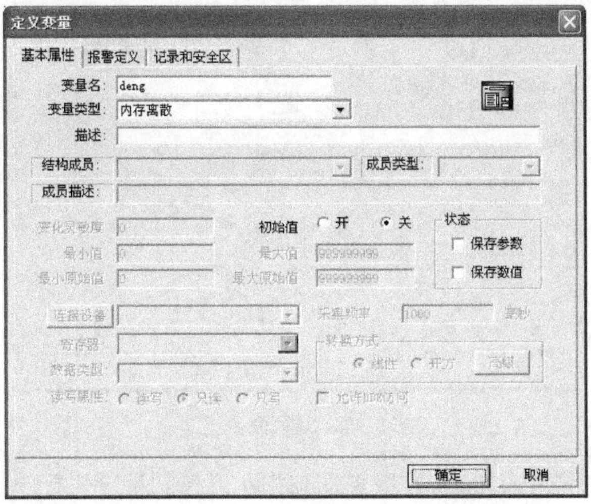

图 3-37 定义内存离散变量 deng

定义完成后,单击"确定"按钮,则在数据词典中增加 1 个内存离散变量"deng"。

4. 建立动画连接

进入开发系统,双击画面中的图形对象,将定义好的变量与相应的对象连接起来。

(1)建立游标对象的动画连接。

双击画面中的游标对象,出现"游标"对话框,将变量名(模拟量)设定为"\\本站点\num"(可以直接输入,也可以单击变量名文本框右边的"?"号,选择已定义好的变量名"num"),将滑动范围最大值设为 20。设置完毕后单击"确定"按钮,游标对象动画连接设置完成。

(2)建立指示灯对象的动画连接。

双击画面中的指示灯对象,出现"指示灯向导"对话框,将变量名(离散量)设定为"\\本站点\deng"(可以直接输入,也可以单击变量名文本框右边的"?"号,选择已定义好的变量名"deng"),将正常色设置为绿色,报警色设置为红色。设置完毕后单击"确定"按钮,指示灯对象动画连接设置完成。

(3)建立按钮对象的动画连接。

双击"关闭"按钮对象,出现"动画连接"对话框。单击命令语言连接中的"弹起时"按钮,出现"命令语言"窗口,在编辑栏中输入命令:"exit(0);"。单击"确定"按钮,返回"动画连接"对话框,再单击"确定"按钮,"关闭"按钮的动画连接设置完成。

5. 命令语言编程

在工程浏览器左侧树形菜单中双击命令语言"应用程序命令语言"项,出现"应用程序命令语言"编辑对话框,单击"运行时"选项卡,将循环执行时间设定为 1000ms,在命令语言编辑框中输入整数累加与指示灯控制程序,如图 3-38 所示,然后单击"确认"按钮,完成命令语言的输入。

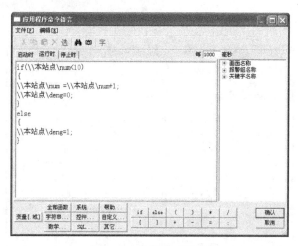

图 3-38 编写命令语言

本程序的特点是每隔 1000ms，整数累加与指示灯控制程序执行一次。

6．程序运行

将设计好的画面全部存储并配置成主画面，启动画面运行程序。

画面中的游标对象标尺随着整数的累加而向上移动，当整数累加到 10 时停止累加，指示灯颜色变化，如图 3-39 所示。单击"关闭"按钮，程序退出。

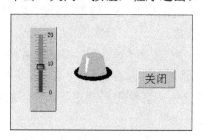

图 3-39 程序运行画面

实例 6 数据改变命令语言

一、设计任务

采用数据改变命令语言编写程序：一个整数从零开始每隔 1 秒加 1，画面中的反应器液位随着累加数的增加而上升；当整数累加至 10 时停止累加，画面中的开关动作（关闭）。

二、任务实现

1．建立新工程项目

工程名称："开关动作"。

工程描述:"整数累加至 10 时开关动作"。

2. 制作图形画面

(1)添加 1 个反应器对象。在开发系统中执行菜单"图库→打开图库"命令,进入图库管理器,选择反应器库中的一个图形对象。

(2)添加 1 个开关对象。在开发系统中执行菜单"图库→打开图库"命令,进入图库管理器,选择开关库中的一个图形对象。

(3)添加 1 个按钮对象。在工具箱中选择"按钮"控件添加到画面中,将按钮"文本"改为"关闭"。

设计的图形画面如图 3-40 所示。

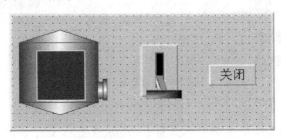

图 3-40　图形画面

3. 定义变量

(1)定义 1 个内存整数变量,变量名设为"num",变量类型选为"内存整数",初始值设为"0",最小值设为"0",最大值设为"100"。

定义完成后,单击"确定"按钮,则在数据词典中增加 1 个内存整数变量"num"。

(2)定义 1 个内存离散变量,变量名设为"kaiguan",变量类型选为"内存离散",初始值选为"关"。

定义完成后,单击"确定"按钮,则在数据词典中增加 1 个内存离散变量"kaiguan"。

4. 建立动画连接

进入开发系统,双击画面中的图形对象,将定义好的变量与相应的对象连接起来。

(1)建立反应器对象的动画连接。

双击画面中的反应器对象,出现"反应器"对话框,将变量名(模拟量)设定为"\\本站点\num",将填充设置最大值设为 20。设置完毕后单击"确定"按钮。

(2)建立开关对象的动画连接。

双击画面中的开关对象,出现"开关向导"对话框,将变量名(离散量)设定为"\\本站点\kaiguan"。设置完毕后单击"确定"按钮。

(3)建立关闭按钮对象的动画连接。

双击"关闭"按钮对象,出现"动画连接"对话框。单击命令语言连接中的"弹起时"按钮,出现"命令语言"窗口,在编辑栏中输入命令:"exit(0);"。

单击"确定"按钮,返回"动画连接"对话框,再单击"确定"按钮,"关闭"按钮的动画连接设置完成。

5．命令语言编程

（1）整数累加程序。

在工程浏览器左侧树形菜单中双击命令语言"应用程序命令语言"项，出现"应用程序命令语言"编辑对话框，单击"运行时"选项卡，将循环执行时间设定为 1000ms，在命令语言编辑框中输入整数累加程序，如图 3-41 所示，然后单击"确定"按钮，完成命令语言的输入。

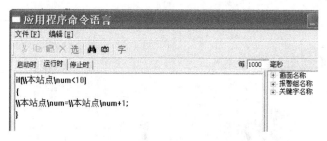

图 3-41　整数累加程序

（2）开关控制程序

在工程浏览器左侧的树形菜单中选择命令语言"数据改变命令语言"，双击"新建…"，出现"数据改变命令语言"编辑对话框，在"变量[.域]"文本框中输入"\\本站点\num"（也可以单击文本框右边的"？"号，选择已定义好的变量名"num"），在命令语言编辑框中输入控制程序，如图 3-42 所示，然后单击"确定"按钮，完成命令语言的输入。

本程序的特点是只要 num 的值发生一次变化，开关控制程序就执行一次。

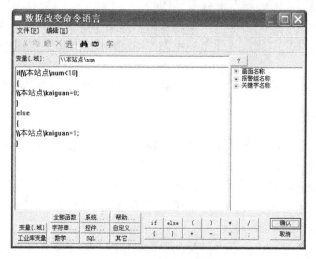

图 3-42　开关控制程序

6．程序运行

将设计好的画面全部存储并配置成主画面，启动画面运行程序。

画面中的反应器液位随着整数的累加而上升，当整数累加到 10 时停止累加，开关动作（关闭），如图 3-43 所示。单击"关闭"按钮，程序退出。

图 3-43 程序运行画面

实例 7　事件命令语言

一、设计任务

采用事件命令语言编写程序：一个整数从零开始每隔 1s 加 1，画面中的仪表指针随着累加数的增加而转动；当整数累加至 10 时停止累加，画面中的指示灯变换颜色。

二、任务实现

1．建立新工程项目

工程名称："指示灯报警"。
工程描述："整数累加至 10 时指示灯变换颜色"。

2．制作图形画面

（1）添加 1 个仪表对象。在开发系统中执行菜单"图库→打开图库"命令，进入图库管理器，选择仪表库中的一个仪表图形对象。

（2）添加 1 个指示灯对象。在开发系统中执行菜单"图库→打开图库"命令，进入图库管理器，选择指示灯库中的一个图形对象。

（3）添加 1 个按钮对象。在工具箱中选择"按钮"控件添加到画面中，将按钮"文本"改为"关闭"。

设计的图形画面如图 3-44 所示。

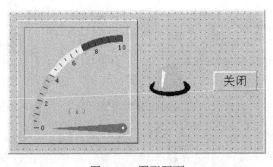

图 3-44 图形画面

3. 定义变量

（1）定义 1 个内存整数变量，变量名设为"num"，变量类型选为"内存整数"，初始值设为"0"，最小值设为"0"，最大值设为"100"。

定义完成后，单击"确定"按钮，则在数据词典中增加 1 个内存整数变量"num"。

（2）定义 1 个内存离散变量，变量名设为"deng"，变量类型选为"内存离散"，初始值选为"关"。

定义完成后，单击"确定"按钮，则在数据词典中增加 1 个内存离散变量"deng"。

4. 建立动画连接

进入开发系统，双击画面中图形对象，将定义好的变量与相应对象连接起来。

（1）建立仪表对象的动画连接。

双击画面中的仪表对象，弹出"仪表向导"对话框，单击变量名文本框右边的"？"号，选择已定义好的变量名"num"，单击"确定"按钮，仪表向导变量名文本框中出现"\\本站点\num"表达式，将仪表量程最大刻度设为 25。

（2）建立指示灯对象的动画连接。

双击画面中的指示灯对象，出现"指示灯向导"对话框，将变量名（离散量）设定为"\\本站点\deng"，将正常色设置为绿色，报警色设置为红色。

（3）建立按钮对象的动画连接。

双击"关闭"按钮对象，出现"动画连接"对话框。单击命令语言连接中的"弹起时"按钮，出现"命令语言"窗口，在编辑栏中输入命令："exit(0);"。

单击"确定"按钮，返回"动画连接"对话框，再单击"确定"按钮，"关闭"按钮的动画连接设置完成。

5. 命令语言编程

（1）整数累加程序。

在工程浏览器左侧树形菜单中双击命令语言"应用程序命令语言"项，出现"应用程序命令语言"编辑对话框，单击"运行时"选项卡，将循环执行时间设定为 1000ms，然后在命令语言编辑框中输入整数累加程序，如图 3-45 所示。

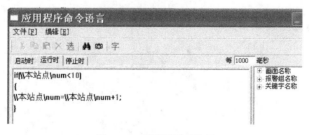

图 3-45 整数累加程序

（2）指示灯控制程序。

在工程浏览器左侧树形菜单中选择命令语言"事件命令语言"，双击"新建…"，出现"事件命令语言"编辑对话框，在"事件描述"文本框中输入"\\本站点\num<10"，然后在命令语

言编辑框中输入控制程序,如图 3-46 所示。

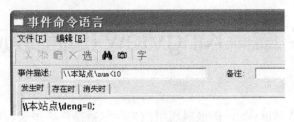

图 3-46　指示灯控制程序 1

本程序的特点是:当事件"\\本站点\num<10"发生时,"deng=0"。

再次双击"新建…",出现"事件命令语言"编辑对话框,在"事件描述"文本框中输入"\\本站点\num==10",然后在命令语言编辑框中输入控制程序,如图 3-47 所示。

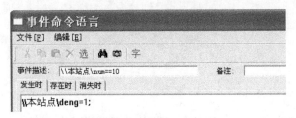

图 3-47　指示灯控制程序 2

本程序的特点是:当事件"\\本站点\num==10"发生时,"deng=1"。

6. 程序运行

将设计好的画面全部存储并配置成主画面,启动画面运行程序。

画面中的仪表对象指针随着整数的累加而转动,当整数累加到 10 时停止累加,指示灯颜色变化。单击"关闭"按钮,程序退出。

程序运行画面如图 3-48 所示。

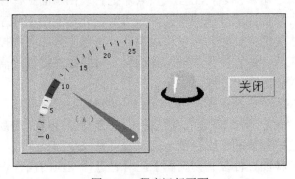

图 3-48　程序运行画面

第 4 章　KingView 的高级应用

本章讲解组态软件 KingView 的高级应用技术，包括控件、报表、趋势曲线、报警窗口、动态数据交换，以及 I/O 设备通信等。

4.1　控件

4.1.1　概述

1. 什么是控件

控件实际上是可重用对象，用来执行专门的任务，每个控件实质上都是一个微型程序，但不是一个独立的应用程序，通过控件的属性控制控件的外观和行为，接收输入并提供输出。例如，Windows 操作系统中的组合列表框就是一个控件，通过设置属性可以决定组合列表框的大小、要显示文本的字体类型，以及显示的颜色。

组态王的控件（如棒图、温控曲线、X-Y 轴曲线）就是一种微型软元件，它们能提供各种属性和丰富的命令语言函数，用来完成各种特定的功能。

2. 控件的功能

控件在外观上类似于组合图素，工程人员只需把它放在画面上，然后配置其属性，进行相应的函数连接，控件就能完成复杂的功能。当所实现的功能由主程序完成时需要制作很复杂的命令语言，或根本无法完成时，可以采用控件。主程序只需要向控件提供输入，而剩下的复杂工作由控件去完成，主程序无须理睬其过程，只要控件提供所需要的结果输出即可。另外，控件的可重用性也提供了方便。

比如，画面上需要多个二维条图，用于表示不同变量的变化情况，如果没有棒图控件，则首先要利用工具箱绘制多个长方形框，然后将它们分别进行填充连接，每一个变量对应一个长方形框，最后把这些复杂的步骤合在一起，即可完成棒图控件的功能。而直接利用棒图控件，工程人员只要把棒图控件复制到画面上，对它进行相应的属性设置和命令语言函数的连接，就可实现用二维条图或三维条图来显示多个不同变量的变化情况。总之，使用控件将极大地提高工程人员工程开发和工程运行的效率。

组态王本身提供很多内置控件，如列表框、选项按钮、棒图、温控曲线、视频控件等，这些控件只能通过组态王主程序来调用，其他程序无法使用，并且这些控件的使用主要是通过组态王相应的控件函数或与之连接的变量实现的。随着 Active X 技术的应用，Active X 控件也普遍被使用。组态王支持符合其数据类型的 Active X 标准控件。这些控件包括 Microsoft Windows 标准控件和任何用户制作的标准 Active X 控件。这些控件在组态王中被称为"通用控件"，组态王程序中但凡提到"通用控件"即是指 Active X 控件。

3．控件的属性

控件的属性是指控件对象的特征，如尺寸、位置、颜色或文本。特定功能的控件具有特定的属性，如温控曲线控件具有温度最大值、温度最小值、温度分度数、时间分度数、设定曲线颜色等属性；又如棒图控件具有背景颜色、前景颜色、标签字体等属性。不同类型的控件具有不同的属性。

在定义控件变量的同时需要设置它的部分属性。设计者也可以用与控件相关的函数编制程序来读取或设置变量的属性。需要注意的是，有的属性可以被读取或设置，称为"可读可写"型；有的属性只能被读取不能被设置，称为"只读"型；有的属性只能被设置而读不出正确的值，称为"只写"型。

4.1.2 控件介绍

1．立体棒图控件

棒图是指用图形的变化表现与之关联的数据的变化的绘图图表，用于数据变量的动态显示。组态王中的棒图图形可以是二维条形图、三维条形图或饼图。

比如二维条形图，每一个条形图下面对应一个标签 L1、L2、L3、L4、L5、L6，这些标签分别和组态王数据库中的变量相对应，当数据库中的变量发生变化时，与每个标签相对应的条形图的高度也随之动态地发生变化，因此通过棒图控件可以实时地反映数据库中变量的变化情况。

2．温控曲线控件

温控曲线反映实际测量值按设定曲线变化的情况。在温控曲线中，纵轴代表温度值，横轴对应时间的变化，同时将每一个温度采样点显示在曲线中，另外还提供两个游标，当用户把游标放在某一个温度采样点上时，该采样点的注释值就可以显示出来。此控件主要适用于温度控制、流量控制等。

温控曲线的设定方式有两种：自由设定方式、升温-保温设定方式。在实际工程应用中，使用升温-保温设定方式来设置温控曲线既方便又实用，每一段温控曲线都由升温曲线和保温曲线组成。在自由设定方式中，用户可以任意设置温控曲线。

3．*X-Y*轴曲线控件

*X-Y*轴曲线控件可用于显示两个变量之间的数据关系，如电流-转速曲线等形式的曲线。

4．窗口类控件

组态王提供的窗口类控件有 5 种，即列表框控件、组合框控件、复选框控件、编辑框控件、单选按钮控件。这些控件的作用和操作方法与 Windows 操作系统中相应的标准窗口类控件相同。

（1）列表框控件用于显示按.CSV 格式编写的文件或在编辑框中输入的列表项内容。

（2）组合框控件。组合列表框的功能除了具有列表框的功能外，还能快速列出指定字母的列表项。组合框控件分为 3 种：简单组合框控件、下拉式组合框控件和列表式组合框控件。

（3）复选框控件用于控制离散型变量，也就是现场控制中的各种开关变量。

（4）编辑框控件主要用于输入文本字符串并送入指定的字符串变量中。

（5）单选按钮控件用于控制整数变量和实数变量。

5．超级文本显示控件

组态王提供一个超级文本显示控件，用于显示 RTF 格式或 TXT 格式的文件，而且也可在超级文本显示控件中输入文本字符串，然后将其存入指定的文件中。

6．多媒体控件

组态王提供 AVI 动画和视频输出等多个多媒体控件，用于播放图形动画和实现视频监控。播放.avi 文件需调用 PlayAvi() 函数。

7．Active X 控件

组态王支持 Windows 标准的 ActiveX 控件（主要为可视控件），包括 Microsoft 提供的标准 ActiveX 控件和用户自制的 ActiveX 控件。ActiveX 控件的引入在很大程度上方便了用户，用户可以灵活地编制一个符合自身需要的控件或调用一个已有的标准控件来完成一项复杂的任务，而无须在组态王中做大量复杂工作。一般的 Active X 控件都具有属性、方法、事件，用户通过控件的这些属性、事件、方法来完成工作。

4.2 报表

作为组态软件，除了能够实时显示数据和存储数据外，生成报表的功能也是必不可少的。报表能实时地反映生产情况，也能对长期的生产过程进行统计、分析，使管理人员能够实时掌握和分析生产情况。

组态王提供内嵌式报表系统，用户可以任意设置报表样式，对报表进行组态。组态王为工程人员提供了丰富的报表函数，实现各种运算、数据转换、统计分析、报表打印等，既可以制作实时报表，也可以制作历史报表。另外，用户还可以制作各种报表模块，实现多次使用，以免重复工作。

实时数据报表主要用来显示系统的实时数据。除了在表格中实时显示变量的值外，报表还可以按照单元格中设置的函数、公式等实时刷新单元格中的数据。在单元格中显示变量的实时数据一般有两种方法。

历史报表记录了以往的生产记录数据，对用户来说是非常重要的。历史报表的制作根据所需数据的不同有不同的制作方法。

4.3 趋势曲线

组态王的实时数据和历史数据除了在画面中以值输出方式和以报表形式显示外，还可以用曲线形式显示。组态王的曲线有趋势曲线、温控曲线和超级 X-Y 曲线。

趋势曲线分析是控制软件必不可少的功能，用来反映数据变量随时间变化的情况。组态王趋势曲线包括用于实时显示数据的实时趋势曲线和能够对数据库中的数据进行分析的历史趋势曲线两种。

曲线外形类似于坐标纸，X 轴代表时间，Y 轴代表变量值。同一个趋势曲线中最多可同时显示 4 个变量的变化情况，而一个画面中可定义数量不限的趋势曲线。在趋势曲线中，用户可以规定时间的间距、数据的数值范围、网格分辨率、时间坐标数目、数值坐标数目，以及绘制曲线的"笔"的颜色属性。

组态王图库中有设定好的各种功能按钮的趋势曲线，用户只要定义几个相关变量适当调整曲线外观，即可完成曲线指定的复杂功能。

4.3.1 实时趋势曲线

画面程序运行时，实时趋势曲线可以随时间变化自动卷动，以快速反映变量随时间的变化。

1. 实时趋势曲线的添加

选择菜单"工具→实时趋势曲线"或单击工具箱中的"实时趋势曲线"按钮，将十字形鼠标在画面上的适当位置单击，拖动鼠标，画出需要大小的矩形框，从而实时趋势曲线就在这个矩形中绘出，如图 4-1 所示。

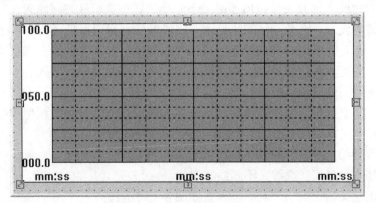

图 4-1 实时趋势曲线画面

2. 实时趋势曲线的属性设置

双击画面中的实时趋势曲线对象，弹出"实时趋势曲线"对话框，如图 4-2 所示。

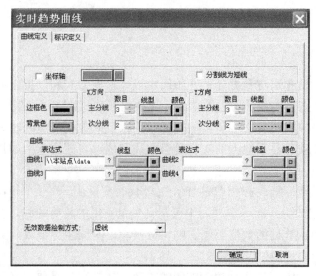

图 4-2　实时趋势曲线的设置

1）曲线定义选项卡说明

（1）坐标轴。选择曲线图表坐标轴的线型和颜色。选中"坐标轴"复选框后，坐标轴的线型和颜色选择按钮变为有效，通过单击线型按钮或颜色按钮，在弹出的列表中选择坐标轴的线型或颜色。另外，用户可以根据图表的绘制需要，选择是否显示坐标轴。

（2）分割线为短线。选中此项后在坐标轴上只有很短的主分割线，整个图纸区域接近空白状态，没有网格，同时下面的"次分割线"选项变灰，图表上不显示次分割线。

（3）边框色、背景色。边框色和背景色分别规定绘图区域的边框和背景（底色）的颜色。按动这两个按钮的方法与坐标轴按钮类似，弹出的浮动对话框也与之大致相同。

（4）X 方向、Y 方向。X 方向和 Y 方向的主分割线将绘图区划分成矩形网格，次分割线将再次划分主分割线划分出来的小矩形。这两种线都可以改变线型和颜色。分割线的数目可以通过小方框右边的"加减"按钮增加或减小，也可通过编辑区直接输入。工程人员可以根据实时趋势曲线的大小决定分割线的数目，分割线最好与标识定义（标注）相对应。

（5）曲线。定义所绘的 1～4 条曲线 Y 坐标对应的表达式，实时趋势曲线可以实时计算表达式的值，所以它可以使用表达式。实时趋势曲线名的编辑框中可输入有效的变量名或表达式，表达式中所用的变量必须是数据库中已定义的变量（如变量 data）。右边的"？"按钮可列出数据库中已定义的变量或变量域供选择。每条曲线可通过右边的线型和颜色按钮来改变线型和颜色。在定义曲线属性时，至少应定义一条曲线变量。

（6）无效数据绘制方式。系统运行时对于采样到的无效数据（如变量质量戳≠192）的绘制方式可以选择三种形式：虚线、不画线和实线。

单击"标识定义"选项卡，对话框设置如图 4-3 所示。

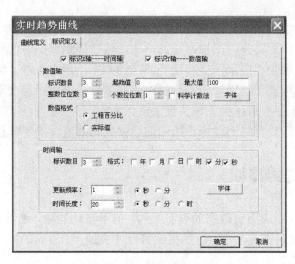

图 4-3　实时趋势曲线的标识定义

2）标识定义选项卡说明

（1）标识 X 轴—时间轴、标识 Y 轴—数值轴。选择是否为 X 轴或 Y 轴加标识，即在绘图区域的外面用文字标注坐标的数值。如果选中此项，则左边的检查框中有小叉标记，同时下面定义相应标识的选项也由无效变为有效。

（2）数值轴（Y 轴）定义区。

因为一个实时趋势曲线可以同时显示 4 个变量的变化，而各变量的数值范围可能相差很大，为使每个变量都能表现清楚，"组态王"中规定，变量在 Y 轴上以百分数表示，即以变量值与变量范围（最大值与最小值之差）的比值表示，所以 Y 轴的范围是 0（0%）至 1（100%）。

① 标识数目。标识数目表示数值轴标识的数目，这些标识在数值轴上等间隔分布。

② 起始值。起始值表示曲线图表上纵轴显示的最小值。如果选择"数值格式"为"工程百分比"，则规定数值轴起点对应的百分比值最小为 0。如果选择"数值格式"为"实际值"，则可输入变量的最小值。

③ 最大值。曲线图表上纵轴显示的最大值。如果选择"数值格式"为"工程百分比"，规定数值轴终点对应的百分比值，最大为 100。如果选择"数值格式"为"实际值"，则可输入变量的最大值。

④ 整数位位数。整数位位数表示数值轴最少显示整数的位数。

⑤ 小数位位数。小数位位数表示数值轴最多显示小数点后面的位数。

⑥ 科学计数法。选中此项表示数值轴坐标值超过指定的整数和小数位数时用科学计数法显示。

⑦ 字体。该项用于规定数值轴标识所用的字体。可以弹出 Windows 标准的字体选择对话框，相应的操作工程人员可参阅 Windows 的操作手册。

⑧ 数值格式。工程百分比表示数值轴显示的数据是百分比形式；实际值表示数值轴显示的数据是该曲线的实际值。

（3）时间轴定义区。

① 标识数目。标识数目表示时间轴标识的数目，这些标识在数值轴上等间隔分布。在组态王开发系统中时间是以 yy:mm:dd:hh:mm:ss 形式表示的，在 TouchView 运行系统中，显示

实际的时间。

② 格式。该项目用于选择时间轴标识的格式，选择显示哪些时间量。

③ 更新频率。该项表示图表采样和绘制曲线的频率，最小 1 秒。运行时不可修改。

④ 时间长度。该项表示时间轴所表示的时间跨度。可以根据需要选择时间单位——秒、分、时，最小跨度为 1 秒，每种类型单位最大值为 8000。

⑤ 字体。该项用于规定时间轴标识所用的字体。与数值轴的字体选择方法相同。

4.3.2 历史趋势曲线

历史趋势曲线可以完成历史数据的查看工作，但不自动卷动，通常与功能按钮一起工作，即通过命令语言辅助实现查阅功能，这些按钮可以完成翻页、设定时间参数、启动/停止记录、打印曲线图等复杂功能。

1. 历史趋势曲线的种类

组态王提供 3 种形式的历史趋势曲线。

第一种是从工具箱中调用历史趋势曲线。对于这种历史趋势曲线，用户需要对曲线的各个操作按钮进行定义，即建立命令语言连接才能操作历史曲线，对于这种形式，用户使用时自主性较强，能做出个性化的历史趋势曲线；该曲线控件最多可以绘制 8 条曲线，其无法实现曲线打印功能。

第二种是从图库中调用已经定义好各功能按钮的历史趋势曲线。对于这种历史趋势曲线，用户只需要定义几个相关变量，适当调整曲线外观即可完成历史趋势曲线的复杂功能，这种形式使用简单、方便；该曲线控件最多可以绘制 8 条曲线，但该曲线无法实现曲线打印功能。

第三种是调用历史趋势曲线控件。该控件是组态王以 ActiveX 控件形式提供的绘制历史曲线和 ODBC 数据库曲线的功能性工具。这种历史趋势曲线的功能很强大，使用起来比较简单。通过该控件，不但可以实现组态王历史数据的曲线绘制，还可以实现 ODBC 数据库中数据记录的曲线绘制，而且在运行状态下，可以实现在线动态增加删除曲线、曲线图表的无级缩放、曲线的动态比较、曲线的打印等。该曲线控件最多可以绘制 16 条曲线。

2. 与历史趋势曲线有关的配置项

无论使用哪种历史趋势曲线都要进行相关配置，主要包括变量属性配置和历史数据文件存放位置配置。

（1）定义变量范围。

由于历史趋势曲线数值轴显示的数据以百分比来显示，所以对于要以曲线形式来显示的变量需要特别注意变量的范围。如果变量定义的范围很大，如-999 999~+999 999，而实际变化范围很小，如-0.000 1~+0.000 1，从而曲线数据的百分比数值就会很小，在曲线图表上就会出现看不到该变量曲线的情况。

（2）对变量作历史记录。

对于要以历史趋势曲线形式显示的变量，都需要对变量进行记录。在组态王工程浏览器中选中"记录定义"选项卡片，选择变量记录的方式。

对于要以历史趋势曲线形式显示的变量,都需要对变量进行记录。在组态王工程浏览器中单击"数据库"项,再选择"数据词典"项,选中要进行历史记录的变量,双击该变量,则弹出"定义变量"对话框,选择"记录和安全区"选项卡,其用于配置变量的历史数据记录信息,可选择不记录、数据变化记录、定时记录或备份记录,如图4-4所示。

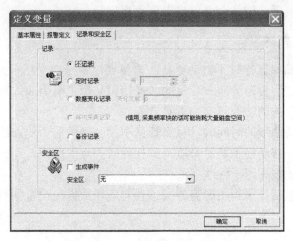

图4-4 "记录和安全区"对话框

① 不记录。此选项有效时,则该变量值不存到硬盘上进行历史记录。

② 数据变化记录。当变量值发生变化时,将此时的变量值存到硬盘上(历史记录)。实型、长整型、离散量可记录,适用于数据变化快的场合。

当选择数据变化记录时,应对"变化灵敏度"进行设置。只有变量值的变化幅度大于"变化灵敏度"设定的值时才被记录到硬盘上。当"数据变化记录"选项有效时,"变化灵敏度"选项才有效,其默认值为1,用户可根据需要修改。

③ 定时记录。此选项有效时,按时间间隔记录历史数据,最小时间间隔为1分钟,适用于数据变化慢的场合。

(3)定义历史数据文件的存储目录。

在组态王工程浏览器的菜单条上单击"配置"菜单,再从弹出的菜单命令中选择"历史数据记录"命令项,弹出历史库配置对话框,如图4-5所示。

选中"运行时启动历史数据记录",并且单击"组态王历史库"右边的"配置"按钮,弹出对话框,如图4-6所示。在此对话框中输入记录历史数据文件在硬盘上的存储路径和数据保存天数,也可进行分布式历史数据配置,使本机节点中的组态王能够访问远程计算机的历史数据。

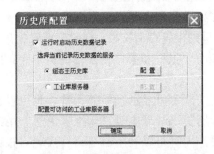

图4-5 历史库配置对话框

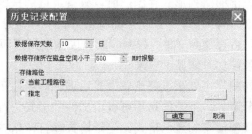

图4-6 历史记录配置对话框

（4）重启历史数据记录。

在组态王运行系统的菜单条上单击"特殊"菜单项，再从弹出的菜单命令中选择"重启历史数据记录"，此选项用于重新启动历史数据记录。在没有空闲硬盘空间时，系统自动停止历史数据记录。当发生此情况时，将显示信息框通知工程人员，工程人员将数据转移到其他地方后空出硬盘空间，再选用此命令重启历史数据记录。

3．对历史趋势曲线的控制

历史趋势曲线在画面运行时不自动更新，需要通过命令语言结合按钮对历史趋势曲线进行控制，主要通过改变历史趋势曲线变量的域或使用与历史趋势曲线有关的函数。

与历史趋势曲线有关的功能包括如下几方面。

（1）改变历史趋势曲线的时间轴，从而查看不同时间段的历史曲线。

（2）指示器功能。移动指示器，可以得到任意时间点的数值。

（3）缩放按钮。此按钮用于快速缩放。

（4）其他功能。包括打印历史趋势曲线、查看最新数据、设置参数等。

4.4　报警窗口

4.4.1　报警窗口的作用

报警是指当系统中某些量的值超过所规定的界限时，系统自动产生相应的警告信息，表明该量的值已经超限，提醒操作人员。例如，炼油厂的油品储罐，当往罐中输油时，如果没有规定油位的上限，则系统产生不了报警，无法有效提醒操作人员，从而有可能造成"冒罐"，形成危险。有了报警，就可以提示操作人员注意，以便操作人员采取必要的措施。报警允许操作人员应答。

运行报警和事件记录是控制软件必不可少的功能，组态王提供强有力的报警和事件系统，并且操作方法简单。

组态王中的报警和事件主要包括变量报警事件、操作事件、用户登录事件和工作站事件。通过这些报警和事件，用户可以方便地记录和查看系统的报警，操作和各个工作站的运行情况。当报警和事件发生时，组态王把这些事件存于内存中的缓冲区，报警和事件在缓冲区中以先进先出的队列形式存储，所以只有最近的报警和事件在内存中。当缓冲区达到一定数目或记录定时时间到时，系统自动将报警和事件信息写到报警存储文件、打印机或数据库中（要先定义是否存储到文件、数据库或直接输出到打印机）。报警和事件在报警窗口中会按照设置的过滤条件实时地显示出来。

报警信息可以在报警窗口中显示进行。组态王中既可以显示当前的报警，也可以显示历史的报警事件。报警信息还可以用文件的形式进行历史记录或实时打印报警信息。用户可以自定义报警信息的显示格式、记录格式和打印格式，同时可以利用命令语言实现对报警事件的复杂控制和灵活处理。

报警窗口用于反映变量的不正常变化,组态王自动对需要报警的变量进行监视。当发生报警时,将这些报警事件在报警窗口中显示出来,其显示格式在定义报警窗口时确定。

报警窗口也有两种类型:实时报警窗口和历史报警窗口。实时报警窗口只显示最近的报警事件,要查阅历史报警事件只能通过历史报警窗口。

为了分类显示报警事件,可以把变量划分到不同的报警组,同时指定报警窗口中只显示所需的报警组。趋势曲线、报警窗口和报警组都是一类特殊的变量,有变量名和变量属性等。趋势曲线、报警窗口的绘制方法和矩形对象相同,移动和缩放方法也一样。

为使报警窗口内能显示变量的报警和事件信息,必须先对报警组和变量进行相关的设置。

4.4.2 定义报警组

在监控系统中,为了方便查看、记录和区别,通常要将变量产生的报警信息归到不同的组中,即使变量的报警信息属于某个规定的报警组。

报警组是按树状组织的结构,默认时只有一个根节点,默认名为 RootNode(可以改成其他名字)。可以通过报警组定义对话框为这个结构加入多个节点和子节点。

通过报警组名可以按组处理变量的报警事件,如报警窗口可以按组显示报警事件,记录报警事件也可按组进行,还可以按组对报警事件进行报警确认。

定义报警组后,组态王会按照定义报警组的先后顺序为每一个报警组设定一个 ID 号,在引用变量的报警组域时,系统显示的都是报警组的 ID 号,而不是报警组的名称。每个报警组的 ID 号是固定的,当删除某个报警组时,其他报警组的 ID 号都不会发生变化,新增加的报警组也不会再占用这个 ID 号。

切换到工程浏览器,在左侧选择"数据库→报警组",如图 4-7 所示。进入报警组定义对话框可以建立报警组。

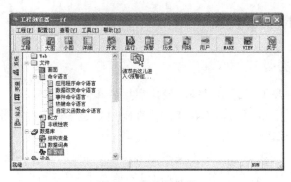

图 4-7　进入报警组

4.4.3 设置变量的报警定义属性

在使用报警功能前,必须先要对变量的报警属性进行定义。

在工程浏览器的左侧选择"数据词典",在右侧双击已定义的变量名,如 data,弹出"定义变量"对话框,在"定义变量"对话框中单击"报警定义"配置页,弹出如图 4-8 所示对话框，在此对话框中设置报警参数。

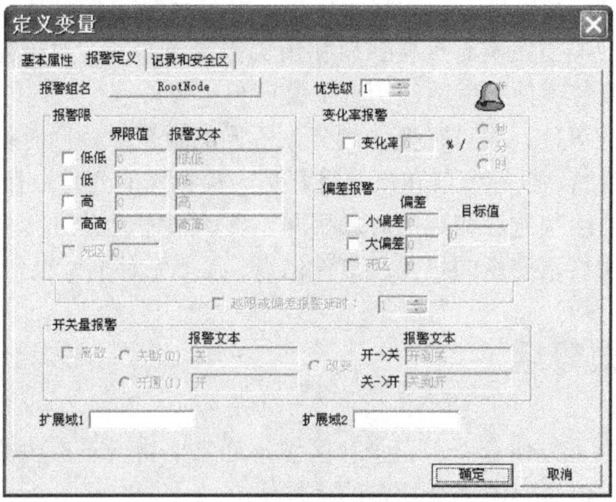

图 4-8 "报警定义"配置页

"报警定义"属性页可以分为以下几个部分。

（1）报警组名。单击"报警组名"标签后的按钮，弹出"选择报警组"对话框，在该对话框中将列出所有已定义的报警组，选择其一确认，则该变量的报警信息就属于当前选中的报警组。

（2）优先级。优先级主要是指报警的级别，有利于操作人员区别报警的紧急程度。报警优先级的范围为 1～999，1 为最高，999 为最低。

（3）开关量报警定义区域。如果当前的变量为离散量，则这些选项是有效的。

（4）报警的扩展域的定义。报警的扩展域共有两格，主要是对报警的补充说明和解释。

4.4.4 变量的报警类型

1. 模拟量的报警类型

模拟量报警分三种类型：越限报警、变化率报警和偏差报警。

（1）越限报警。越限报警是指模拟量的值在跨越报警限时产生的报警。越限报警的报警限（类型）有四个：低低限、低限、高限、高高限。

（2）变化率报警。变化率报警是指模拟量的值在固定时间内的变化超过一定量时产生的报警，即变量变化太快时产生的报警。当模拟量的值发生变化时计算变化率以决定是否报警。

（3）偏差报警。偏差报警是指模拟量的值相对目标值上下波动的量与变量范围的百分比超过一定量时产生的报警。

2. 开关量的报警类型

开关量报警分 3 种类型：关断报警、开通报警和改变报警。用户只能定义其中的一种。

（1）关断报警。选中此项表示当离散型变量由开状态变为关状态（由 1 变为 0）时，对此变量进行报警。

（2）开通报警。选中此项表示当离散型变量由关状态变为开状态（由 0 变为 1）时，对此变量进行报警。

（3）改变报警。选中此项表示当离散型变量发生变化时，即由关状态变为开状态或由开状态变为关状态，对此变量进行报警，多用于电力系统，又称为变位报警。

报警文本是指报警产生时显示的文本，用户可以根据自己的需要在"报警文本"框中输入。

4.5　动态数据交换

DDE 是 Windows 平台上的一个完整通信协议，它使应用程序能彼此交换数据和发送指令。DDE 过程可以比喻为两个人的对话，一方向另一方提出问题，然后等待回答。提问的一方称为"顾客"（Client），回答的一方称为"服务器"（Server）。一个应用程序可以同时是"顾客"和"服务器"：当它向其他程序中请求数据时，它充当的是"顾客"；若有其他程序需要它提供数据，它又成了"服务器"。

DDE 对话的内容是通过三个标识名来约定的。

（1）应用程序名（Application）。应用程序名是指进行 DDE 对话双方的名称。商业应用程序的名称在产品文档中给出。"组态王"运行系统的程序名是"VIEW"；Microsoft Excel 的应用程序名是"Excel"；Visual Basic 程序使用的是可执行文件的名称。

（2）主题（Topic）。主题是指被讨论的数据域（Domain）。对"组态王"来说，主题规定为"tagname"；Excel 的主题名是电子表格的名称，如 sheet1、sheet2…；Visual Basic 程序的主题由窗体（Form）的 LinkTopic 属性值指定。

（3）项目（Item）。项目是指被讨论的特定数据对象。在"组态王"的数据字典里，设计者定义 I/O 变量的同时，也定义项目名称。Excel 里的项目是单元，如 r1c2（r1c2 表示第一行、第二列的单元）。对 Visual Basic 程序而言，项目是一个特定文本框、标签或图片框的名称。

建立 DDE 之前，客户程序必须填写服务器程序的三个标识名。"组态王"支持动态数据交换（DDE），能够和其他支持动态数据交换的应用程序方便地交换数据。通过 DDE，用户可以利用 PC 丰富的软件资源来扩充"组态王"的功能，如用电子表格程序从"组态王"的数据库中读取数据，对生产作业执行优化计算，然后"组态王"再从电子表格程序中读出结果来控制各个生产参数；可以利用 Visual Basic 开发服务程序，完成数据采集、报表打印、多媒体声光报警等功能，从而很容易组成一个完备的上位机管理系统；还可以和数据库程序、人工智能程序、专家系统等进行通信。

DDE 是 Windows 的一个标准传输协议。通过 DDE 方式，任何 I/O 设备都可以与"组态王"计算机进行数据交换。在此方式下，DDE 服务程序可以采用自己的方式与 I/O 设备进行数据交换，DDE 服务程序与"组态王"采用标准 DDE 协议进行通信。

如果"组态王"要和下位机交换数据，则必须通过驱动程序（I/O 服务程序）。和商业应用程序类似，每个驱动程序都规定了自己的应用程序名和主题名。

4.6 组态王与数据库

很多工业现场要求将组态软件的数据通过 ODBC 接口存到关系数据库中。组态王支持与 ODBC 接口的数据库进行数据传输，如 ACCESS，SQLServer 等。

利用组态王 SQL 访问功能实现组态王和其他外部数据库支持 ODBC 访问接口之间的数据传输，实现数据传输必须在系统 ODBC 数据源中定义相应数据库。

组态王的开发环境中提供了 SQL 访问管理器配置项，用于完成组态王和数据库之间的具体配置。SQL 访问管理器用来建立数据库和组态王变量之间的联系，包括表格模板和记录体两部分功能。通过表格模板在数据库表中建立表格；通过记录体建立数据库表格列和组态王之间的联系，允许组态王通过记录体直接操作数据库中的数据。表格模板和记录体都是在工程浏览器中建立的。

SQL 访问管理器的记录体建立数据库表格字段和组态王变量之间的联系，允许组态王通过 SQL 函数对数据库的表的记录进行插入、修改、删除和查询等操作，也可以对数据库中的表进行建表、删表等操作。

很多工业现场要求对关系数据库的数据根据不同的条件进行查询处理。组态王中的实现方法如下。

（1）利用组态王的 SQL 函数实现对数据库数据的查询处理；

（2）利用组态王的 KVADODBGrid 控件实现对数据库的查询处理。

这两种实现方法的不同之处在于：第一种方式是将查询结果对应到组态王的变量上，可以通过组态王的变量进行相关计算处理及在命令语言中使用，但是如果符合条件的记录有许多条则无法同时看到所有的查询选择结果；第二种方式是将查询结果显示到控件的表格中，可以看到所有符合条件的查询记录，并且可以另存为其他文件及进行打印操作，还可以通过控件的属性、方法进行其他处理。

用户如果需要将数据库中的数据调入组态王来显示，则需要另外建立一个记录体，此记录体的字段名称要和数据库中相应表的字段名称对应，连接的变量与数据库中字段的类型一致（但必须是另外的内部变量）。

在工程中经常需要访问开放型数据库中的大量数据，如果通过 SQL 函数编程查询，由于符合条件的记录比较多，所以无法同时浏览所有的记录，并且无法形成报表进行打印。针对这种情况，组态王提供了一个通过 ADO 访问开放型数据库中数据的 Active X 控件 KVADODBGrid。通过该控件，在组态王画面中用户可以很方便地访问数据库、编辑数据库，可以通过数据库查询窗口对数据库中的数据进行查询，也可以用控件的统计函数计算出控件中数据的最大/最小值和平均值等。

4.7 I/O 设备通信

4.7.1 KingView 中的 I/O 设备

作为上位机，KingView 把那些需要与之交换数据的设备或程序都作为外部设备（I/O 设备）。组态王支持的 I/O 设备包括可编程控制器（PLC）、智能模块、板卡、智能仪表、变频器等。

组态王设备管理中的逻辑设备分为 DDE 设备、板卡类设备（即总线型设备）、串口类设备、人机接口卡、网络模块，工程人员根据自己的实际情况通过组态王的设备管理功能来配置、定义这些逻辑设备。

1. DDE 设备

DDE 设备是指与组态王进行 DDE 数据交换的 Windows 独立应用程序，因此 DDE 设备通常代表了一个 Windows 独立应用程序，该独立应用程序的扩展名通常为.exe 文件，组态王与 DDE 设备之间通过 DDE 协议交换数据。例如，Excel 是 Windows 的独立应用程序，当 Excel 与组态王交换数据时就是采用 DDE 的通信方式进行的。

2. 板卡类逻辑设备

板卡类逻辑设备实际上是组态王内嵌板卡驱动程序的逻辑名称，内嵌的板卡驱动程序不是一个独立的 Windows 应用程序，而是以 DLL 形式供组态王调用的，这种内嵌的板卡驱动程序对应着实际插入计算机总线扩展槽中的 I/O 设备，因此一个板卡逻辑设备也就代表了一个实际插入计算机总线扩展槽中的 I/O 板卡。

组态王根据工程人员指定的板卡逻辑设备自动调用相应的内嵌板卡驱动程序，因此对工程人员来说，只需要在逻辑设备中定义板卡逻辑设备，其他的事情由组态王自动完成。

3. 串口类逻辑设备

串口类逻辑设备实际上是组态王内嵌的串口驱动程序的逻辑名称，内嵌的串口驱动程序不是一个独立的 Windows 应用程序，而是以 DLL 形式供组态王调用的，这种内嵌的串口驱动程序对应着实际与计算机串口相连的 I/O 设备，因此一个串口逻辑设备也就代表了一个实际与计算机串口相连的 I/O 设备。

4. 人机接口卡

某些厂家的可编程控制器（PLC）在与计算机进行数据交换时，要求在计算机中安装一个特殊的人机接口板卡，板卡与可编程控制器（PLC）之间采用专门的通信协议进行通信。通过人机接口卡可以使设备与计算机进行高速通信，从而不占用计算机本身所带的 RS-232 串口，因为这种人机接口卡通常插在计算机的总线（ISA 或 PCI）插槽上。

人机界面卡又称为高速通信卡，它既不同于板卡，也不同于串口通信。一般来讲，人机接口卡和连接电缆由 PLC 生产厂家提供。例如，西门子公司 S7-300 用的 MPI 卡使用人机接口卡可以与一个 PLC 连接，也可以与一个 PLC 的网络连接。

5. 网络模块

组态王利用以太网和 TCP/IP 协议可以与专用的网络通信模块进行连接。例如，选用松下 ET-LAN 通信单元通过以太网与上位机相连，该单元和其他计算机上的组态王运行程序使用 TCP/IP。

4.7.2　KingView 与 I/O 设备通信

在系统运行过程中，KingView 通过内嵌的设备管理程序负责与 I/O 设备的实时数据交换，如图 4-9 所示。每一个驱动程序都是一个 COM 对象，这种方式使通信程序和 KingView 构成一个完整的系统，既保证了运行系统的高效率，也使系统能够达到很大的规模。

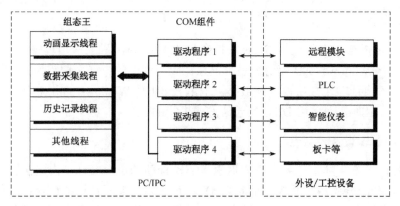

图 4-9　KingView 与下位机的通信结构

KingView 中的 I/O 变量与具体 I/O 设备的数据交换就是通过逻辑设备名来实现的，当工程人员在 KingView 中定义 I/O 变量属性时就要指定与该 I/O 变量进行数据交换的逻辑设备名，一个逻辑设备可与多个 I/O 变量对应。

I/O 设备的输入提供现场的信息，如产品的位置、机器的转速、炉温等。I/O 设备的输出通常用于对现场的控制，如启动电动机、改变转速、控制阀门和指示灯等，如图 4-10 所示。有些 I/O 设备（如 PLC）利用其本身的程序完成对现场的控制，程序根据输入决定各输出的值。

输入/输出的数值存放在 I/O 设备的寄存器中，寄存器通过其地址进行引用。大多数 I/O 设备提供与其他设备或计算机进行通信的通信端口或数据通道，KingView 通过这些通信通道读/写 I/O 设备的寄存器，采集到的数据可用于进一步监控。用户不需要读/写 I/O 设备的寄存器，KingView 提供了一种数据定义方法，当定义了 I/O 变量后，可直接使用变量名用于系统控制、操作显示、趋势分析、数据记录和报警显示。

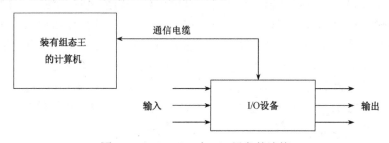

图 4-10　KingView 与 I/O 设备的连接

4.7.3 KingView 对 I/O 设备的管理

KingView 与 I/O 设备之间的数据交换采用五种方式：串行通信方式、板卡方式、网络节点方式、人机接口卡方式、DDE 方式。其他 Windows 应用程序一般通过 DDE 交换数据；若组态软件在网络上运行，则外部设备还包括网络上的其他计算机。KingView 通过对 I/O 设备的操作可以实现 KingView 与其他许多软件的数据交换。

KingView 软件系统与工程人员最终使用的具体控制设备或现场部件无关，对于不同的硬件设施，只需为 KingView 配置相应的通信驱动程序即可，因此要使 KingView 与外部设备通信，在 KingView 安装过程中需安装外部 I/O 设备的驱动程序，如图 4-11 所示，在运行期间 KingView 通过驱动程序和这些外部设备交换数据。

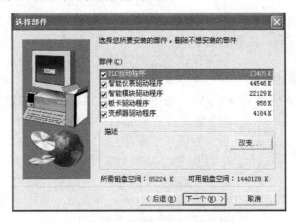

图 4-11　安装 I/O 设备 KingView 驱动程序

KingView 对设备的管理通过对逻辑设备名的管理实现，具体讲就是每一个实际 I/O 设备都必须在 KingView 中指定一个唯一的逻辑名称，此逻辑设备名对应着该 I/O 设备的生产厂家、实际设备名称、设备通信方式、设备地址、与上位 PC 的通信方式等信息内容（逻辑设备名的管理方式如同对城市长途区号的管理，每个城市都有一个唯一的区号相对应，这个区号就可以认为是该城市的逻辑城市名，如北京市的区号为 010，所以在查看长途区号时就可以知道 010 代表北京）。在 KingView 中，具体 I/O 设备与逻辑设备名是一一对应的，有一个 I/O 设备就必须指定一个唯一的逻辑设备名，特别是设备型号完全相同的多台 I/O 设备也要指定不同的逻辑设备名。

KingView 的设备管理结构列出已配置的与 KingView 通信的各种 I/O 设备名，每个设备名实际上是具体设备的逻辑名称（简称逻辑设备名，以此区别 I/O 设备生产厂家提供的实际设备名），每一个逻辑设备名对应一个相应的驱动程序，以此与实际设备相对应。

只有在定义了外部设备之后，KingView 才能通过 I/O 变量和它们交换数据。为方便定义外部设备，KingView 设计了"设备配置向导"来指导完成设备的连接。在开发过程中，用户只需要按照安装向导的提示就可以进行相应的参数设置，选择 I/O 设备的生产厂家、设备名称、通信方式，指定设备的逻辑名称和通信地址，完成 I/O 设备的配置工作，从而 KingView 自动完成驱动程序的启动和通信，不再需要工程人员人工进行。KingView 采用工程浏览器界面来管理硬件设备，已配置好的设备统一列在工程浏览器界面下的设备分支。

4.8 系统的安全性

系统的安全保护是应用系统不可忽视的问题，对于可能有不同类型的用户共同使用的大型复杂应用，必须解决好授权与安全性的问题，系统必须能够依据用户的使用权限允许或禁止其对系统进行操作。在开发系统里对工程进行加密，对画面上的图形对象设置访问权限，同时给操作者分配访问优先级和安全区，以此来保障系统的安全运行。

4.8.1 工程加密

为了防止其他人员对工程进行修改，在组态王开发系统中可以分别对多个工程进行加密。当打开加密的工程时，必须正确输入密码，方可进入开发系统，但不会影响工程的运行，从而保护了工程开发者的利益。

选中未加密的工程，进入组态王开发系统，在工程浏览器窗口中单击"工具"菜单中的"工程加密"命令，弹出"工程加密处理"对话框，如图 4-12 所示。

图 4-12　"工程加密处理"对话框

密码长度不超过 12 字节，密码可以是字母（区分字母大小写）、数字或其他符号，且须再次输入相同密码进行确认。单击"确定"按钮后，系统将自动对工程进行加密。加密过程中系统会弹出提示信息框，显示对每一个画面分别进行加密处理。当加密操作完成后，系统弹出"操作完成"对话框。

4.8.2 退出程序控制

新建一个画面，命名为"封面"。在此画面的下方建立两个按钮："进入系统"和"退出系统"。

为"进入系统"建立动画连接，"弹起时"的命令语言为：

　　ShowPicture（"控制窗口"）；
　　ClosePicture（"封面"）；

为"退出系统"按钮制作连接，"弹起时"的命令语言为：

　　Exit（0）；

再打开"控制窗口"，添加一个"退出"按钮，动画连接"弹起时"的命令语言为：

　　ShowPicture（"封面"）；
　　ClosePicture（"控制窗口"）；

选择菜单"文件→全部存"。

4.8.3 访问权限与操作权限

组态窗口画面设置的"退出系统"按钮，其功能是退出组态王画面运行程序，而对一个实际的系统来说，为了避免误操作所带来的停产或其他事故，可能不是每一个操作者都有权利使用此按钮，这就需要为按钮设置访问权限。同时，也要给操作者赋予不同级别的操作权限，只有当操作者的操作权限不小于按钮的访问权限时，此按钮的功能才可实现。

1）设置图形对象的访问权限

（1）打开组态王画面开发系统，在画面中添加"退出系统"按钮。

（2）双击"退出系统"按钮，弹出"动画连接"对话框，如图 4-13 所示。单击"弹起时"按钮，在出现的命令语言对话框编辑区中输入程序"Exit(0);"，再单击"确认"按钮回到"动画连接"对话框，然后在对话框中的"优先级"文本框内输入"900"。

图 4-13 设置"退出系统"按钮优先级

（3）单击"确定"按钮，关闭"动画连接"对话框。

2）配置用户

（1）在工程浏览器中，选择菜单"系统配置→用户配置"，双击右侧的"用户配置"项，弹出"用户和安全区配置"对话框，单击对话框中的"新建"按钮，弹出"定义用户组和用户"对话框，选中"用户"项，设置用户名为 ZDH，用户密码为 1234，访问权限为 900，如图 4-14 所示，单击"确认"按钮关闭对话框。

图 4-14 "定义用户组和用户"对话框

（2）在开发系统中选择菜单"文件→全部存"，保存所做的修改。

激活组态王画面运行程序，"退出系统"按钮已变灰，要操作此按钮，操作者必须登录，以确认操作权限。

3）登录

选择菜单"特殊→登录开"，弹出对话框，如图 4-15 所示，在"登录"对话框中输入用户名：ZDH，用户密码：1234，单击"确定"按钮，"退出系统"按钮变为正常颜色，从而可以实现其功能。

图 4-15 登录对话框

4.8.4 禁止退出应用程序

对于退出应用程序这一功能而言，操作者也可以从 TouchView 菜单"文件→退出"或者系统菜单"退出"来实现。如果要禁止这两种方式，则需要做如下设置。

在工程浏览器中选择快捷按钮"运行"，弹出"运行系统设置"对话框，选择"运行系统外观"项，则进行如图 4-16 所示的设置。

选择"特殊"项，则将"禁止退出运行环境"和"禁止 ALT 键"两个选项设为有效，如图 4-17 所示。

 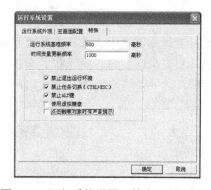

图 4-16　"运行系统设置"对话框　　　　图 4-17　运行系统设置—禁止退出运行环境

关闭并重新启动组态王画面运行程序 TouchView 后，操作者只能通过"退出系统"按钮来退出控制程序。因为在画面中只剩下菜单"特殊"，所以操作者只有通过登录才能激活"退出系统"按钮，从而达到退出控制程序的目的。

第 5 章 KingView 高级应用实例

本章通过实例讲解组态软件 KingView 的高级应用,包括棒图控件的制作、报表的生成、历史趋势曲线的制作、报警窗口的制作、数据库操作、动态数据交换,以及系统安全性设置等。

实例 8 棒图控件的制作

一、设计任务

4 个内存实数累加,在画面上通过棒图控件显示 4 个实数的数值变化情况。

二、任务实现

1. 建立新工程项目

工程名称:"棒图控件";
工程描述:"显示数据变化情况"。

2. 制作图形画面

(1)添加 1 个立体棒图控件。单击"工具箱"中的"插入控件"按钮或选择菜单命令"编辑→插入控件",弹出"创建控件"对话框,如图 5-1 所示。在"创建控件"对话框内选择"立体棒图"控件,单击"创建"按钮,鼠标变成十字形,然后在画面上画一个矩形框,棒图控件就放到画面上了,可以任意移动、缩放棒图控件,如同处理一个单元一样。

属性设置:双击棒图控件,弹出棒图"属性"对话框,如图 5-2 所示。将控件名改为"棒图",图表类型选"二维条形图"(如果要立体显示,则选"三维条形图"),去掉显示属性中的"自动刻度"和"添加网格线"选项,将 Y 轴最大值改为 100,刻度间隔数改为 5。

图 5-1 创建"立体棒图"控件

图 5-2 棒图控件属性设置

（2）添加 1 个按钮对象。在工具箱中选择"按钮"控件添加到画面中，将按钮"文本"改为"关闭"。

设计的图形画面如图 5-3 所示。

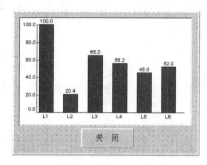

图 5-3　图形画面

3．定义变量

定义 4 个内存实数变量。

首先定义变量"data1"，变量类型选为"内存实数"，初始值设为"0"，最小值设为"0"，最大值设为"100"。

同样再定义 3 个内存实数变量，变量名分别设为"data2"、"data3"和"data4"，其他设置相同。

4．动画连接

建立按钮对象的动画连接：双击"关闭"按钮对象，出现"动画连接"对话框。单击命令语言连接中的"弹起时"按钮，出现"命令语言"窗口，在编辑栏中输入命令"exit(0);"。

5．命令语言编程

在工程浏览器左侧树形菜单中双击命令语言"应用程序命令语言"项，出现"应用程序命令语言"对话框，选中"运行时"项，将循环执行时间设定为 1000ms，然后在命令语言编辑框中输入实数累加与棒图绘制程序，如图 5-4 所示。

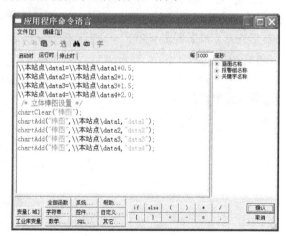

图 5-4　编写命令语言

程序中，chartClear 函数用于在指定的棒图控件中清除所有的棒形图；chartAdd 函数用于在指定的棒图控件中增加一个新的条形图。

6．程序运行

将设计好的画面全部存储并配置成主画面，启动画面运行程序。随着 4 个实数的递增，画面中棒图显示数值的变化情况如图 5-5 所示。

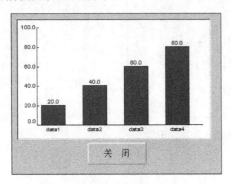

图 5-5　棒图显示画面

实例 9　X-Y 轴曲线的制作

一、设计任务

在画面上通过 X-Y 轴曲线控件显示两个变量之间的数据关系曲线。

二、任务实现

1．建立新工程项目

工程名称："XY 曲线"；工程描述："显示两个变量的关系曲线"。

2．制作图形画面

（1）添加 1 个 X-Y 轴曲线控件。单击"工具箱"中的"插入控件"按钮或选择菜单命令"编辑→插入控件"，则弹出"创建控件"对话框，如图 5-1 所示。在"创建控件"对话框内选择"X-Y 轴曲线"控件。

属性设置：用鼠标双击画面上的 X-Y 轴曲线控件，弹出"属性设置"对话框，如图 5-6 所示。将控件名称改为"XY 曲线"，X 轴最大值设为 50，Y 轴最大值设为 100，分度数设为 5，显示属性去掉"显示图例"和"添加网格线"选项。

（2）添加 1 个按钮对象。在工具箱中选择"按钮"控件添加到画面中，将按钮"文本"改为"关闭"。

设计的图形画面如图 5-7 所示。

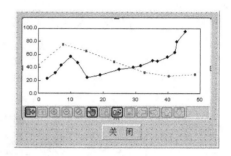

图 5-6　X-Y 轴曲线控件属性设置　　　　图 5-7　图形画面

3．定义变量

（1）定义 1 个内存整数变量。变量名为"x"，变量类型选"内存整数"，初始值设为"0"，最小值设为"0"，最大值设为"100"。

（2）定义 1 个内存实数变量。变量名为"y"，变量类型选"内存实数"，初始值设为"0"，最小值设为"0"，最大值设为"100"。

4．动画连接

建立按钮对象的动画连接：双击"关闭"按钮对象，出现"动画连接"对话框。单击命令语言连接中的"弹起时"按钮，出现"命令语言"窗口，在编辑栏中输入命令"exit(0);"。

5．命令语言编程

在工程浏览器左侧树形菜单中双击命令语言"应用程序命令语言"项，出现"应用程序命令语言"对话框，选中"运行时"项，将循环执行时间设定为 1000ms，然后在命令语言编辑框中输入实数累加与棒图绘制程序，如图 5-8 所示。

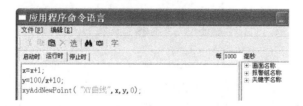

图 5-8　编写命令语言

程序中，xyAddNewPoint 函数用于在指定的 X-Y 轴曲线控件中给指定曲线添加一个数据点。

6．程序运行

将设计好的画面全部存储并配置成主画面，启动画面运行程序。变量 x 每隔 1s 加 1，变量 y 随着 x 变化,画面中显示两个变量的数据变化关系曲线如图 5-9 所示。

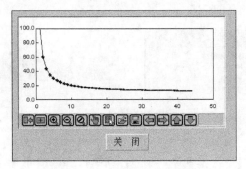

图 5-9 X-Y 轴曲线显示画面

实例 10 报警窗口的制作

一、设计任务

一个实数从 0 开始每隔 1s 加 1,画面中的反应器液位随着累加数的增加而上升;当数值小于等于 10 或者大于等于 60 时,发生报警事件,报警信息记录在实时报警窗口和历史报警窗口。

二、任务实现

1. 建立新工程项目

工程名称:"报警窗口制作"。
工程描述:"实时报警窗口和历史报警窗口的应用"。

2. 制作图形画面

(1) 添加 1 个实时报警窗口。在工具箱中选择"报警窗口"工具,在画面中绘制一个报警窗口。双击"报警窗口"对象,弹出"报警窗口配置属性页"对话框。在报警窗口名文本框中输入"实时报警",选择"实时报警窗",再依次设置其他项目,如图 5-10 所示。

(2) 添加 1 个历史报警窗口。在工具箱中选择"报警窗口"工具,在画面中绘制一报警窗口。双击"报警窗口"对象,弹出报警窗口配置对话框。在"报警窗口名"文本框中输入"历史报警",选择"历史报警窗",再依次设置其他项目,如图 5-10 所示。

(3) 添加 1 个反应器对象。在开发系统中执行菜单"图库→打开图库"命令,进入图库管理器,选择反应器库中的一个图形对象。

(4) 添加 1 个文本对象。输入字符"000"。

(5) 添加 1 个按钮对象。在工具箱中选择"按钮"控件添加到画面中,将按钮"文本"

改为"关闭"。

设计的图形画面如图 5-11 所示。

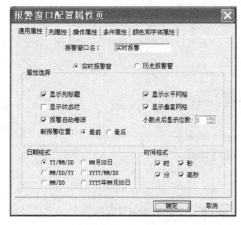
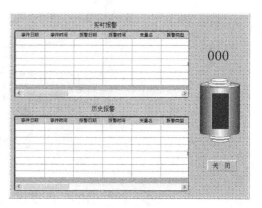

图 5-10 "报警窗口配置属性页"对话框　　　　图 5-11 图形画面

3．定义报警组

在工程浏览器窗口左侧工程目录显示区选择数据库中的"报警组"选项，在显示区中双击"进入报警组"按钮，弹出"报警组定义"对话框，如图 5-12 所示。

单击"修改"按钮，将报警组名称"RootNode"改为"化工厂"；选中"化工厂"报警组，单击"增加"按钮增加此报警组的子报警组，名称为"反应车间"，单击"确认"按钮关闭对话框，结束对报警组的设置。

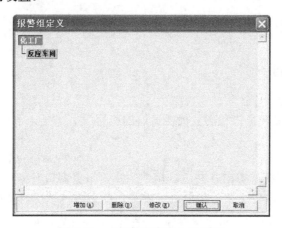

图 5-12 "报警组定义"对话框

4．定义变量

定义 1 个内存实数变量：变量名设为"液位"，变量类型选为"内存实数"，初始值设为"0"，最小值设为"0"，最大值设为"100"。

在"定义变量"对话框中选中"报警定义"选项卡。报警组名默认为已定义的报警组"化工厂"，选择报警限"低"，值设为"10"，选择报警限"高"，值设为"60"，如图 5-13 所示。

第 5 章 KingView 高级应用实例

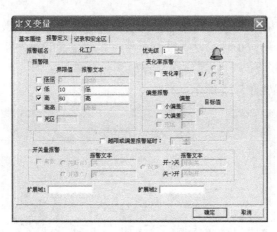

图 5-13 设置变量的报警属性

5．建立动画连接

（1）建立反应器对象的动画连接。

双击画面中的反应器对象，出现"反应器"对话框，将变量名（模拟量）设定为"\\本站点\液位"。将填充设置最大值设为"100"。设置完毕后单击"确定"按钮。

（2）建立显示文本对象"000"的动画连接。

双击画面中的文本对象"000"，出现"动画连接"对话框，单击"模拟值输出"按钮，则弹出"模拟值输出连接"对话框，将其中的表达式设置为"\\本站点\液位"。

（3）建立按钮对象的动画连接。

双击"关闭"按钮对象，出现"动画连接"对话框。单击命令语言连接中的"弹起时"按钮，出现"命令语言"窗口，在编辑栏中输入命令"exit(0);"。

单击"确定"按钮，返回"动画连接"对话框，再单击"确定"按钮，"关闭"按钮的动画连接完成。

6．命令语言编程

在工程浏览器左侧树形菜单中双击命令语言的"应用程序命令语言"项，出现"应用程序命令语言"对话框，选中"运行时"项，将循环执行时间设定为 1000ms，然后在命令语言编辑框中输入变量"液位"的累加程序，如图 5-14 所示。单击"确定"按钮，完成命令语言的输入。

图 5-14 编写命令语言

7．程序运行

将设计好的画面全部存储并配置成主画面，启动画面运行程序。

一个实数从 0 开始每隔 1s 加 1，画面中的反应器液位随着累加数的增加而上升。当数值小于等于 10 或者大于等于 60 时，发生报警事件，报警信息记录在实时报警窗口和历史报警窗口；当数值大于 10 小于 60 时，实时报警窗口无信息显示。

程序运行报警画面如图 5-15 所示。

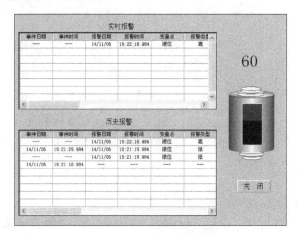

图 5-15　程序运行报警画面

实例 11　历史趋势曲线的制作

一、设计任务

一个实数从 0 开始每隔 1s 递增 0.5，当达到 10 时开始每隔 1s 递减 0.5，到 0 后又开始递增，循环变化，分别绘制该实数的实时趋势曲线（类似三角波）和历史趋势曲线。

二、任务实现

1. 建立新工程项目

工程名称："实数变化"。
工程描述："绘制实数历史趋势曲线"。

2. 制作图形画面

（1）通过工具箱为图形画面添加 2 个文本对象，分别为"实时趋势曲线"和"历史趋势曲线"。

（2）通过工具箱为图形画面添加 1 个"实时趋势曲线"对象。

（3）通过工具箱为图形画面添加 1 个"历史趋势曲线"控件。在工具箱中单击"插入通用控件"或选择菜单"编辑"下的"插入通用控件"命令，弹出"插入控件"对话框，在列表中选择"历史趋势曲线"。

设计的图形画面如图 5-16 所示。

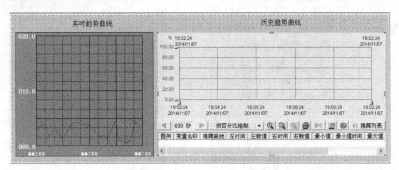

图 5-16　图形画面

3．定义变量

（1）定义 1 个内存实数变量。

变量名设为"data"，变量类型选"内存实数"，初始值设为"0"，最小值设为"0"，最大值设为"100"。

在"记录和安全区"属性选项卡中定义变量 data 的数据记录属性，如图 5-17 所示，选中"数据变化记录"，"变化灵敏度"设置为"0.5"。

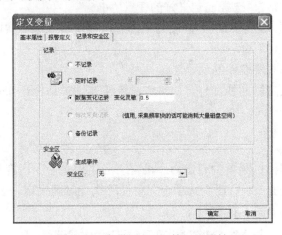

图 5-17　变量"data"的记录属性

（2）定义 1 个内存整数变量。

变量名设为"bz"，变量类型选"内存整数"，初始值设为"0"，最小值设为"0"，最大值设为"10"。

4．设置历史趋势曲线属性

选中历史趋势曲线控件，在右键菜单中选择"控件属性"命令，弹出历史趋势曲线控件的属性对话框，选择"曲线"选项卡，单击"历史库中添加"按钮，选择变量"data"，如图 5-18 所示，设置"线类型"、"线颜色"等，单击"确定"按钮完成曲线的添加，如图 5-19 所示。

图 5-18 选择变量"data"增加曲线

图 5-19 历史趋势曲线属性对话框

在趋势曲线控件属性的"坐标系"选项卡中对坐标系进行设置,设置 Y 轴的起始值为"0",最大值为"100",不按照百分比绘制,而按照实际值显示。设置时间轴的时间长度为"10"分。

5．建立动画连接

（1）建立实时趋势曲线对象的动画连接。

双击画面中实时趋势曲线对象,出现动画连接对话框。在曲线定义选项中,单击曲线 1 表达式文本框右边的"？",选择已定义好的变量"data"。

进入标识定义选项,数值轴最大值设为"20",数值格式选"实际值",时间长度单位选"分",数值设为"10"分。

（2）建立历史趋势曲线控件的动画连接。

双击画面中的历史趋势曲线控件,出现动画连接属性对话框。在常规选项中,将控件名改为"历史曲线"。

6．命令语言编程

在工程浏览器左侧树形菜单中双击命令语言"应用程序命令语言"项,出现"应用程序命令语言"对话框,单击"运行时"选项卡,将循环执行时间设定为 1000ms,然后在命令语言编辑框中输入程序,如图 5-20 所示。

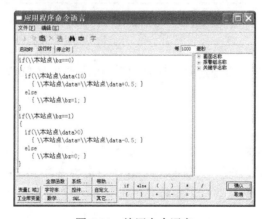
图 5-20 编写命令语言

7. 程序运行

将设计好的画面全部存储并配置成主画面,启动画面运行程序。随着实数递增、递减循环变化,画面上显示该数的实时变化曲线(类似三角波)。

第一次运行程序时,历史趋势曲线上无曲线显示。关闭程序,重新启动,则可看到历史数据的变化曲线。可以通过设置调整跨度、放大、缩小按钮来观看历史曲线。

程序运行画面如图 5-21 所示。

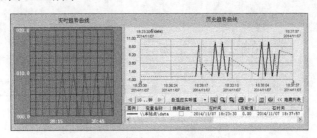

图 5-21 程序运行画面

如果运行时出现"历史库服务程序没有启动"对话框,则可运行 C:\Program Files\kingview 文件夹下的程序 HistorySvr.exe。

实例 12　数据日报表的制作

一、设计任务

定义 5 个变量,分别为"压力"、"温度"、"密度"、"电流"、"电压",运行系统后记录历史数据,查询日报表数据时自动从历史数据中查询整点数据生成报表,并可以保存、打印报表。

二、任务实现

1. 建立新工程项目

工程名称:"报表制作"。
工程描述:"组态王日报表生成"。

2. 制作图形画面

画面名称:"日报表"。
(1) 创建报表。
在工具箱中单击"报表窗口"按钮,此时,鼠标箭头变为小"十"字形,在画面上需要加入报表的位置单击并拖动,画出一个矩形后松开鼠标,报表窗口创建成功,如图 5-22 所示。

双击报表窗口的灰色部分（表格单元格区域外没有单元格的部分），弹出"报表设计"对话框，如图5-23所示。该对话框主要设置报表的名称、报表表格的行列数目，以及选择套用表格的样式。设置"报表控件名"为"Report0"，行数为"27"，列数为"6"。

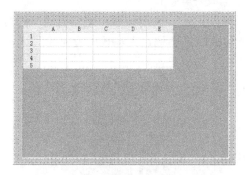
图 5-22 添加报表对象

图 5-23 "报表设计"对话框

根据需要对报表的格式进行设置，如报表的表头、标题等。选中单元格A1~F1，在右键快捷菜单中选择"合并单元格"命令，单元格合并后填写标题，如"监控系统日报表"；在右键快捷菜单中选择"设置单元格格式"命令，设置字体、对齐方式、边框等。按照此方法设计日报表的格式如图5-24所示。

图 5-24 日报表的格式

（2）创建日历控件。

按照日期进行历史数据的查询，生成日报表，使用微软提供的通用控件"Microsoft Date and Time Picker Control"，此控件在安装VB、VC或者Office 2003后可在通用控件中找到。

单击工具箱中的"插入通用"控件，出现"插入控件"对话框，如图5-25所示，选择日历控件添加到画面上。双击控件，在"常规"选项卡中将控件命名为"ADate"，单击"确定"按钮。

日历控件为微软提供，如果无法创建此控件可以考虑安装Office 2003或者VB、VC。

（3）通过工具箱为图形画面添加2个"按钮"对象，按钮文本分别为"保存"和"打印"。设计的图形画面如图5-26所示。

第 5 章　KingView 高级应用实例

图 5-25 "插入控件"对话框　　　图 5-26 图形画面

3．添加仿真 PLC 设备

在组态王工程浏览器的左侧选择"设备/COM1",在右侧双击"新建",运行"设备配置向导"。

(1) 选择设备驱动→PLC→亚控→仿真 PLC→COM,如图 5-27 所示。

图 5-27 选择仿真 PLC 设备

(2) 单击"下一步"按钮,给要安装的设备指定唯一的逻辑名称,如"PLC"(若定义多个串口设备,则该名称不能重复)。

(3) 单击"下一步"按钮,选择串口号,如"COM2"。

(4) 单击"下一步"按钮,为要安装的设备指定地址,如"0"。

(5) 连续单击"下一步"按钮,不改变通信参数和设置。

设备定义完成后,可以在工程浏览器"设备/COM2"的右侧看到新建的设备"PLC"。

4．定义变量

(1) 定义 5 个 I/O 实数变量,分别如下。

① 变量名"压力",变量类型选"I/O 实数",最小值为"0",最大值为"100",最小

原始值为"0",最大原始值为"100",连接设备选"PLC",寄存器选"INCREA100",数据类型选"SHORT",读写属性选"只读",采集频率选"1000"。记录和安全区选"数据变化记录",变化灵敏度选"0"。

② 变量名"温度",变量类型选"I/O 实数",最小值为"0",最大值为"50",最小原始值为"0",最大原始值为"100",连接设备选"PLC",寄存器选"DECREA100",数据类型选"SHORT",读写属性选"只读",采集频率为"1000"。记录和安全区选择"数据变化记录",变化灵敏度选择"0"。

③ 变量名"密度",变量类型选"I/O 实数",最小值为"0",最大值为"1",最小原始值为"0",最大原始值为"100",连接设备选"PLC",寄存器选"INCREA100",数据类型选"SHORT",读写属性选"只读",采集频率为"1000"。记录和安全区选择"数据变化记录",变化灵敏度选择"0"。

④ 变量名"电流",变量类型选"I/O 实数",最小值为"30",最大值为"50",最小原始值为"0",最大原始值为"100",初始值为"30",连接设备选"PLC",寄存器选"DECREA100",数据类型选 SHORT,读写属性为"只读",采集频率为"1000"。记录和安全区选择"数据变化记录",变化灵敏度选择"0"。

⑤ 变量名"电压",变量类型选"I/O 实数",最小值为"180",最大值为"250",最小原始值为"0",最大原始值为"100",初始值为"220",连接设备选"PLC",寄存器选"DECREA100",数据类型选"SHORT",读写属性选"只读",采集频率为"1000"。记录和安全区选择"数据变化记录",变化灵敏度选择"0"。

(2) 定义 1 个字符串变量。变量名"选择日期",变量类型选"内存字符串",初始值为"0"。

5. 建立动画连接

1) 建立日历控件动画连接

双击日历控件,选择"事件"选项卡,在"事件"选项卡中单击 CloseUp 事件,弹出"控件事件函数"窗口,在"函数声明"中将此函数命名为"CloseUp()",在编辑窗口中编写脚本程序,如图 5-28 所示。

图 5-28 日历控件事件函数编辑窗口

脚本程序如下：

```
float Ayear;
float Amonth;
float Aday;
long x;
long y;
long Row;
long StartTime;
string temp;
Ayear=ADate.Year;
Amonth=ADate.Month;
Aday=ADate.Day;
temp=StrFromInt( Ayear, 10 );
if(Amonth<10)
temp=temp+"－0"+StrFromInt( Amonth, 10 );
else
temp=temp+"－"+StrFromInt( Amonth, 10 );
if(Aday<10)
temp=temp+"－0"+StrFromInt( Aday, 10 );
else
temp=temp+"－"+StrFromInt( Aday, 10 );
\\本站点\选择日期=temp;
ReportSetCellString2("Report0", 4, 1, 27, 6, " "); //清空单元格
ReportSetCellString("Report0", 2, 2, temp);//填写日期
StartTime=HTConvertTime(Ayear,Amonth,Aday,0,0,0);
ReportSetHistData("Report0", "\\本站点\压力", StartTime, 3600, "B4:B27");
ReportSetHistData("Report0", "\\本站点\温度", StartTime, 3600, "C4:C27");
ReportSetHistData("Report0", "\\本站点\密度", StartTime, 3600, "D4:D27");
ReportSetHistData("Report0", "\\本站点\电流", StartTime, 3600, "E4:E27");
ReportSetHistData("Report0", "\\本站点\电压", StartTime, 3600, "F4:F27");
x=0;
        while(x<24)
        {
        row=4+x;
        y=StartTime+x*3600;
        temp=StrFromTime( y, 2 );
        ReportSetCellString("Report0", row, 1, temp);
        x=x+1;
        }
```

2）建立"保存"按钮对象的动画连接

双击"保存"按钮对象，出现动画连接对话框。选择"命令语言连接"功能，单击"弹

起时”按钮，在“命令语言”编辑栏中编写报表保存的脚本程序。报表保存的格式为“xls”文件。

脚本程序如下：

```
string filename;
filename=InfoAppDir()+\\本站点\选择日期+".xls";
ReportSaveAs("Report0",filename);
```

3）建立“打印”按钮对象的动画连接

双击“保存”按钮对象，出现动画连接对话框。选择“命令语言连接”功能，单击“弹起时”按钮，在“命令语言”编辑栏中编写报表打印的脚本程序。

脚本程序如下：

```
ReportPrintSetup("Report0");
```

6. 调试与运行

将设计的画面全部存储并配置成主画面，启动画面运行程序。系统运行后会将画面打开，单击日历控件，选择要查询的日报表的日期，则可以查询出日报表的数据，如图 5-29 所示。

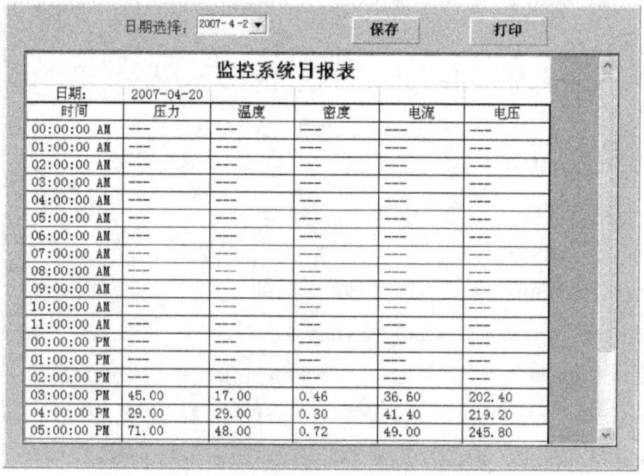

日期:	2007-04-20				
时间	压力	温度	密度	电流	电压
00:00:00 AM	---	---	---	---	---
01:00:00 AM	---	---	---	---	---
02:00:00 AM	---	---	---	---	---
03:00:00 AM	---	---	---	---	---
04:00:00 AM	---	---	---	---	---
05:00:00 AM	---	---	---	---	---
06:00:00 AM	---	---	---	---	---
07:00:00 AM	---	---	---	---	---
08:00:00 AM	---	---	---	---	---
09:00:00 AM	---	---	---	---	---
10:00:00 AM	---	---	---	---	---
11:00:00 AM	---	---	---	---	---
00:00:00 PM	---	---	---	---	---
01:00:00 PM	---	---	---	---	---
02:00:00 PM	---	---	---	---	---
03:00:00 PM	45.00	17.00	0.46	36.60	202.40
04:00:00 PM	29.00	29.00	0.30	41.40	219.20
05:00:00 PM	71.00	48.00	0.72	49.00	245.80

图 5-29　程序运行画面

单击“保存”按钮可以将报表保存为.xls 格式文件，文件名称为日期，如“2014-11-08.xls”，文件的保存路径为工程所在的路径。

单击“打印”按钮可以对报表进行打印输出，并且可以进行报表的打印预览。

实例 13　数据库的存储与查询

一、设计任务

一个实数从 0 开始每隔 1s 递增 0.5，当达到 10 时开始每隔 1s 递减 0.5，到 0 后又开始递增，循环变化；绘制实数的实时变化曲线（类似三角波）；将变化数据记录在数据库中；查询数据库中的数据。

二、任务实现

1. 建立新工程项目

工程名称："数据库"。

工程描述："数据库存储与查询"。

2. 制作图形画面

（1）通过工具箱为图形画面添加 8 个文本对象，分别是"实时趋势曲线"、"历史数据查询"、"日期"、"时间"、"数据"及 3 个"####"。

（2）通过工具箱为图形画面添加 1 个"实时趋势曲线"对象。

（3）通过工具箱为图形画面添加 6 个按钮对象，分别是"数据查询"、"首记录"、"上一条"、"下一条"、"末记录"和"系统退出"按钮。

（4）添加 KVADODBGrid 控件。单击工具箱中的"插入通用控件"按钮，弹出"插入控件"对话框，选择"KVADODBGrid Class"控件，如图 5-30 所示，在画面中放入此控件。

设计的图形画面如图 5-31 所示。

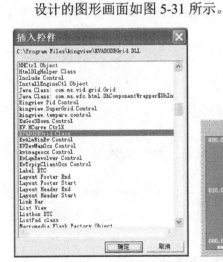

图 5-30 "插入通用控件"对话框　　　　图 5-31 图形画面

3. 定义变量

（1）定义 2 个内存实数变量。

① 变量名"data"的变量类型选"内存实数"，初始值设为"0"，最小值设为"0"，最大值设为"100"。

在"记录和安全区"选项卡中定义变量 data 的数据记录属性，如图 5-32 所示，选中"数据变化"记录，变化灵敏度设置为"0.5"。

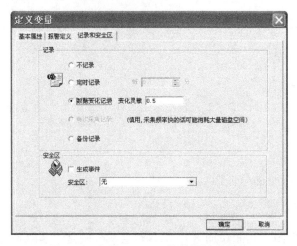

图 5-32　变量"data"的数据记录属性

② 变量名"查询数据"的变量类型选"内存实数",初始值设为"0",最小值设为"0",最大值设为"100"。

(2) 定义 2 个内存整数变量。

① 变量名"bz"的变量类型选"内存整数",初始值设为"0",最小值设为"0",最大值设为"10"。

② 变量名"DeviceID"的变量类型选"内存整数",初始值设为"0",最小值设为"0",最大值设为"100"。

(3) 定义 2 个内存字符串变量。

① 变量名"查询日期"的变量类型选"内存字符串"。

② 变量名"查询时间"的变量类型选"内存字符串"。

4．创建数据库及数据表

在 Microsoft Office Access 中新建一个空数据库,如建立路径为"\实例 13 数据库存储与查询\数据.mdb"。

在"数据.mdb"数据库中创建一个数据表,表的名称为"历史数据";字段为"日期"、"时间"和"data";字段"日期"和"时间"的数据类型为文本,字段"data"的数据类型为数字,单精度型,如图 5-33 所示。

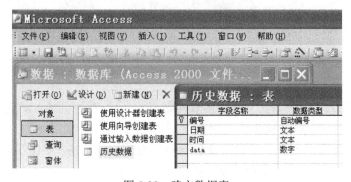

图 5-33　建立数据表

5．建立 ODBC 数据源

在 Windows 操作系统"控制面板"的"管理工具"中单击"数据源（ODBC）"弹出"ODBC 数据源管理器"，如图 5-34 所示。

在"用户 DSN"选项卡中单击"添加"按钮，弹出"创建新数据源"窗口，选择"Microsoft Access Driver (*.mdb)"驱动，如图 5-35 所示；单击"完成"按钮弹出如图 5-36 所示窗口，填写 ODBC 数据源的名称，如"数据"；单击"选择"按钮，选择前面建立的数据库文件"\实例 13 数据库时存储与查询\数据.mdb"，如图 5-37 所示；单击"确定"按钮完成 ODBC 数据源的定义，在"ODBC 数据源管理器"中出现用户数据源"数据"，如图 5-38 所示。

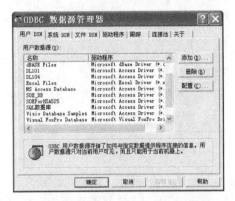

图 5-34　ODBC 数据源管理器

图 5-35　选择数据源的驱动程序

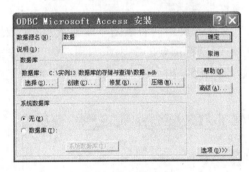

图 5-36　数据源定义

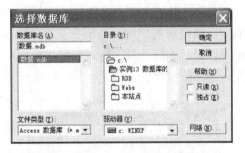

图 5-37　选择数据库

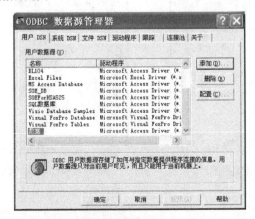

图 5-38　用户数据源"数据"

6. KVADODBGrid 控件属性设置

（1）动画连接属性。双击 KVADODBGrid 控件，将控件名改为"KV"，如图 5-39 所示。

（2）数据链接属性。选择 KVADODBGrid 控件，在右键菜单中选择"控件属性"命令，弹出控件"KV 属性"对话框，如图 5-40 所示。

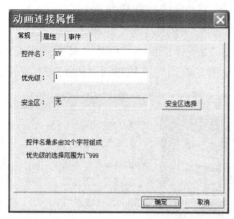

图 5-39 "KV"控件动画连接属性

图 5-40 "KV 属性"对话框

单击"浏览"按钮弹出"数据链接属性"对话框，如图 5-41 所示，选择"连接"选项卡，在"指定数据源"处选择"使用数据源名称"选项，通过下拉列表选择前面所定义的 ODBC 数据源"数据"，单击"确定"按钮返回"KV 属性"对话框。

在"KV 属性"对话框"表名称"处下拉列表中选择需要查询的数据库数据表"历史数据"，完成后，数据表的字段会显示在"有效字段"栏，可以将需要的字段添加到右边，在添加过程中可以对"标题"及"格式"等进行相应修改，如图 5-42 所示，单击"确定"按钮完成对"KV"控件的设置。

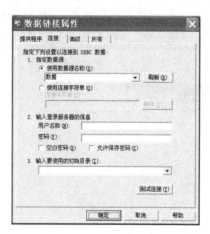

图 5-41 指定数据源

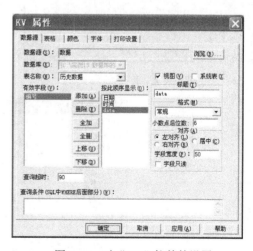

图 5-42 对"KV"控件的设置

7. 创建记录体

记录体是用来连接数据库表格的字段和组态王数据词典中的变量。在组态王左侧目录"SQL 访问管理器"中选择"记录体",新建一个记录体,名为"bind1",如图 5-43 所示。

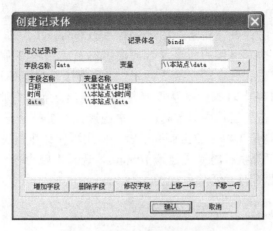

图 5-43　创建记录体"bind1"

字段名称为数据库中表的字段名称,变量名称为组态王数据词典中的变量名称。字段名称要与数据库中表的字段名称一致,变量名称与字段名称可以不同。

在字段名称中输入"日期",变量选择数据词典中的"\\本站点\$日期",单击"增加字段"按钮;在字段名称中输入"时间",变量选择数据词典中的"\\本站点\$时间",单击"增加字段"按钮;在字段名称中输入"data",变量选择数据词典中的"\\本站点\data",单击"增加字段"按钮。

单击"确认"按钮完成记录体的创建。

记录体中变量的数据类型和数据库表中的字段类型必须一一对应和匹配。例如,数据库表的字段的单精度类型与组态王变量的实数类型相匹配,字段的整数类型与组态王变量的整数类型相匹配,字段的文本类型与组态王变量的字符串类型相匹配。

再创建一个记录体,记录体名为"bind2",数据库字段名称"日期"、"时间"和"data"分别对应变量"查询日期"、"查询时间"和"查询数据",如图 5-44 所示。

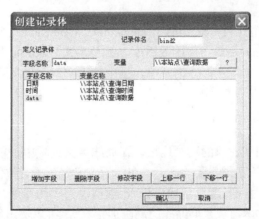

图 5-44　创建记录体 bind2

8. 建立组态王与数据库的关联

组态王与数据库建立与断开关联主要是通过 SQL 函数来实现的。通过 SQLConnect 函数建立组态王与数据库的连接。通过 SQLDisConnect 函数断开组态王与数据库的连接。

具体用法如下：SQLConnect(DeviceID, "dsn=数据;uid=;pwd="); 其中，DeviceID 是用户在数据词典中创建的内存整型变量，用来保存 SQLConnect 为每个数据库连接分配的一个数值。建议将建立数据库连接的命令函数放在组态王应用程序命令语言的启动时执行，从而当组态王进入运行系统后自动连接数据库；建议将断开数据库连接的命令函数放在组态王应用程序命令语言停止时执行，从而当组态王退出运行系统时自动断开数据库的连接。注意：此函数在组态王运行中只需进行一次连接，不要把此语句写入"运行时"。

在工程浏览器左侧树形菜单中双击命令语言"应用程序命令语言"项，出现"应用程序命令语言"对话框，将循环执行时间设定为 1000ms，选择"启动时"选项卡，在命令语言编辑框中输入组态王与数据库连接程序，如图 5-45 所示。

图 5-45　组态王与数据库连接程序

选择"停止时"选项卡，在命令语言编辑框中输入组态王与数据库断开程序，如图 5-46 所示。

图 5-46　组态王与数据库断开程序

数据库连接成功后就可以通过执行 SQLInsert 函数将插入数据到创建好的 Access 数据库表格中。

SQLInsert 函数使用格式为：SQLInsert(DeviceID, "TableName", "BindList");

其中，参数 TableName 是需访问的数据库表名；参数 BindList 是记录体名。

选择"运行时"选项卡，在命令语言编辑框中输入实数变化及数据记录程序，如图 5-47 所示。

9. 建立动画连接

（1）建立实时趋势曲线对象的动画连接。在曲线定义选项中，单击曲线 1 表达式文本框右边的"？"，选择已定义好的变量"data"；在标识定义选项中，数值轴的最大值设为"20"，数值格式选"实际值"，时间长度单位选"分"，数值设为"10"分。

（2）建立日期显示文本对象"####"的动画连接。"字符串输出"对话框中的表达式设置为"\\本站点\查询日期"。

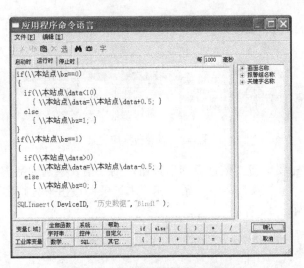

图 5-47 实数变化及数据记录程序

（3）建立时间显示文本对象"####"的动画连接。"字符串输出"对话框中的表达式设置为"\\本站点\查询时间"。

（4）建立数据显示文本对象"####"的动画连接。"模拟值输出"对话框中的表达式设置为"\\本站点\查询数据"，小数位数设为"1"位。

（5）建立"数据查询"按钮对象的动画连接。选择"应用程序命令语言"对话框中的"弹起时"选项卡，在命令语言编辑栏中输入如下命令：

```
SQLSelect(DeviceID,"历史数据","bind2","","");
KV.Where="";        //表格控件无条件查询数据
KV.FetchData();     //执行数据查询，并将查询到的数据集填充到表格控件中
KV.FetchEnd();      //结束表格控件数据查询
```

（6）建立"首记录"按钮对象的动画连接。单击命令语言连接中的"弹起时"按钮，在命令语言编辑栏中输入命令"SQLFirst(DeviceID);"。

（7）建立"上一条"按钮对象的动画连接。单击命令语言连接中的"弹起时"按钮，在命令语言编辑栏中输入命令"SQLPrev(DeviceID);"。

（8）建立"下一条"按钮对象的动画连接。单击命令语言连接中的"弹起时"按钮，在命令语言编辑栏中输入命令"SQLNext(DeviceID);"。

（9）建立"末记录"按钮对象的动画连接。单击命令语言连接中的"弹起时"按钮，在命令语言编辑栏中输入命令"SQLLast(DeviceID);"。

（10）建立"系统退出"按钮对象的动画连接。单击命令语言连接中的"弹起时"按钮，在命令语言编辑栏中输入命令"exit(0);"。

10．程序运行

将设计好的画面全部存储并配置成主画面，启动画面运行程序。

随着实数的递增、递减循环变化，画面上显示实数的实时变化曲线（类似三角波），同时实数的变化数据及变化时的日期、时间存入 Access 数据库的"数据.mdb"数据表中。

可以打开数据库查看数据是否写入数据库表中，如图 5-48 所示。

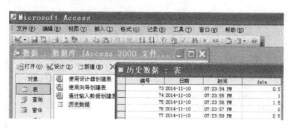

图 5-48 查看数据库记录

查询数据时,首先要单击"数据查询"按钮,则数据表中出现数据库中的记录数据,可通过单击"首记录"、"上一条"、"下一条"和"末记录"按钮来分别实现相应的查询功能。

程序运行画面如图 5-49 所示。

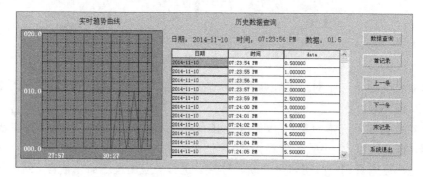

图 5-49 程序运行画面

监控应用篇

第6章 PC串口通信及智能仪器温度监测

以 PC 作为上位机,以各种监控模块、PLC、单片机及智能仪器等作为下位机广泛应用于监控领域。

本章采用组态软件 KingView 来实现 PC 与 PC 串口通信、PC 与智能仪器串口通信。

实例14 PC 与 PC 串口通信

一、设计任务

采用 KingView 编写程序实现 PC 与 PC 串口通信。任务要求:

两台计算机互发字符并自动接收,如一台计算机输入字符串"我是第一组,收到请回话!",单击"发送字符"命令,另一台计算机若收到,则输入字符串"收到,我是第 2 组!",单击"发送字符"命令,信息返回到第一组的计算机中。

实际上就是编写一个简单的双机聊天程序。

二、线路连接与串口测试

当两台串口设备通信距离较近时,可以直接连接,最简单的情况是在通信中只需三根线(发送线、接收线、信号地线)便可实现全双工异步串行通信。

在实际使用中常使用串口通信线将两个串口设备连接起来。串口线的制作方法非常简单:准备两个 9 针的串口接线端子(因为计算机上的串口为公头,因此连接线为母头),准备三根导线(最好采用三芯屏蔽线),按图 6-1 所示将导线焊接到接线端子上。

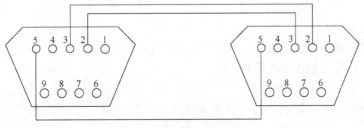

图 6-1 串口通信线的制作

图 6-1 中的 2 号接收脚与 3 号发送脚交叉连接是因为在直连方式时，把通信双方都当作数据终端设备来看待，双方都可发也可收。

在计算机通电前，按图 6-2 所示将两台 PC 的 COM1 口用串口线连接起来。

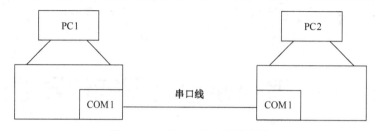

图 6-2　PC 与 PC 串口通信线路

特别注意：连接串口线时，计算机严禁通电，否则极易烧毁串口。

在进行串口开发之前，一般要进行串口调试，经常使用的工具是"串口调试助手"程序，它是一个适用于 Windows 平台的串口监视、串口调试程序。它可以在线设置各种通信速率、通信端口等参数，可以发送字符串命令、文件，也可以设置自动发送/手动发送方式及以十六进制显示接收到的数据等，从而提高串口的开发效率。

"串口调试助手"程序是串口开发设计人员必备的调试工具。

在两台计算机上同时运行"串口调试助手"程序。首先串口号选"COM1"、波特率选"4800"、校验位选"NONE"、数据位选"8"、停止位选"1"等（注意：两台计算机设置的参数必须一致），然后单击"打开串口"按钮，如图 6-3 所示。

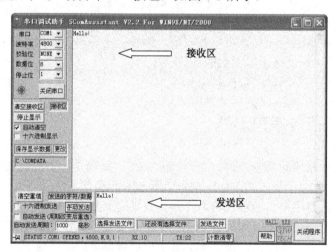

图 6-3　"串口调试助手"程序

在发送数据区输入字符，如"Hello!"，单击"手动发送"按钮，发送区的字符串通过 COM1 口发送出去；如果联网通信的另一台计算机收到字符，则返回字符串，如"Hello!"，如果通信正常则该字符串将显示在接收区中。

若选择了"手动发送"，则每单击一次可以发送一次；若选择了"自动发送"，则每隔设定的发送周期发送一次，直到去掉"自动发送"为止。还有一些特殊字符，如回车换行，直接按回车键即可。

三、任务实现

1. 建立新工程项目

工程名称:"PC1&PC2"。
工程描述:"PC 与 PC 串口通信"。

2. 制作图形画面

(1) 添加 4 个文本对象。分别是"接收字符区:"、"########"、"发送字符区:"、"单击这里输入字符…"。
(2) 添加 1 个按钮对象。文本为"发送字符"。
设计的图形画面如图 6-4 所示。

图 6-4 图形画面

3. 定义串口设备

在组态王工程浏览器的左侧选择"设备/COM1",在右侧双击"新建",运行"设备配置向导"。

(1) 选择设备驱动→智能模块→北京亚控→串口数据发送→串口,如图 6-5 所示。
(2) 单击"下一步"按钮,给要安装的设备指定唯一的逻辑名称,如"PC1COM"。
(3) 单击"下一步"按钮,选择串口号,如"COM1"(与计算机上使用的串口号一致)。
(4) 单击"下一步"按钮,为要安装的设备指定地址,如"0"。
(5) 单击"下一步"按钮,不改变通信参数。
(6) 单击"下一步"按钮,显示所要安装的设备信息总结,检查各项设置是否正确,确认无误后单击"完成"按钮。

设备定义完成后,可以在工程浏览器"设备/COM1"的右侧看到逻辑名称为"PC1COM"的串口设备。

图 6-5 选择串口设备

4. 定义变量

(1) 定义变量"COMOUT"。变量类型选"I/O 字符串",初始值设为"0",连接设备选"PC1COM",寄存器选"WDATA",数据类型选"String",读写属性选"只写",采集频率设为"500",如图 6-6 所示。

(2)定义变量"COMIN"。变量类型选"I/O 字符串",初始值设为"0",连接设备选"PC1COM",寄存器选"RDATA",数据类型选"String",读写属性选"只读",采集频率设为"500",如图 6-7 所示。

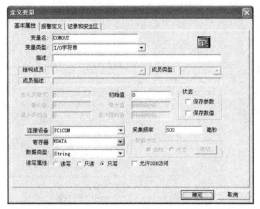
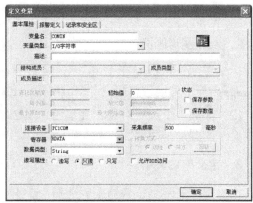

图 6-6　定义变量"COMOUT"　　　　　图 6-7　定义变量"COMIN"

(3)定义变量"OUTString"。变量类型选"内存字符串",初始值设为"单击这里输入字符…"。

5．建立动画连接

(1)建立文本对象"单击这里输入字符…"的动画连接。

双击画面中的文本对象"单击这里输入字符…",出现动画连接对话框,将"字符串输出"属性与变量"OUTString"连接,将"字符串输入"属性与变量"OUTString"连接,如图 6-8 所示。

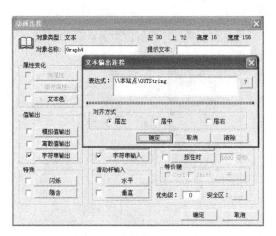

图 6-8　文本对象"单击这里输入字符…"动画连接

(2)建立文本对象"########"的动画连接。

双击画面中的文本对象"########",出现动画连接对话框,将"字符串输出"属性与变量"COMIN"连接。

（3）建立按钮对象"发送字符"的动画连接。

双击按钮对象"发送字符"，出现"动画连接"对话框。

选择命令语言连接功能，单击"弹起时"按钮，在"命令语言"编辑栏中输入以下命令："\\本站点\COMOUT=\\本站点\OUTString;"。

6．调试与运行

将设计好的画面全部存储并配置成主画面，启动画面运行程序（两台计算机同时运行本程序）。

首先在一台计算机程序窗口中发送字符区输入要发送的字符，如"我是第一组，收到请回话！"，单击"发送字符"按钮，发送区的字符串通过 COM1 口发送出去。

如果联网通信的另一台计算机程序收到字符，则返回字符串，如"收到，我是第 2 组！"，如果通信正常，则该字符串将显示在接收区中。

程序运行画面如图 6-9 所示。

图 6-9　程序运行画面

实例 15　PC 双串口互通信

一、设计任务

采用 KingView 编写程序实现 PC COM1 口与 COM2 口的串行通信。具体要求如下。

（1）在程序界面的一个文本框中输入字符，通过 COM1 口发送出去。

（2）通过 COM2 口接收这些字符，在另一个文本框中显示。

（3）使用手动发送与自动接收方式。

二、线路连接

如果一台计算机有两个串口，则可通过串口线将两个串口连接起来：COM1 端口的 TXD 与 COM2 端口的 RXD 相连；COM1 端口的 RXD 与 COM2 端口的 TXD 相连；COM1 端口的 GND 与 COM2 端口的 GND 相连，如图 6-10（a）所示，这是串口通信设备之间的最简单连接（即三线连接），图中的 2 号接收脚与 3 号发送脚交叉连接是因为在直连方式时，把通信双方都当作数据终端设备看待，双方都可发也可收。

如果一台计算机只提供 1 个串行通信端口，则一样可以形成一个测试环境。方法是将该端口的第 2 引脚与第 3 引脚短路，如图 6-10（b）所示。程序发送的信息由第 3 引脚输出，由同一端口的第 2 引脚接收，程序对第 2 引脚作读取操作，即可将数据读入。

特别注意：连接串口线时，计算机严禁通电，否则极易烧毁串口。

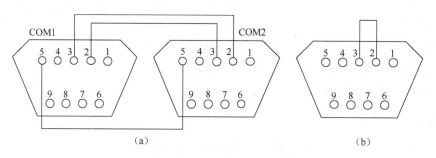

图 6-10 串口设备最简单连接

三、任务实现

1. 建立新工程项目

工程名称：COM1&COM2。工程描述：PC 双串口互通信。

2. 制作图形画面

（1）添加 4 个文本对象。4 个文本对象分别是"发送字符区："、"接收字符区："、"单击这里输入字符串…"、"########"。

（2）添加 2 个按钮对象。2 个按钮对象分别是"发送字符"和"关闭程序"。

设计的图形画面如图 6-11 所示。

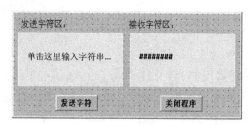

图 6-11 图形画面

3. 定义串口设备

在组态王工程浏览器左侧选择"设备/COM1"，在右侧双击"新建"，运行"设备配置向导"。

（1）选择智能模块→北京亚控→串口数据发送→串口，如图 6-12 所示。

（2）单击"下一步"按钮，给要安装的设备指定唯一的逻辑名称，如"COM11"。

（3）单击"下一步"按钮，选择串口号，如"COM1"。

（4）单击"下一步"按钮，为要安装的设备指定地址，如 0。

图 6-12 选择串口设备

(5) 单击"下一步"按钮，不改变通信参数。

(6) 单击"下一步"按钮，显示所要安装的设备信息总结，请检查各项设置是否正确，确认无误后单击"完成"按钮。

按同样的步骤再定义 1 个串口设备：

(1) 在组态王工程浏览器左侧选择"设备/COM2"，在右侧双击"新建"，运行"设备配置向导"。

(2) 选择智能模块→北京亚控→串口数据发送→串口。

(3) 逻辑名称为"COM22"；串口号为"COM2"；设备地址为"0"。

设备定义完成后，可以在工程浏览器"设备/COM1"的右侧看到逻辑名称为"COM11"的串口设备；在"设备/COM2"的右侧看到逻辑名称为"COM22"的串口设备。

4．定义变量

(1) 定义变量"COMOUT"。变量类型选"I/O 字符串"，初始值为"0"，连接设备选"COM11"，寄存器选"WDATA"，数据类型选"String"，读写属性选"只写"，采集频率为"500"，如图 6-13 所示。

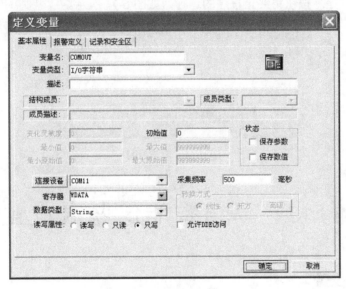

图 6-13　定义变量 COMOUT

(2) 定义变量"COMIN"。变量类型选"I/O 字符串"，初始值为"0"，连接设备选"COM22"，寄存器选"RDATA"，数据类型选"String"，读写属性选"只读"，采集频率为"500"。

(3) 定义变量"OUTString"。变量类型选"内存字符串"，初始值设为"单击这里输入字符串…"。

5．建立动画连接

(1) 建立文本对象"单击这里输入字符串…"的动画连接。双击画面中的文本对象"单击这里输入字符串…"，出现动画连接对话框，将"字符串输出"属性与变量"OUTString"连接，将"字符串输入"属性与变量"OUTString"连接。

（2）建立文本对象"########"的动画连接。双击画面中的文本对象"########"，出现动画连接对话框，将"字符串输出"属性与变量"COMIN"连接。

（3）建立按钮对象"发送字符"的动画连接。双击按钮对象"发送字符"，出现动画连接对话框。

选择命令语言连接功能，单击"弹起时"按钮，在"命令语言"编辑栏中输入以下命令：
\\本站点\COMOUT=\\本站点\OUTString;

（4）建立按钮对象"关闭程序"的动画连接。双击按钮对象"关闭程序"，出现动画连接对话框。选择命令语言连接功能，单击"弹起时"按钮，在"命令语言"编辑栏中输入命令"exit(0);"。

7．调试与运行

将设计好的画面全部存储并配置成主画面，启动画面运行程序。

首先在程序窗口发送字符区输入要发送的字符，单击"发送字符"按钮，该区的字符串通过 COM1 口 3 脚发送出去；COM1 口传送过来的字符串由 COM2 口的 2 脚输入缓冲区并自动读入，显示在字符接收区中。

单击"关闭程序"按钮将终止程序的运行，如图 6-14 所示。

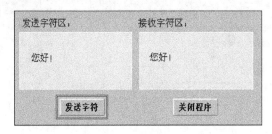

图 6-14　运行画面

实例 16　单台智能仪器温度监测

一、设计任务

目前仪器仪表的智能化程度越来越高，大量的智能仪表都配备了 RS-232 通信接口，并提供了相应的通信协议，能够将测试、采集的数据传输给计算机等设备，以便进行大量数据的储存、处理、查询和分析。

通常个人计算机（PC）或工控机（IPC）是智能仪表上位机的最佳选择，因为 PC 或 IPC 不仅能解决智能仪表（作为下位机）所不能解决的问题，如数值运算、曲线显示、数据查询、数据存储、报表打印等，而且具有丰富和强大的软件开发工具环境。

本例采用 KingView 编写应用程序实现 PC 与单台智能仪表串口通信。任务要求如下：

（1）自动连续读取并显示智能仪表的温度测量值。

（2）显示智能仪表温度测量实时变化曲线。

(3) 当测量温度大于等于仪表上限温度值时,指示灯颜色变化。

二、线路连接与串口测试

1. 线路连接

观察所用计算机主机箱后 RS-232C 串口的数量、位置和几何特征,查看计算机与智能仪表的串口连接线及其端口。

在计算机与智能仪表通电前,按图 6-15 所示将传感器 Cu50、上下限报警指示灯(DC 24V)与 XMT-3000A 智能仪表连接。

一般 PC 采用 RS-232 通信接口,若仪表具有 RS-232 接口,当通信距离较近且是一对一通信时,二者可直接用电缆连接。可通过三线制串口线将计算机与智能仪器连接起来:智能仪器的 14 端子(RXD)与计算机串口 COM1 的 3 脚(TXD)相连;智能仪器的 15 端子(TXD)与计算机串口 COM1 的 2 脚(RXD)相连;智能仪器的 16 端子(GND)与计算机串口 COM1 的 5 脚(GND)相连。

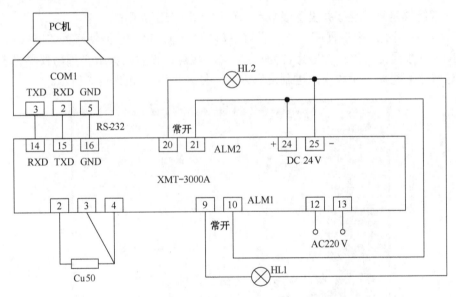

图 6-15 PC 与智能仪表串口通信线路

特别注意:连接仪器与计算机串口线时,仪器与计算机严禁通电,否则极易烧毁串口。

2. 参数设置

XMT-3000A 智能仪器在使用前应对其输入/输出参数进行正确设置,设置好的仪器才能投入正常使用。按表 6-1 设置仪器的主要参数。

表 6-1 仪器的主要参数设置

参　　数	参数含义	设　置　值
HiAL	上限绝对值报警值	50

续表

参　数	参数含义	设置值
LoAL	下限绝对值报警值	20
Sn	输入规格	传感器为 Cu50，则 Sn=20
diP	小数点位置	要求显示一位小数，则 diP=1
ALP	仪器功能定义	ALP=10
Addr	通信地址	1
bAud	通信波特率	4800

正确设置仪器参数后，仪器 PV 窗显示当前温度测量值。

给传感器升温，当温度测量值大于上限报警值 50℃时，上限指示灯 HL2 亮，仪器 SV 窗显示上限报警信息；给传感器降温，当温度测量值小于上限报警值 50℃，大于下限报警值 20℃时，上限指示灯 HL2 和下限指示灯 HL1 均灭；给传感器继续降温，当温度测量值小于下限报警值 20℃时，下限指示灯 HL1 亮，仪器 SV 窗显示下限报警信息。

3. 串口通信测试

PC 与智能仪器系统连接并设置参数后，可进行串口通信调试。

运行"串口调试助手"程序，首先设置串口号为"COM1"、波特率为"4800"、校验位为"NONE"、数据位为"8"、停止位为"2"等（注意：设置的参数必须与仪器设置的参数一致），选择十六进制显示和十六进制发送方式，打开串口，如图 6-16 所示。

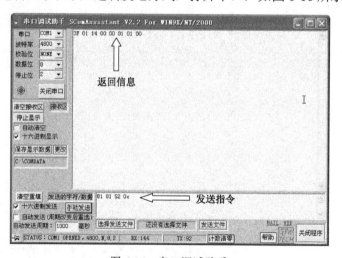

图 6-16　串口调试助手

在"发送的字符的数据"文本框中输入读指令"81 81 52 0C"，单击"手动发送"按钮，则 PC 向仪器发送一条指令，仪器返回一串数据，如"3F 01 14 00 00 01 01 00"，该串数据在返回信息框内显示。

根据仪器返回的数据，可知仪器的当前温度测量值为"01 3F"（十六进制，低位字节在前，高位字节在后），十进制为"31.9℃"。

若选择了"手动发送"，则每单击一次可以发送一次；若选中了"自动发送"，则每隔设定的发送周期发送一次，直到去掉"自动发送"为止。

4. 数制转换

可以使用"计算器"实现数制转换。打开 Windows 附件中"计算器"程序,在"查看"菜单下选择"科学型"。

选择"十六进制",输入仪器当前温度测量值"01 3F"(十六进制,0 在最前面不显示),如图 6-17 所示。

图 6-17 在"计算器"中输入十六进制数

单击"十进制"选项,则十六进制数"013F"转换为十进制数"319",如图 6-18 所示。仪器的当前温度测量值为"31.9℃"(十进制)。

图 6-18 十六进制数转换为十进制数

三、任务实现

1. 建立新工程项目

工程名称:"XMT3000A";工程描述:"组态王与智能仪表串口通信"。

2. 制作图形画面

画面名称:"智能仪表"。
(1)通过图库管理器为图形画面添加 1 个仪表对象。
(2)通过图库管理器为图形画面添加 1 个指示灯对象。
(3)通过工具箱为图形画面添加 1 个实时趋势曲线对象。
(4)通过工具箱为图形画面添加 4 个文本对象,文本分别为"当前温度值:"、"000"、"上限温度值:"和"000"。

(5) 通过工具箱为图形画面添加1个"按钮"对象,将文本改为"关闭"。

设计的图形画面如图6-19所示。

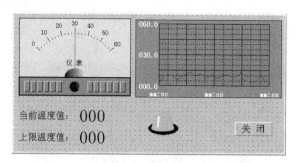

图6-19 图形画面

3. 定义串口设备

1) 添加设备

在组态王工程浏览器的左侧选择"设备/COM1",在右侧双击"新建"按钮,运行"设备配置向导"。

(1) 选择"设备驱动"→"智能仪表"→"南京朝阳"→XMT3000→"串行",如图6-20所示。

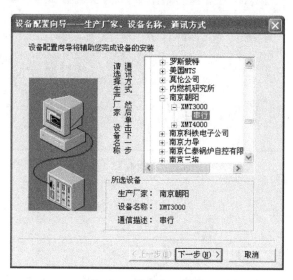

图6-20 选择串口设备

(2) 单击"下一步"按钮,给要安装的设备指定唯一的逻辑名称,如"XMT3000"(若定义多个串口设备,该名称不能重复)。

(3) 单击"下一步"按钮,选择串口号,如"COM1"(需与PC上使用的串口号一致)。

(4) 单击"下一步"按钮,为要安装的智能仪表指定地址,如"2"(必须与智能仪表内部设定的Addr参数一致)。

(5) 连续单击"下一步"按钮,不改变通信参数和设置。

设备定义完成后，可以在工程浏览器"设备/COM1"的右侧看到新建的串口设备"XMT3000"。

2）设置串口通信参数

双击"设备/COM1"，弹出"设置串口"对话框，设置串口 COM1 的通信参数：波特率为"4800"，奇偶校验为"无校验"，数据位为"8"，停止位为"2"，通信方式为"RS232"，如图 6-21 所示。

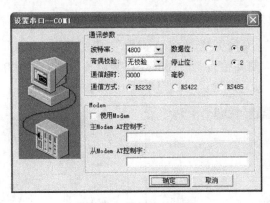

图 6-21　设置串口参数

设置完毕，单击"确定"按钮，就完成了对 COM1 的通信参数配置，保证 COM1 同智能仪表的通信能够正常进行。

3）测试智能仪表

选择新建的串口设备"XMT3000"，在右键菜单中选择"测试 XMT3000"命令，出现"串口设备测试"对话框，如图 6-22 所示，观察设备参数与通信参数是否正确，若正确，选择"设备测试"选项卡。

寄存器选"PV"，数据类型选"Float"；单击"添加"按钮，采集列表出现 PV 寄存器项，单击"读取"按钮，则 PV 寄存器的值出现在列表里，如图 6-23 所示，PV 寄存器的值为"239.000"，该值除以 10 就是仪表的温度测量值，观察该值与智能仪表显示的值是否一致。

如果智能仪器与计算机串口连接错误，则出现通信失败提示框。

图 6-22　"串口设备测试"对话框

图 6-23　寄存器列表

4. 定义变量

1) 定义当前温度测量值变量

变量名为"测量值",变量类型选"I/O 实数",最小值设为"0",最大值设为"100",最小原始值设为"0",最大原始值设为"1000",连接设备选"XMT3000",寄存器选"PV",数据类型选"FLOAT",读写属性选"只读",如图 6-24 所示。

2) 定义上限温度值变量

变量名为"上限值",变量类型选"I/O 实数",最小值设为"0",最大值设为"100",最小原始值设为"0",最大原始值设为"100",连接设备选"XMT3000",寄存器选"HIAL",数据类型选"FLOAT",读写属性选"读写",如图 6-25 所示。

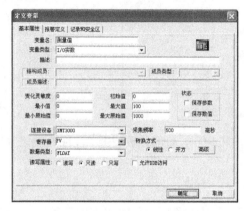 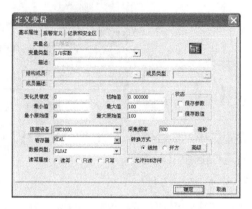

图 6-24 定义变量"测量值" 　　　　　图 6-25 定义变量"上限值"

3) 定义 1 个内存离散变量

变量名为"灯",变量类型选"内存离散"。

5. 建立动画连接

1) 建立仪表对象的动画连接

双击画面中仪表对象,弹出"仪表向导"对话框,单击变量名文本框右边的"？",选择已定义好的变量名"测量值",单击"确定"按钮,仪表向导变量名文本框中出现"\\本站点\\测量值"表达式。

2) 建立实时趋势曲线对象的动画连接

双击画面中实时趋势曲线对象,出现动画连接对话框。在曲线定义选项中,单击曲线 1 表达式文本框右边的"？",选择已定义好的变量"测量值",并设置其他参数值。

进入标识定义选项,设置数值轴最大值为"60",数值格式选"实际值",时间长度设为"2"min,其他参数为默认值。

3) 建立指示灯对象的动画连接

双击画面中指示灯对象,弹出"指示灯向导"对话框,单击变量名文本框右边的"？",选择已定义好的变量名"灯",单击"确定"按钮,指示灯向导变量名文本框中出现"\\本站点\灯"表达式;单击"闪烁"选项,输入闪烁条件"测量值>=上限值",如图6-26所示。

4)建立当前温度值显示对象"000"的动画连接

双击画面中当前测量值显示对象"000",出现动画连接对话框,将"模拟值输出"属性与变量"测量值"连接,输出格式设为:整数位数"2",小数位数"1"。

5)建立上限温度值显示对象"000"的动画连接

双击画面中上限温度值显示对象"000",出现动画连接对话框,将"模拟值输出"属性与变量"上限值"连接,输出格式设为:整数位数"2",小数位数"0";将"模拟值输入"属性与变量"上限值"连接,提示信息改为"请输入上限值:"。

图6-26 "指示灯向导"对话框

6)建立按钮对象的动画连接

双击按钮对象"关闭",出现动画连接对话框。选择"命令语言连接"功能,单击"弹起时"按钮,在"命令语言"编辑栏中输入命令"exit(0);"。

6. 命令语言编程

在工程浏览器左侧树形菜单中双击命令语言"应用程序命令语言"项,出现"应用程序命令语言"对话框,单击"运行时"选项卡,将循环执行时间设定为1000ms,然后在命令语言编辑框中输入程序,如图6-27所示。

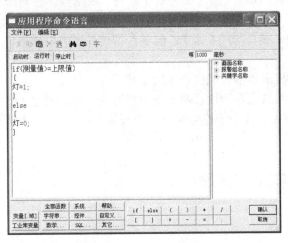

图6-27 输入命令语言

7. 调试与运行

将设计的画面全部存储并配置成主画面,启动画面运行程序。

给传感器升温或降温,画面中显示测量温度值及实时变化曲线,如图6-28所示。观察画面显示的温度值与智能仪表显示的温度值是否一致。

当测量温度值大于等于仪表上限温度值时,指示灯颜色变化并闪烁。

单击上限温度值显示对象,出现一个对话框,如图 6-29 所示,输入上限值,单击"确定"按钮后,仪表的上限值被修改。

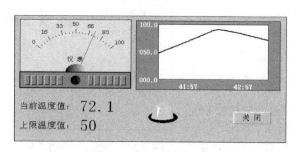

图 6-28　程序运行画面

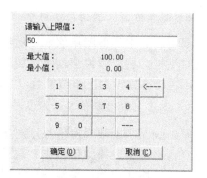

图 6-29　设置仪表上限值

实例 17　多台智能仪器温度监测

一、设计任务

智能仪表在我国的工业控制领域得到了广泛的应用。实际上,只要具有 RS-485(或 RS-232)通信接口、支持站号设置和通信协议访问的智能仪表都可以与 PC 构成一个主从式网络系统,这也是中小型 DCS(集散控制系统)的一般结构。智能仪表具有较强的过程控制功能和较高的可靠性,因此这类中小型 DCS 在目前仍然占有较大的应用市场。

本例采用 KingView 编写程序实现 PC 与多台智能仪表串口通信。

任务要求如下:

(1) PC 程序画面显示多台智能仪表温度测量值。

(2) PC 程序读取并显示各个仪表的上下限报警值,并能通过 PC 程序设置改变。

(3) 当测量温度值大于或小于设定的上下限报警值时,PC 程序画面中相应的信号指示灯变化颜色。

二、线路连接与串口测试

1. 线路连接

一般 PC 采用 RS-232 通信接口,若仪表具有 RS-232 接口,当通信距离较近且是一对一通信时,二者可直接用电缆连接,如图 6-15 所示。

由于一个 RS-232 通信接口只能连接一台 RS-232 仪表,当 PC 与多台具有 RS-232 接口的仪表通信时,可使用 RS-232 转 RS-485 型通信接口转换器,将 PC 上的 RS-232 通信口转为 RS-485 通信口,在信号进入仪表前再使用 RS-485 转 RS-232 转换器将 RS-485 通信口转为 RS-232 通信口,再与仪表相连,如图 6-30 所示。

当 PC 与多台具有 RS-485 接口的仪表通信时,由于两端设备接口电气特性不一,不能直接相连,因此,也采用 RS-232 接口到 RS-485 接口转换器将 RS-232 接口转换为 RS-485 信号电平,再与仪表相连,如图 6-31 所示。

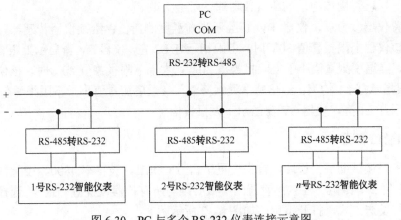

图 6-30 PC 与多个 RS-232 仪表连接示意图

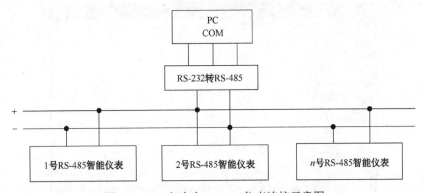

图 6-31 PC 与多个 RS-485 仪表连接示意图

如果 IPC 直接提供 RS-485 接口,与多台具有 RS-485 接口的仪表通信时不用转换器,可直接相连。RS-485 接口只有两根线要连接,有+、−端(或称 A、B 端)区分,用双绞线将所有仪表的接口并联在一起即可。

2. 参数设置

在使用前应对 XMT-3000A 智能仪器输入/输出参数进行正确设置,设置好的仪器才能正常使用。按表 6-2 设置仪器的主要参数。

表 6-2 XMT-3000A 智能仪器的参数设置

参　数	参 数 含 义	1号仪器设置值	2号仪器设置值	3号仪器设置值
HiAL	上限绝对值报警值	30	30	30
LoAL	下限绝对值报警值	20	20	20
Sn	输入规格	20	20	20
diP	小数点位置	1	1	1
ALP	仪器功能定义	10	10	10
Addr	通信地址	1	2	3
bAud	通信波特率	4800	4800	4800

尤其注意 DCS 系统中每台仪器有一个仪器号，PC 通过仪器号来识别网上的多台仪器，要求网上的任意两台仪器的编号（即地址代号 Addr 参数）不能相同；所有仪器的通信参数如波特率必须一样，否则该地址的所有仪器通信都会失败。

正确设置仪器参数后，仪器 PV 窗显示当前温度测量值；给某仪器传感器升温，当温度测量值大于该仪器上限报警值 30℃时，上限指示灯 L2 亮，仪器 SV 窗显示上限报警信息；给传感器降温，当温度测量值小于上限报警值 30℃，大于下限报警值 20℃时，该仪器上限指示灯 L2 和下限指示灯 L1 均灭；给传感器继续降温，当温度测量值小于下限报警值 20℃时，该仪器下限指示灯 L1 亮，仪器 SV 窗显示下限报警信息。

3．串口通信调试

运行"串口调试助手"程序，首先设置串口号 COM1、波特率 4800、校验位 NONE、数据位 8、停止位 2 等参数（注意：设置的参数必须与所有仪器设置值一致），选择十六进制显示和十六进制发送方式，打开串口，如图 6-32 所示。

图 6-32　串口调试助手

在发送指令文本框先输入读指令：81 81 52 0C，单击"手动发送"按钮，1 号表返回数据串；再输入读指令：82 82 52 0C，单击"手动发送"按钮，2 号表返回数据串；再输入读指令：83 83 52 0C，单击"手动发送"按钮，3 号表返回数据串。

可用"计算器"程序分别计算各个表的测量温度值。

三、任务实现

1．建立新工程项目

工程名称："XMT3000A"；工程描述："利用 KingView 和智能仪表实现 DCS"。

2．制作图形画面

画面名称："温度测控"。

(1)通过工具箱在空白图形画面中添加 18 个文本对象,1 个按钮对象。
(2)进入图库管理器,添加 3 个仪表对象,6 个指示灯对象。
设计的图形画面如图 6-33 所示。

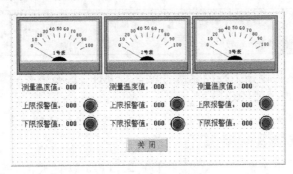

图 6-33　图形画面

3. 定义串口设备

1)添加 3 个串口设备

在组态王工程浏览器的左侧选择"设备/COM1",在右侧双击"新建"按钮,运行"设备配置向导"。

(1)选择"设备驱动"→"智能仪表"→"南京朝阳"→XMT3000→"串行",如图 6-34 所示。

图 6-34　选择串口设备

(2)单击"下一步"按钮,给要安装的设备指定唯一的逻辑名称,如"智能仪表 1"(若定义多个串口设备,该名称不能重复)。

(3)单击"下一步"按钮,选择串口号,如"COM1"(需与智能仪表在计算机上使用的串口号一致)。

(4)单击"下一步"按钮,为要安装的智能仪表指定地址,如"1"(若定义多个串口设备,该值不能重复)。

(5)单击"下一步"按钮,不改变通信参数。

(6)单击"下一步"按钮,显示所要安装的设备信息总结,检查各项设置是否正确,确认无误后,单击"完成"按钮。

(7) 按（1）～（6）的步骤，定义其他 2 个串口设备。

逻辑名称"智能仪表 2"，串口号"COM1"，仪表地址"2"。

逻辑名称"智能仪表 3"，串口号"COM1"，仪表地址"3"。

> 注意：选择的串口号必须与智能仪表在 PC 上使用的串口号一致；仪表地址必须与连网的 3 个智能仪表内部设定的 Addr 参数一致。

设备定义完成后，可以在工程浏览器"设备/COM1"的右侧看到新建的串口设备"智能仪表 1"、"智能仪表 2"、"智能仪表 3"。

2）设置串口通信参数

双击"设备/COM1"，弹出设置串口对话框，设置串口 COM1 的通信参数：

波特率选"4800"，奇偶校验选"无校验"，数据位选"8"，停止位选"2"，通信方式选"RS232"，如图 6-35 所示。

设置完毕，单击"确定"按钮，就完成了对 COM1 的通信参数配置，使 COM1 同智能仪表的通信能够正常进行。

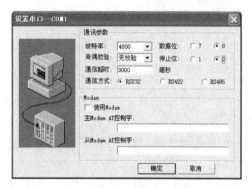

图 6-35 "设置串口"对话框

3）测试智能仪表

选择新建的串口设备"智能仪表 1"，单击右键，出现弹出式下拉菜单，选择"测试 智能仪表 1"项，出现"串口设备测试"对话框，观察设备参数与通信参数是否正确，若正确，选择"设备测试"选项卡。

寄存器选"PV"，数据类型选"FLOAT"；单击"添加"按钮，采集列表出现 PV 寄存器项，单击"读取"按钮，则 PV 寄存器的值出现在列表里，PV 寄存器的值为 239.000，该值除以 10 就是仪表的温度测量值。观察该值与相应地址智能仪表显示的值是否一致。

如果智能仪器与计算机串口连接错误，则出现通信失败提示框。

同样可以测试智能仪表 2、智能仪表 3。

4．定义变量

1）定义变量"测量值 1"、"测量值 2"、"测量值 3"

定义变量"测量值 1"：变量类型选"I/O 实数"，最小值为"0"，最大值为"100"，最小原始值为"0"，最大原始值为"1000"，连接设备选"智能仪表 1"，寄存器选"PV"，数据类型选"FLOAT"，读写属性选"只读"，采集频率值设为"500"，如图 6-36 所示。

变量"测量值 2"、"测量值 3"的定义与"测量值 1"基本相同，不同的是连接设备分别为"智能仪表 2"和"智能仪表 3"。

2）定义变量"上限报警值 1"、"上限报警值 2"、"上限报警值 3"

定义变量"上限报警值 1"：变量类型选"I/O 实数"，初始值为"50"，最小值为"0"，最大值为"1000"，最小原始值为"0"，最大原始值为"1000"，连接设备选"智能仪表 1"，寄存器选"HIAL"，数据类型选"FLOAT"，读写属性选"读写"，如图 6-37 所示。

第6章 PC串口通信及智能仪器温度监测

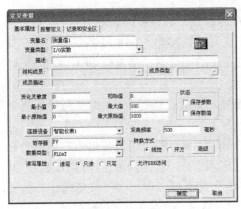

图 6-36 定义变量"测量值 1"

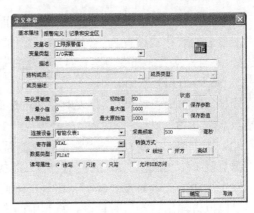

图 6-37 定义变量"上限报警值 1"

变量"上限报警值 2"、"上限报警值 3"的定义与"上限报警值 1"基本相同，不同的是连接设备分别为"智能仪表 2"和"智能仪表 3"，初始值分别为 60、70。

3）定义变量"下限报警值 1"、"下限报警值 2"、"下限报警值 3"

定义变量"下限报警值 1"：变量类型选"I/O 实数"，初始值为"20"，最小值为"0"，最大值为"1000"，最小原始值为"0"，最大原始值为"1000"，连接设备选"智能仪表 1"，寄存器选"LOAL"，数据类型选"FLOAT"，读写属性选"读写"，如图 6-38 所示。

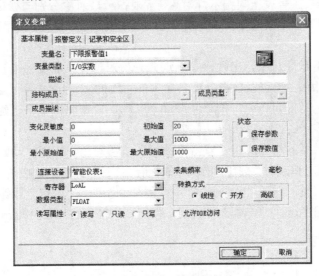

图 6-38 定义变量"下限报警值 1"

变量"下限报警值 2"、"下限报警值 3"的定义与"下限报警值 1"基本相同，不同的是连接设备分别为"智能仪表 2"和"智能仪表 3"，初始值分别为 30、40。

4）定义变量"上限灯 1"、"上限灯 2"、"上限灯 3"、"下限灯 1"、"下限灯 2"、"下限灯 3"操作全部相同，变量类型选"内存离散"，初始值选"关"。

5．建立动画连接

进入开发系统，双击画面中的图形对象，将定义好的变量与相应对象连接起来。

（1）建立仪表对象的动画连接。双击画面中仪表对象 1，弹出"仪表向导"对话框，将其中变量名的表达式设置为"\\本站点\测量值 1"（可以直接输入，也可以单击变量名文本框右边的 ? 号，从"选择变量名"对话框选择已定义好的变量名"测量值1"），将标签改为"1号表"，最大刻度设为 100。

同样，建立仪表对象 2、仪表对象 3 的动画连接，变量名分别是"\\本站点\测量值 2"、"\\本站点\测量值 3"，标签分别为"2 号表"、"3 号表"。

（2）将 1 号、2 号、3 号表测量温度值显示文本"000"的"模拟值输出"属性分别与变量"测量值 1"、"测量值 2"、"测量值 3"连接。下面以 1 号表为例说明连接方法。

双击画面中文本对象"000"，出现"动画连接"对话框，单击"模拟值输出"按钮，则弹出"模拟值输出连接"对话框，将其中的表达式设置为"\\本站点\测量值 1"（可以直接输入，也可以单击表达式文本框右边的 ? 号，从"选择变量名"对话框选择选择已定义好的变量名"测量值1"），整数位数设为 2，小数位数设为 1，单击"确定"按钮返回到"动画连接"对话框，再次单击"确定"按钮，动画连接设置完成。

（3）将 1 号、2 号、3 号表上限报警值显示文本"000"的"模拟值输出"属性、"模拟值输入"属性分别与变量"上限报警值 1"、"上限报警值 2"、"上限报警值 3"连接。

（4）将 1 号、2 号、3 号表下限报警值显示文本"000"的"模拟值输出"属性、"模拟值输入"属性分别与变量"下限报警值 1"、"下限报警值 2"、"下限报警值 3"连接。

（5）将 1 号、2 号、3 号表上限指示灯对象、下限指示灯对象分别与变量"上限灯 1"、"上限灯 2"、"上限灯 3"、"下限灯 1"、"下限灯 2"、"下限灯 3"连接。下面以 1 号表上限灯为例说明连接方法。

双击画面中的指示灯对象，出现"指示灯向导"对话框，将变量名设定为"\\本站点\上限灯 1"（可以直接输入，也可以单击变量名文本框右边的 ? 号，选择已定义好的变量名"上限灯 1"）。将正常色设置为绿色，报警色设置为红色。设置完毕单击"确定"按钮，则"指示灯"对象动画连接完成。

（6）建立按钮对象的动画连接。双击"关闭"按钮对象，出现"动画连接"对话框。单击命令语言连接中的"弹起时"按钮，出现"命令语言"窗口，在编辑栏中输入命令"exit(0);"。

单击"确定"按钮，返回"动画连接"对话框，再单击"确定"按钮，则"关闭"按钮的动画连接完成。程序运行时，单击"关闭"按钮，程序停止运行并退出。

6．编写命令语言

在工程浏览器左侧树形菜单中双击命令语言"应用程序命令语言"项，出现"应用程序命令语言"编辑对话框，单击"运行时"按钮，将循环执行时间设定为"500"ms，然后在命令语言编辑框中输入下面的控制程序：

```
if(\\本站点\测量值1>=\\本站点\上限报警值1)
{\\本站点\上限灯1=1;
}
if(\\本站点\测量值1<\\本站点\上限报警值1 && \\本站点\测量值1>\\本站点\下限报警值1)
{
\\本站点\上限灯1=0;
```

```
\\本站点\下限灯1=0;
}
if(\\本站点\测量值1<=\\本站点\下限报警值1)
{\\本站点\下限灯1=1;
}
if(\\本站点\测量值2>=\\本站点\上限报警值2)
{
\\本站点\上限灯2=1;
}
if(\\本站点\测量值2<\\本站点\上限报警值2 && \\本站点\测量值2>\\本站点\下限报警值2)
{
\\本站点\上限灯2=0;
\\本站点\下限灯2=0;
}
if(\\本站点\测量值2<=\\本站点\下限报警值2)
{
\\本站点\下限灯2=1;
}
if(\\本站点\测量值3>=\\本站点\上限报警值3)
{
\\本站点\上限灯3=1;
}
if(\\本站点\测量值3<\\本站点\上限报警值3 && \\本站点\测量值3>\\本站点\下限报警值3)
{
\\本站点\上限灯3=0;
\\本站点\下限灯3=0;
}
if(\\本站点\测量值3<=\\本站点\下限报警值3)
{
\\本站点\下限灯3=1;
}
```

7．调试与运行

将设计的画面全部存储并配置成主画面，启动画面运行程序。

程序画面中显示三个仪表的测量温度值、上限值、下限值。

给传感器升温或降温，当测量温度值大于或小于上下限报警值时，画面中相应的信号指示灯变换颜色。程序运行画面如图 6-39 所示。

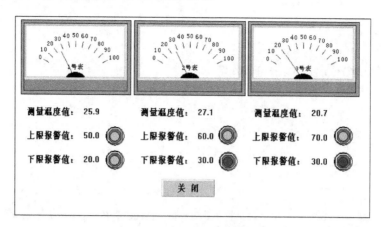

图 6-39　程序运行画面

将鼠标移到各个仪表的上限报警值、下限报警值显示文本，单击鼠标右键，出现输入对话框，输入新的上限值、下限值，单击"确定"按钮，智能仪表内部的上限、下限报警值即被改变。

实例 18　网络化温度监测

随着互联网技术日益渗透到生产、生活的各个领域，自动化软件的 e 趋势已发展成为整合 IT 与工厂自动化的关键。组态王的互联网版本立足于门户概念，采用最新的 JAVA2 核心技术，功能更丰富，操作更简单。整个企业的自动化监控将以一个门户网站的形式呈现给使用者，并且不同工作职责的使用者使用各自的授权口令完成操作，包括现场的操作者可以完成设备的启停，中控室的工程师可以完成工艺参数的整定，办公室的决策者可以实时掌握生产成本、设备利用率及产量等数据。

组态王的互联网功能逼真再现现场画面，使用者在任何时间、任何地点均可实时掌控企业的每一个生产细节，现场的流程画面、过程数据、趋势曲线、生产报表（支持报表打印和数据下载）、操作记录和报警等均可轻松浏览。当然用户必须要有授权口令才能完成这些。用户还可以自己编辑发布网站首页信息和图标，成为真正企业信息化的互联网门户。

一、组态王的网络连接

组态王网络结构是真正的客户/服务器模式，客户机和服务器必须安装 Windows NT/2000，并同时运行"组态王"（除 Internet 版本的客户端）。在配置网络时绑定 TCP/IP 协议，即利用"组态王"网络功能的 PC 必须首先是某个局域网上的站点并启动该网，网络结构示意图如图 6-40 所示。

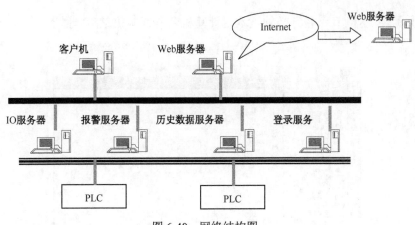

图 6-40 网络结构图

在组态王网络结构中，各种服务器负责不同的分工。

I/O 服务器：负责进行数据采集。如果某个站点虽然连接了设备，但没有定义其为 I/O 服务器，那这个站点采集的数据不向网络上发布。I/O 服务器可以按照需要设置为一个或多个。

报警服务器：存储报警信息。系统运行时，I/O 服务器上产生的报警信息将通过网络传输到指定的报警服务器上，经报警服务器验证后，产生和记录报警信息。

历史记录服务器：存储历史数据。系统运行时，I/O 服务器上需要记录的历史数据便被传送到历史数据服务器站点上保存起来。

登录服务器：负责网络中用户登录的校验。在整个系统网络中只可以配置一个登录服务器。

Web 服务器：Web 服务器是保存组态王为互联网版本发布的 HTML 文件，传送文件所需数据，并为用户提供浏览服务的站点。

客户：如果某个站点被指定为客户，可以访问其指定的 I/O 服务器、报警服务器、历史数据服务器。一个站点被定义为服务器的同时，也可以被指定为其他服务器的客户。

一个工作站站点可以充当多种服务器功能，如 I/O 服务器可以被同时指定为报警服务器、历史数据服务器、登录服务器等。报警服务器可以同时作为历史数据服务器、登录服务器等。

二、组态王中 Web 的配置

要实现组态王的网络功能，除了具备网络硬件设施外，还必须对组态王各个站点进行网络配置，设置网络参数，并且定义在网络上进行数据交换的变量、报警数据和历史数据的存储和引用等。

工程人员在工程完成后需要进行 Web 发布时，可以按照以下介绍的步骤进行，完成 Web 的发布和制作。

1. 网络配置

要实现 Web 功能，必须在组态王工程浏览器窗口的网络配置对话框中选择"连网"模式，并且计算机应该绑定 TCP/IP 协议。

双击工程浏览器目录显示区中"系统配置"大纲项下面的"网络配置"成员名，出现"网络配置"对话框。在"网络参数"页中选中"连网"选项，"本机节点名"设置为"Server"，如图 6-41 所示。"本机节点名"必须是本地计算机名称或本机的 IP 地址。

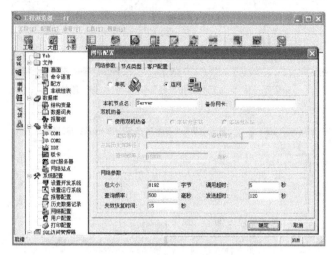

图 6-41 服务器网络参数配置

然后在"节点类型"页中，选中"本机是登录服务器"、"本机是 I/O 服务器"、"本机是校时服务器"、"本机是报警服务器"、"本机是历史记录服务器"，如图 6-42 所示，单击"确定"按钮完成服务器的配置。

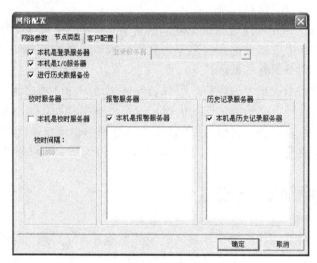

图 6-42 服务器节点类型配置

设置完成后本地计算机在网络中就具备了五种功能，它既是登录服务器又是 I/O 服务器、报警服务器和历史数据记录服务器，同时又实现了历史数据备份的功能。

2．网络端口配置

在进行 IE 访问时，需要知道被访问程序的端口号，组态王 Web 发布之前，需要定义组态王的端口号。

进入工程浏览器界面，在工程浏览器窗口左侧目录树的第一个节点为 Web 目录，双击 Web 目录，将弹出"页面发布向导"对话框，如图 6-43 所示。

第 6 章 PC 串口通信及智能仪器温度监测

图 6-43 "页面发布向导"对话框

对话框中各项含义如下所述。

站点名称：指 Web 服务器机器名称，这是从系统中自动获得的，不可修改（这里的机器名称不要使用中文名称，否则在使用 IE 进行浏览时操作系统将不支持）。

默认端口：是指 IE 与运行系统进行网络连接的端口号，默认为 80。如果所定义的端口号与本机的其他程序的端口号出现冲突，可以按照实际情况进行修改。

发布路径：Web 发布后文件保存的路径，在组态王中默认为当前工程的路径，不可修改。定义发布后，将在工程路径下生成一个"Web"目录。

显示发布组列表：确定在进行浏览时，是否显示发布组中发布画面的列表。

3．Web 发布组配置

在组态王中，发布功能采用分组方式。每组都有独立的安全访问设置，可以供不同的客户群浏览。

在工程浏览器中选择"Web"目录，在工程管理器的右侧窗口，双击"新建"图标，弹出"Web 发布组配置"对话框，如图 6-44 所示。

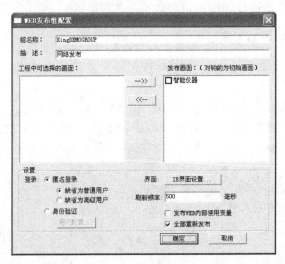

图 6-44 "Web 发布组的配置"对话框

在该对话框中可以完成发布组名称的定义、要发布画面的选择、用户访问安全配置和 IE 界面颜色的设置。

（1）组名称：在对话框中"组名称"编辑框中输入要发布组的名称"KingDEMOGroup"（在 IE 上访问时需要该名称，组名称是 Web 发布组唯一的标识，由用户指定，同一工程中组名不能相同，且组名只能使用英文字母和数字的组合）。

（2）描述：在"描述"编辑框中输入对组的描述信息——"组态王演示工程发布组"。

（3）工程中可选择的画面：选择需要发布的画面，在列表中用鼠标选择要发布的画面，在单击鼠标的同时，如果按下<Shift>键为直接多选一段区域内的画面，按下<Ctrl>键可以任意多选画面。选择完成后，单击对话框上的"→"按钮将选择的画面发送到右边的"发布画面"列表中，同时被选择的画面名称在该"工程中可选择的画面"列表中消失。同样可以选择"←"按钮将已经选中的画面取消发布，将画面名称从"发布画面"列表中删除。

（4）初始画面：在"发布画面"列表中每个画面名称前都有一个复选框，如果在某个画面的复选框中选中，则表明该画面将是初始画面，即打开 IE 浏览时首先将显示该画面。初始画面可以选择多个。

（5）用户登录安全管理：在组态王 Web 浏览端，用户浏览权限有两种设置：

如果选择匿名登录，则用户在打开 IE 进行浏览时不需要输入用户名、密码等，可以直接浏览组态王中发布的画面，但普通用户只能浏览页面，不能做任何操作；而高级用户能浏览页面也可以修改数据，并可登录组态王，进行有权限设置的操作。

如果选择身份验证，用户打开 IE 进行浏览时需要首先输入用户名和密码。

完成上述配置后，单击"确定"按钮，关闭对话框，系统生成发布画面。

打开组态王的网络配置对话框，选择"连网"模式，启动组态王运行系统。

三、在 IE 浏览器端浏览

在开发系统发布画面设置完后，启动组态王运行程序，就可以在另一台与运行组态王的机器连网机器的 IE 浏览器进行画面浏览和数据操作了。

1．在浏览器地址栏中输入地址

使用浏览器进行浏览时，首先需要输入 Web 地址。地址的格式（以 Internet Explorer 浏览器为例）如下所述。

  http：//发布站点机器名（或IP地址）：组态王Web定义端口号

例如，运行组态王的机器名为 server，其 IP 地址为"202.1444.2222.30"，端口号为 80，发布组名称为"KingDEMOGroup"，那么可以在另一台与运行组态王机器联网机器的 IE 地址栏中输入如下地址：

  http：//server:80或http：//202.1444.2222.30:80

进入发布组界面，如图 6-45 所示。

第 6 章　PC 串口通信及智能仪器温度监测

图 6-45　组态王发布组界面

2. 进入组的浏览界面

在发布组界面上单击组名"KingDEMOGroup",则进入组的浏览界面,画面与组态王运行系统同样逼真,如图 6-46 所示。

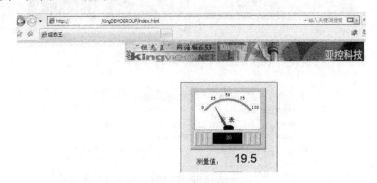

图 6-46　浏览界面

系统界面上的验证用户信息、下载相关资源、下载相关数据等进度条依次显示当前正在进行的操作。初始化完成后,进入系统画面列表界面,如果设置了初始画面的话,则直接进入初始画面。

> **注意**:在开发系统中对画面的每一次更改,如果发布组中包含该画面,则需要重新发布该发布组,然后重新启动组态王运行系统即可。

在浏览的界面上提供"操作"和"窗口"菜单。

"操作"菜单主要是进行登录操作和网络连接控制。菜单项中各项含义为如下所述。

(1) 重新登录:注销当前 Web 登录用户,重新登录。

(2) 注销:注销当前登录用户。

(3) 连接:当 IE 连接与发布服务器连接中断后,系统会提示连接中断,使用该菜单重新建立连接。

(4) 断开连接:断开与发布服务器的连接。

"窗口"菜单主要是选择显示的窗口,如画面窗口、画面列表窗口等,也可以使用该菜单进行画面打开关闭、画面切换等操作。菜单项中各项含义如下所述。

(1) 选择窗口:打开发布画面列表窗口。

(2) 画面窗口:切换到画面显示窗口。

（3）关闭画面：关闭当前打开的画面。

（4）显示画面：打开某个画面到当前显示。

在浏览窗口的底部提供了状态栏。在状态栏中首先显示当前用户登录信息，其余五个按钮作用依次为：重新登录、连接、断开连接、显示选择窗口、显示画面窗口。

3．JRE 插件的安装

使用组态王 Web 功能需要 JRE 插件支持，如果客户端没有安装 Sun 公司的 JRE Plugin1.3（Java 运行时的环境插件），则在第一次输入正确的地址并连接成功后，系统会自动下载 Java 安装程序进行安装，如图 6-47 所示。安装时间决定于用户的实际网络速度，如果用户实际使用电话等，会因为带宽原因导致时间过长，可以直接使用组态王的安装盘来进行此 Java 软件的安装。

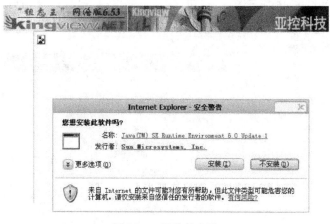

图 6-47　插件的安装

将这个插件安装成功后方可进行画面浏览。

该插件只需安装一次，安装成功后会保留在系统上，以后每次运行直接启动，而不需重新安装 JRE。组态王安装中直接提供该插件的安装。

第 7 章 三菱 PLC 监控及其与 PC 通信

三菱公司的可编程序控制器分为 F 系列、FX 系列、A 系列和 Q 系列，FX 系列是近年推出的小型 PLC，功能较强，性价比较高，应用比较广泛，如图 7-1 所示。

三菱公司的 FX 系列 PLC 吸收了整体式和模块式 PLC 的优点，其基本单元、扩展单元和扩展模块的高度和宽度相等，相互之间的连接不需要使用基板，仅通过扁平电缆连接，紧密拼装后组成一个整体的长方体。FX 系列 PLC 具有丰富的软硬件资源、强大的功能和很高的运行速度，可用于要求很高的机电一体化控制系统。而其具有的各种扩展单元和扩展模块可以根据现场系统功能的需要组成不同的控制系统。

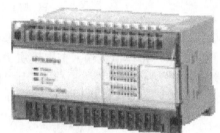

图 7-1　三菱 FX 系列 PLC

本章采用组态软件 KingView 实现三菱 FX_{2N}-32MR PLC 模拟电压输入与输出、开关量输入与输出及其温度监控。

实例 19　三菱 PLC 模拟电压采集

一、设计任务

本例通过三菱 PLC 模拟量输入扩展模块 FX_{2N}-4AD 实现电压检测，并将检测到的电压值通过通信电缆传送给上位计算机。

（1）采用 SWOPC-FXGP/WIN-C 编程软件编写 PLC 程序，实现三菱 FX_{2N}-32MR PLC 模拟电压采集，并将采集到的电压值（数字量形式）放入寄存器 D100 中。

（2）采用 KingView 编写程序，实现 PC 与三菱 FX_{2N}-32MR PLC 数据通信，要求 PC 接收 PLC 发送的电压值，转换成十进制形式，以数字、曲线的形式显示。

二、线路连接

PC 通过 FX_{2N}-32MR PLC 组成的模拟电压采集系统如图 7-2 所示。

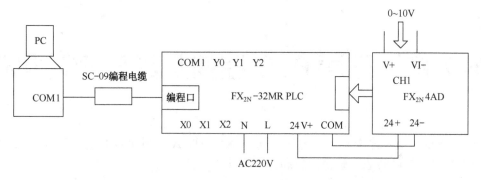

图 7-2 PC 与 FX$_{2N}$-32MR PLC 组成的模拟电压采集系统

在图 7-3 中,通过 SC-09 编程电缆将 PC 的串口 COM1 与三菱 FX$_{2N}$-32MR PLC 的编程口连接起来;将模拟量输入扩展模块 FX$_{2N}$-4AD 通过编程电缆与 PLC 主机相连。FX$_{2N}$-4AD 模块的 ID 号为 0,其 DC24V 电源由主机提供(也可使用外接电源)。

在 FX$_{2N}$-4AD 的模拟量输入 1 通道(CH1)V+与 VI-之间接输入电压 0 ～ 10V。

PLC 的模拟量输入模块(FX2N-4AD)负责 A/D 转换,即将模拟量信号转换为 PLC 可以识别的数字量信号。

提示:工业控制现场的模拟量,如温度、压力、流量等参数可通过相应的变送器转换为 1～5V 的电压信号,因此本章提供的电压采集系统同样可以进行温度、压力、流量等参数的采集,只需在程序设计时进行相应的标度变换。

三、任务实现

1. PLC 端电压输入程序

1) PLC 梯形图

三菱 FX$_{2N}$-32MR PLC 使用 FX$_{2N}$-4AD 模拟量输入模块实现模拟电压采集。采用 SWOPC-FXGP/WIN-C 编程软件编写的 PLC 程序模拟量输入梯形图如图 7-3 所示。

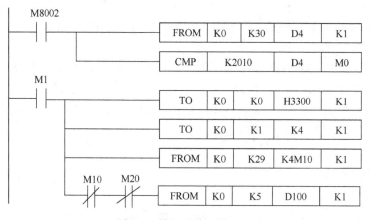

图 7-3 模拟量输入梯形图

程序的主要功能是实现三菱 FX_{2N}-32MR PLC 模拟电压采集，并将采集到的电压值（数字量形式）放入寄存器 D100 中。

程序说明：

第 1 逻辑行，首次扫描时从 0 号特殊功能模块的 BFM#30 中读出的标识码，即模块 ID 号，并放到基本单元的 D4 中。

第 2 逻辑行，检查模块 ID 号，如果是 FX_{2N}-4AD，结果送到 M0。

第 3 逻辑行，设定通道 1 的量程类型。

第 4 逻辑行，设定通道 1 平均滤波的周期数为 4。

第 5 逻辑行，将模块运行状态从 BFM#29 读入 M10～M25。

第 6 逻辑行，如果模块运行没有错，且模块数字量输出值正常，通道 1 的平均采样值存入寄存器 D100 中。

2）程序的写入

PLC 端程序编写完成后需将其写入 PLC 才能正常运行，步骤如下：

（1）接通 PLC 主机电源，将 RUN/STOP 转换开关置于 STOP 位置。

（2）运行 SWOPC-FXGP/WIN-C 编程软件，打开模拟量输入程序，执行"转换"命令。

（3）执行菜单"PLC"→"传送"→"写出"命令，如图 7-4 所示，打开"PC 程序写入"对话框，选中"范围设置"项，终止步设为 50，单击"确定"按钮，即开始写入程序，如图 7-5 所示。

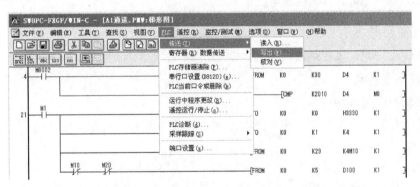

图 7-4　执行菜单"PLC→传送→写出"命令

图 7-5　写入 PC 程序

（4）程序写入完毕将 RUN/STOP 转换开关置于 RUN 位置，即可进行模拟电压的采集。

3）PLC 程序的监控

PLC 端程序写入后，可以进行实时监控，步骤如下：

（1）接通 PLC 主机电源，将 RUN/STOP 转换开关置于 RUN 位置。

(2)运行 SWOPC-FXGP/WIN-C 编程软件,打开模拟量输入程序并写入。

(3)执行菜单"监控/测试"→"开始监控"命令,即可开始监控程序的运行,如图 7-6 所示。

寄存器 D100 上的蓝色数字(如 435)就是模拟量输入 1 通道的电压实时采集值(换算后的电压值为 2.175V,与万用表测量值相同),改变输入电压,该数值随之改变。

(4)监控完毕,执行菜单"监控/测试"→"停止监控"命令,即可停止监控程序的运行。

注意:必须停止监控,否则影响上位机程序的运行。

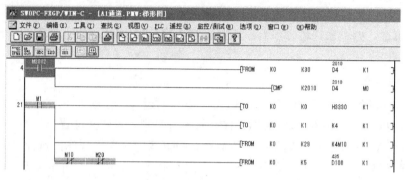

图 7-6 PLC 程序监控

2. PC 端采用 KingView 实现电压输入

1)建立新工程项目

工程名称:"AI";工程描述:"模拟电压输入"。

2)制作图形画面

画面名称"电压测量"。

(1)通过开发系统工具箱为图形画面添加 3 个文本对象:标签"电压值:"、当前电压值显示文本"000"和标签"V"。

(2)通过开发系统工具箱为图形画面添加 1 个实时趋势曲线控件。

(3)在工具箱中选择"按钮"控件添加到画面中,将按钮"文本"改为"关闭"。

设计的图形画面如图 7-7 所示。

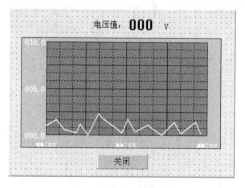

图 7-7 图形画面

3）添加设备

在组态王工程浏览器的左侧选择"设备/COM1",在右侧双击"新建"按钮,运行"设备配置向导"。

(1)选择"设备驱动"→PLC→"三菱"→FX2→"编程口",如图7-8所示。

(2)单击"下一步"按钮,给要安装的设备指定唯一的逻辑名称,如"PLC"。

(3)单击"下一步"按钮,选择串口号,如"COM1"(需与PLC在PC上使用的串口号一致)。

(4)单击"下一步"按钮,为要安装的PLC指定地址,如"1"(注意,这个地址应该与PLC通信参数设置程序中设定的地址相同)。

(5)单击"下一步"按钮,出现"通信故障恢复策略"设定窗口,使用默认设置即可。

(6)单击"下一步"按钮,显示所要安装的设备信息,检查各项设置是否正确,确认无误后,单击"完成"按钮,完成设备的配置。

4）串口通信参数设置

双击"设备/COM1",弹出"设置串口"对话框,设置串口COM1的通信参数:波特率选"9600",奇偶校验选"偶校验",数据位选"7",停止位选"1",通信方式选"RS232",如图7-9所示。

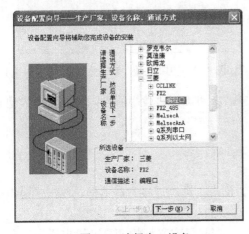

图7-8 选择串口设备

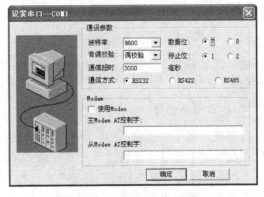

图7-9 "设置串口"对话框

设置完毕,单击"确定"按钮,就完成了对COM1的通信参数配置,保证组态王与PLC的通信能够正常进行。

注意:设置的参数必须与PLC设置的一致,否则不能正常通信。

5）PLC通信测试

选择新建的串口设备"PLC",单击右键,出现弹出式下拉菜单,选择"测试PLC"项,出现"串口设备测试"画面,观察设备参数与通信参数是否正确,若正确,选择"设备测试"选项卡。

寄存器选择D,再添加数字100,即选择D100,数据类型选择SHORT,单击"添加"按钮,D100进入采集列表。

给线路中模拟量输入 1 通道输入电压，选择"串口设备测试"画面中的"读取"命令，寄存器 D100 的变量值为一整型数字量，如"435"，如图 7-10 所示。该数值就反映了输入电压的大小，换算后的电压值为 2.175V。用万用表测量 PLC 的输入电压，观察是否与测试值一致。

6）定义变量

（1）定义变量"数字量"。变量类型选"I/O 整数"。初始值、最小值，最小原始值设为"0"，最大值、最大原始值设为"2000"；连接设备选"PLC"，寄存器设置为"D100"，数据类型选"SHORT"，读写属性选"只读"，如图 7-11 所示。

图 7-10　PLC 寄存器测试

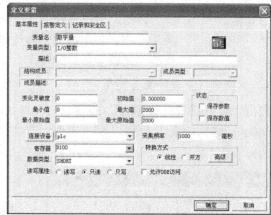

图 7-11　定义变量"数字量"

（2）定义变量"电压"。变量类型选"内存实数"。初始值、最小值设为"0"，最大值设为"10"。

7）建立动画连接

（1）建立当前电压值显示文本对象动画连接。

双击画面中当前电压值显示文本对象"000"，出现"动画连接"对话框，单击"模拟值输出"按钮，弹出"模拟值输出连接"对话框，将其中的表达式设置为"\\本站点\电压"（可以直接输入，也可以单击表达式文本框右边的?号，选择已定义好的变量名"电压"，单击"确定"按钮，文本框中出现"\\本站点\电压"表达式），整数位数设为 1，小数位数为 2，单击"确定"按钮，返回"动画连接"对话框，再次单击"确定"按钮，动画连接设置完成。

（2）建立实时趋势曲线对象的动画连接。

双击画面中实时趋势曲线对象。在曲线定义选项中，单击曲线 1 表达式文本框右边的 ? 号，选择已定义好的变量"电压"，并设置其他参数值。

在标识定义选项中，数值轴最大值设为 10，数值格式选"实际值"，时间轴长度设为 2min。

（3）建立按钮对象的动画连接。

双击"关闭"按钮对象，出现"动画连接"对话框。单击命令语言连接中的"弹起时"按钮，出现"命令语言"窗口，在编辑栏中输入命令"exit(0);"。

单击"确定"按钮，返回"动画连接"对话框，再单击"确定"按钮，"关闭"按钮的动画连接完成。程序运行时，单击"关闭"按钮，程序停止运行并退出。

8）编写命令语言

在工程浏览器左侧树形菜单中双击命令语言"应用程序命令语言"项，出现"应用程序命令语言"对话框，单击"运行时"，将循环执行时间设定为 200ms，然后在命令语言编辑框中输入数值转换程序"\\本站点\电压=\\本站点\数字量/200;"，如图 7-12 所示，然后单击"确定"按钮，完成命令语言的输入。

9）调试与运行

将设计的画面全部存储并配置成主画面，启动画面运行程序。

启动 PLC，往 FX_{2N}-4AD 模拟量输入模块 1 通道输入电压值（范围是 0～10V），程序画面文本对象中的数字、实时趋势曲线控件中的曲线都将随输入电压变化而变化。

程序运行画面如图 7-13 所示。

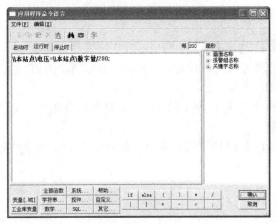

图 7-12　"应用程序命令语言"对话框

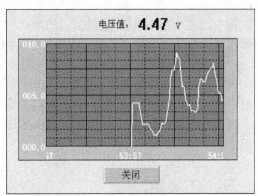

图 7-13　运行画面

实例 20　三菱 PLC 模拟电压输出

一、设计任务

本实例通过 PC 产生模拟电压值，通过三菱 PLC 模拟量输出扩展模块 FX_{2N}-4DA 输出该电压。

（1）采用 SWOPC-FXGP/WIN-C 编程软件编写 PLC 程序，将上位 PC 输出的电压值（数字量形式，在寄存器 D123 中）放入寄存器 D100 中，并在 FX_{2N}-4DA 模拟量输出 1 通道输出同样大小的电压值（0～10V）。

（2）采用 KingView 编写程序，实现 PC 与三菱 FX_{2N}-32MR PLC 数据通信，要求在 PC 程序界面中输入一个数值（范围是 0～10），转换成数字量形式，并发送到 PLC 的寄存器 D123 中。

二、线路连接

PC 通过 FX_{2N}-32MR PLC 组成的模拟电压输出系统如图 7-14 所示。

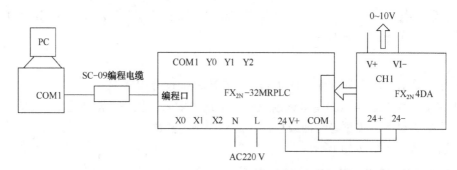

图 7-14　PC 与 FX_{2N}-32MR PLC 组成的模拟电压输出系统

图中通过 SC-09 编程电缆将 PC 的串口 COM1 与三菱 FX_{2N}-32MR PLC 的编程口连接起来，将模拟量输出扩展模块 FX_{2N}-4DA 与 PLC 主机通过扁平电缆相连。FX_{2N}-4DA 模块的 ID 号为 0，其 DC24V 电源由主机提供（也可使用外接电源）。

PC 发送到 PLC 的数值（范围 0~10，反映电压大小）由 FX_{2N}-4DA 的模拟量输出 1 通道（CH1）V+与 VI-之间接输出，可由万用表测量。

PLC 的模拟量输出模块（FX_{2N}-4DA）负责 D/A 转换，即将数字量信号转换为模拟量信号输出。

三、任务实现

1．PLC 端电压输出程序

1）PLC 梯形图

三菱 FX_{2N}-32MR 型 PLC 使用 FX_{2N}-4DA 模拟量输出模块实现模拟电压输出，采用 SWOPC-FXGP/WIN-C 编程软件编写的 PLC 程序梯形图如图 7-15 所示。

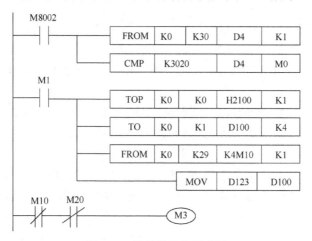

图 7-15　模拟量输出梯形图

程序的主要功能：PC 程序中设置的数值写入 PLC 的寄存器 D123 中，并将数据传送到寄存器 D100 中，在扩展模块 FX_{2N}-4DA 模拟量输出 1 通道输出同样大小的电压值。

程序说明：

第 1 逻辑行，首次扫描时从 0 号特殊功能模块的 BFM# 30 中读出标识码，即模块 ID 号，并放到基本单元的 D4 中。

第 2 逻辑行，检查模块 ID 号，如果是 FX_{2N}-4DA，结果送到 M0。

第 3 逻辑行，传送控制字，设置模拟量输出类型。

第 4 逻辑行，将从 D100 开始的 4 字节数据写到 0 号特殊功能模块的编号从 1 开始的 4 个缓冲寄存器中。

第 5 逻辑行，独处通道工作状态，将模块运行状态从 BFM#29 读入 M10～M17。

第 6 逻辑行，将上位计算机传送到 D123 的数据传送给寄存器 D100。

第 7 逻辑行，如果模块运行没有错，且模块数字量输出值正常，将内部寄存器 M3 置"1"。

2）程序的写入

PLC 端程序编写完成后需将其写入 PLC 才能正常运行，步骤如下：

（1）接通 PLC 主机电源，将 RUN/STOP 转换开关置于 STOP 位置。

（2）运行 SWOPC-FXGP/WIN-C 编程软件，打开模拟量输出程序，执行"转换"命令。

（3）执行菜单"PLC"→"传送"→"写出"命令，如图 7-16 所示，打开"PC 程序写入"对话框，选中"范围设置"项，终止步设为 100，单击"确定"按钮，即开始写入程序，如图 7-17 所示。

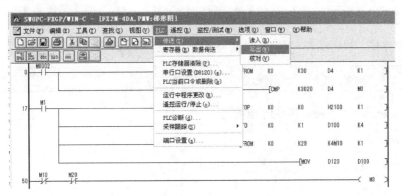

图 7-16 执行菜单"PLC→传送→写出"命令

（4）程序写入完毕将 RUN/STOP 转换开关置于 RUN 位置，即可进行模拟电压的输出。

3）PLC 程序的监控

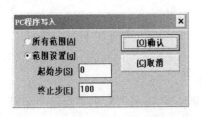 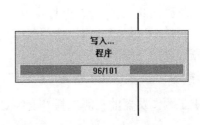

图 7-17 PC 程序写入

PLC 端程序写入后，可以进行实时监控，步骤如下：

（1）接通 PLC 主机电源，将 RUN/STOP 转换开关置于 RUN 位置。

（2）运行 SWOPC-FXGP/WIN-C 编程软件，打开模拟量输出程序并写入。

（3）执行菜单"监控/测试"→"开始监控"命令，即可开始监控程序的运行，如图 7-18 所示。

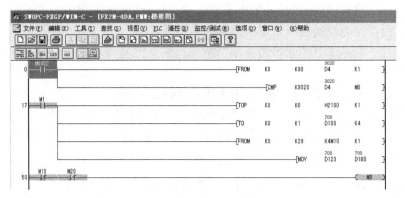

图 7-18　PLC 程序监控

寄存器 D123 和 D100 上的蓝色数字（如 700）就是要输出到模拟量输出 1 通道的电压值（换算后的电压值为 3.5V，与万用表测量值相同）。

> 注意：模拟量输出程序监控前，要保证往寄存器 D123 中发送数字量 700。实际测试时先运行上位机程序，输入数值 3.5（反映电压大小），转换成数字量 700 再发送给 PLC。

（4）监控完毕，执行菜单"监控/测试"→"停止监控"命令，即可停止监控程序的运行。

> 注意：必须停止监控，否则影响上位机程序的运行。

2．PC 端采用 KingView 实现电压输出

1）建立新工程项目

工程名称："AO"；工程描述："模拟量输出"。

2）制作图形画面

（1）通过开发系统工具箱为图形画面添加 2 个文本对象：标签"输出电压值："和当前电压值显示文本"000"。

（2）通过开发系统工具箱为图形画面添加 1 个实时趋势曲线控件。

（3）为图形画面添加 1 个游标对象。

（4）在工具箱中选择"按钮"控件添加到画面中，将按钮"文本"改为"关闭"。

设计的图形画面如图 7-19 所示。

3）添加设备

在组态王工程浏览器的左侧选择"设备/COM1"，在右侧双击"新建"按钮，运行"设备配置向导"。

(1) 选择"设备驱动"→ PLC →"三菱"→ FX2 →"编程口",如图 7-20 所示。

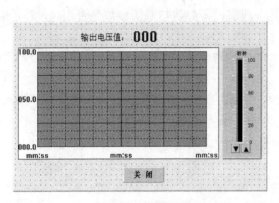

图 7-19 图形画面　　　　　　　　　图 7-20 选择串口设备

(2) 单击"下一步"按钮,给要安装的设备指定唯一的逻辑名称,如"FX2NPLC"。

(3) 单击"下一步"按钮,选择串口号,如"COM1"(需与 PLC 在 PC 上使用的串口号一致)。

(4) 单击"下一步"按钮,为要安装的 PLC 指定地址,如"1"(注意,这个地址应该与 PLC 通信参数设置程序中设定的地址相同)。

(5) 单击"下一步"按钮,出现"通信故障恢复策略"设定窗口,使用默认设置即可。

(6) 单击"下一步"按钮,显示所要安装的设备信息,检查各项设置是否正确,确认无误后,单击"完成"按钮,完成设备的配置。

4) 串口通信参数设置

双击"设备/COM1",弹出设置串口对话框,设置串口 COM1 的通信参数:波特率选"9600",奇偶校验选"偶校验",数据位选"7",停止位选"1",通信方式选"RS232",如图 7-21 所示。

图 7-21 设置串口 COM1

设置完毕,单击"确定"按钮,就完成了对 COM1 的通信参数配置,保证组态王与 PLC 的通信能够正常进行。

注意:设置的参数必须与 PLC 设置的一致,否则不能正常通信。

5）PLC 通信测试

选择新建的串口设备"FX2NPLC"，单击右键，出现弹出式下拉菜单，选择"测试 FX2NPLC"项，出现"串口设备测试"对话框，观察设备参数与通信参数是否正确，若正确，选择"设备测试"选项卡。

寄存器选择 D，再添加数字 123，即选择 D123，数据类型选择 SHORT，单击"添加"按钮，D123 进入采集列表。

在采集列表中，双击寄存器名 D123，出现"数据输入"对话框，在输入数据栏中输入数值 700，单击"确定"按钮，寄存器 D123 的变量值变为 700，如图 7-22 所示。

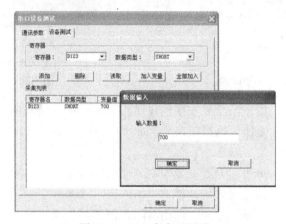

图 7-22　PLC 寄存器测试

如果通信正常，使用万用表测量 FX_{2N}-4DA 扩展模块模拟量输出 1 通道，输出电压值应该是 3.5V（数字量-2000～2000 对应电压值-10～10V）。

6）定义 I/O 变量

（1）定义变量"I/O"。变量类型选"I/O 整数"。初始值、最小值、最小原始值设为"0"，最大值、最大原始值设为"2000"；连接设备选"FX2NPLC"，寄存器设置为"D123"，数据类型选"SHORT"，读写属性选"只写"，如图 7-23 所示。

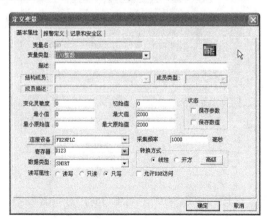

图 7-23　定义变量"I/O"

（2）定义变量"电压"。变量类型选"内存实数"。初始值、最小值设为"0"，最大值设为"10"。

7）建立动画连接

（1）建立输出电压值显示文本对象动画连接。双击画面中电压值显示文本对象"000"，出现"动画连接"对话框，单击"模拟值输出"按钮，弹出"模拟值输出连接"对话框，将其中的表达式设置为"\\本站点\电压"（可以直接输入，也可以单击表达式文本框右边的?号，选择已定义好的变量名"电压"，单击"确定"按钮，文本框中出现"\\本站点\电压"表达式），整数位数设为1，小数位数设为2，单击"确定"按钮返回"动画连接"对话框，再次单击"确定"按钮，动画连接设置完成。

（2）建立"实时趋势曲线"对象的动画连接。双击画面中实时趋势曲线对象，出现动画连接对话框。在曲线定义选项中，单击曲线1表达式文本框右边的?号，选择已定义好的变量"电压"。

在标识定义选项中，数值轴最大值设为10，数值格式选"实际值"，时间轴长度设为2min。

（3）建立"游标"对象动画连接。双击画面中游标对象，出现动画连接对话框。单击变量名（模拟量）文本框右边的"?"，选择已定义好的变量"电压"，并将滑动范围的最大值改为"10"。

（4）建立"按钮"对象的动画连接。双击画面中"关闭"按钮对象，出现"动画连接"对话框。单击命令语言连接中的"弹起时"按钮，出现"命令语言"窗口，在编辑栏中输入命令"exit(0);"。

单击"确定"按钮，返回"动画连接"对话框，再单击"确定"按钮，则"关闭"按钮的动画连接完成。程序运行时，单击"关闭"按钮，程序停止运行并退出。

8）编写命令语言

在工程浏览器左侧树形菜单中双击命令语言"应用程序命令语言"项，出现"应用程序命令语言"编辑对话框，单击"运行时"，将循环执行时间设定为200ms，然后在命令语言编辑框中输入数值转换程序"\\本站点\AO=\\本站点\电压*200;"，如图7-24所示，然后单击"确定"按钮，完成命令语言的输入。

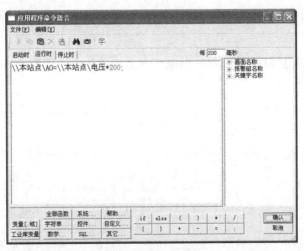

图7-24 编写命令语言

9）调试与运行

将设计的画面全部存储并配置成主画面，启动画面运行程序。

启动 PLC，单击游标上下箭头，生成一间断变化的数值（0～10），在程序界面中产生一个随之变化的曲线。同时，"组态王"系统中的 I/O 变量"AO"值也会自动更新不断变化，线路中在 FX_{2N}-4DA 模拟量输出模块 1 通道将输出同样大小的电压值。

程序运行画面如图 7-25 所示。

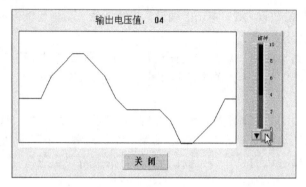

图 7-25　程序运行画面

实例 21　三菱 PLC 开关信号输入

一、设计任务

采用 KingView 编写程序，实现 PC 与三菱 FX_{2N}-32MR PLC 数据通信，要求 PC 接收 PLC 发送的开关量输入信号状态值，并在程序中显示。

二、线路连接

PC 通过 FX_{2N}-32MR PLC 的编程口组成开关量输入系统，如图 7-26 所示。

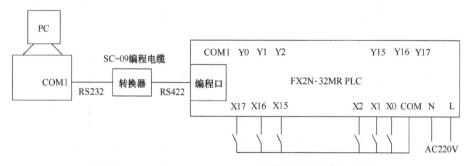

图 7-26　PC 与 FX_{2N}-32MR PLC 组成的开关量输入系统

在图 7-26 中，通过 SC-09 编程电缆将 PC 的串口 COM1 与三菱 FX_{2N}-32MR PLC 的编程

口连接起来。将按钮、行程开关、继电器开关等的常开触点接 PLC 开关量输入端点，改变 PLC 某个输入端口的状态（打开/关闭）。

在实际测试中，可用导线将 X0、X1、…、X17 与 COM/端点之间短接或断开，产生开关量输入信号。

三、任务实现

1．建立新工程项目

工程名称："DI"；工程描述："开关量输入"。

2．制作图形画面

（1）为图形画面添加 8 个指示灯对象。
（2）为图形画面添加 8 个文本对象，分别为 X0、X1、X2、X3、X4、X5、X6、X7。
（3）为图形画面添加 1 个按钮对象，将按钮"文本"改为"关闭"。
设计的图形画面如图 7-27 所示。

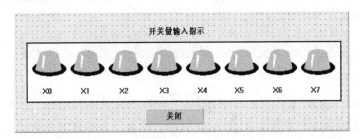

图 7-27　图形画面

3．定义串口设备

1）添加设备

在组态王工程浏览器的左侧选择"设备/COM1"，在右侧双击"新建"按钮，运行"设备配置向导"。

（1）选择"设备驱动"→PLC→三菱→FX2→编程口，如图 7-28 所示。
（2）单击"下一步"按钮，给要安装的设备指定唯一的逻辑名称，如"FX2PLC"。
（3）单击"下一步"按钮，选择串口号，如"COM1"（需与 PLC 在 PC 上使用的串口号一致）。
（4）单击"下一步"按钮，为要安装的 PLC 指定地址，如"1"（注意，这个地址应该与 PLC 通信参数设置程序中设定的地址相同）。
（5）单击"下一步"按钮，出现"通信故障恢复策略"设定窗口，使用默认设置即可。
（6）单击"下一步"按钮，显示所要安装的设备信息，检查各项设置是否正确，确认无误后，单击"完成"按钮，完成设备的配置。

2）串口通信参数设置

双击"设备/COM1"选项，弹出设置串口对话框，设置串口 COM1 的通信参数：波特率选"9600",奇偶校验选"偶校验",数据位选"7",停止位选"1",通信方式选"RS232",如图7-29所示。

图7-28 选择串口设备

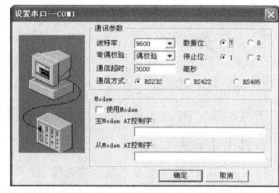

图7-29 设置串口COM1

设置完毕,单击"确定"按钮,就完成了对COM1的通信参数配置,保证组态王与PLC的通信能够正常进行。

> 注意:设置的参数必须与PLC设置的参数一致,否则不能正常通信。

3) PLC通信测试

选择新建的串口设备"FX2PLC",单击右键,出现弹出式下拉菜单,选择"测试 FX2PLC"项,出现"串口设备测试"画面,如图7-30所示,检查设备参数与通信参数是否正确,若正确,选择"设备测试"选项卡。

寄存器选择X1,数据类型选择Bit,单击"添加"按钮,X1进入采集列表。

将线路中X1端口与COM1端口短接,PLC上输入信号指示灯1亮,单击"串口设备测试"画面中的"读取"按钮(此时按钮文本变为"停止"),寄存器X1的变量值为"打开",如图7-31所示。

图7-30 观察PLC通信参数

图7-31 PLC寄存器测试

如果将线路中 X1 端口与 COM1 端口断开，PLC 上输入信号指示灯 1 灭，单击"串口设备测试"画面中的"读取"按钮，寄存器 X1 的变量值为"关闭"。

同样可以测试其他寄存器。

4．定义变量

1）定义 8 个 I/O 离散变量

首先定义变量"开关量输入 0"，变量类型选"I/O 离散"，初始值选关，连接设备选"FX2PLC"，寄存器选"X0"，数据类型选"Bit"，读写属性选"只读"，采集频率值设为"100"，如图 7-32 所示。

定义完成后，单击"确定"按钮，则在数据词典中出现定义好的变量"开关量输入 0"。

同样再定义 7 个 I/O 离散变量，变量名分别为"开关量输入 1"～"开关量输入 7"，对应的寄存器分别为"X1"～"X7"，其他属性相同。

2）定义 8 个内存离散变量

变量名分别为"灯 0"～"灯 7"；变量类型均选内存离散，初始值均选关。

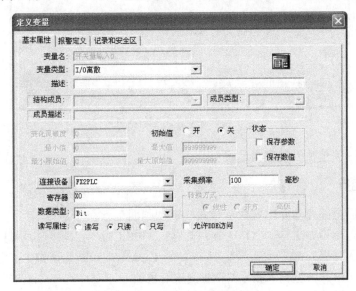

图 7-32　定义 I/O 离数变量

5．建立动画连接

1）建立指示灯对象的动画连接

双击指示灯对象，出现"指示灯向导"对话框，将变量名（离散量）设定为"\\本站点\灯 0"（其他指示灯对象选变量名依次为灯 1，灯 2 等），将正常色设置为绿色，报警色设置为红色。

2）建立"按钮"对象的动画连接

双击画面中"关闭"按钮对象，出现"动画连接"对话框。单击命令语言连接中的"弹起时"按钮，出现"命令语言"窗口，在编辑栏中输入命令"exit(0);"。

单击"确定"按钮，返回"动画连接"对话框，再单击"确定"按钮，则"关闭"按钮的动画连接完成。程序运行时，单击"关闭"按钮，程序停止运行并退出。

6. 编写命令语言

进入工程浏览器,在左侧树形菜单中选择"命令语言/数据改变命令语言"选项,在右侧双击"新建…"选项,出现"数据改变命令语言"编辑对话框,在变量[.域]文本框中输入表达式:"\\本站点\开关量输入 0"(或单击右边的?来选择),在编辑栏中输入程序,如图 7-33 所示。

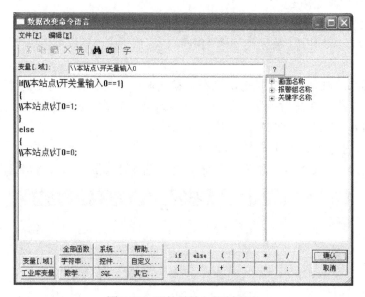

图 7-33 开关量输入控制程序

其他端口的开关量输入程序与此类似。

7. 调试与运行

将设计的画面全部存储并配置成主画面,启动画面运行程序。

将线路中输入端口如 X3 与 COM1 端口短接,则 PLC 上输入信号指示灯 3 亮,程序画面中开关量输入指示灯 X3 变成绿色;将 X3 端口与 COM1 端口断开,则 PLC 上输入信号指示灯 3 灭,程序画面中开关量输入指示灯 X3 变成红色。

同样可以测试其他输入端口的状态。

程序运行画面如图 7-34 所示。

图 7-34 运行画面

实例 22　三菱 PLC 开关信号输出

一、设计任务

采用 KingView 编写程序,实现 PC 与三菱 FX_{2N}-32MR PLC 数据通信,要求在 PC 程序界面中指定元件地址,单击打开/关闭命令按钮,设置指定地址的元件端口(继电器)状态为 ON 或 OFF,使线路中 PLC 指示灯亮/灭。

二、线路连接

PC 与 FX_{2N}-32MR PLC 编程口组成的开关量输出系统如图 7-35 所示。

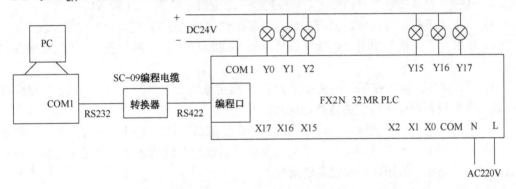

图 7-35　PC 与 FX_{2N}-32MR PLC 组成的开关量输出系统

在图 7-35 中,通过 SC-09 编程电缆将 PC 的串口 COM1 与三菱 FX_{2N}-32MR PLC 的编程口连接起来。可外接指示灯或继电器等装置来显示开关输出状态(打开/关闭)。

在实际测试中,不需外接指示装置,直接使用 PLC 面板上提供的输出信号指示灯。

三、任务实现

1. 建立新工程项目

工程名称:"DO";工程描述:"开关量输出"。

2. 制作图形画面

画面名称"PLC 开关量输出"。
(1) 为图形画面添加 8 个开关对象。
(2) 为图形画面添加 8 个文本对象,分别为 Y0~Y7。
(3) 为图形画面添加 1 个按钮对象,将按钮"文本"改为"关闭"。
设计的图形画面如图 7-36 所示。

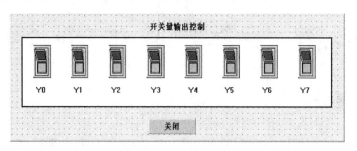

图 7-36 图形画面

3. 定义串口设备

1）添加设备

在组态王工程浏览器的左侧选择"设备/COM1"，在右侧双击"新建"按钮，运行"设备配置向导"。

（1）选择"设备驱动"→PLC→三菱→FX2→编程口，如图 7-37 所示。

（2）单击"下一步"按钮，给要安装的设备指定唯一的逻辑名称，如"FX2PLC"。

（3）单击"下一步"按钮，选择串口号，如"COM1"（需与 PLC 在 PC 上使用的串口号一致）。

（4）单击"下一步"按钮，为要安装的 PLC 指定地址，如"1"（注意，这个地址应该与 PLC 通信参数设置程序中设定的参数地址相同）。

（5）单击"下一步"按钮，出现"通信故障恢复策略"设定窗口，使用默认设置即可。

（6）单击"下一步"按钮，显示所要安装的设备信息，检查各项设置是否正确，确认无误后，单击"完成"按钮，完成设备的配置。

2）串口通信参数设置

双击"设备/COM1"，弹出设置串口对话框，设置串口 COM1 的通信参数：波特率选"9600"，奇偶校验选"偶校验"，数据位选"7"，停止位选"1"，通信方式选"RS232"，如图 7-38 所示。

图 7-37 选择串口设备

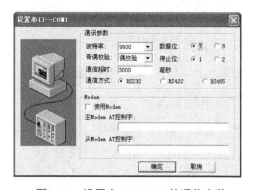

图 7-38 设置串口 COM1 的通信参数

设置完毕，单击"确定"按钮，就完成了对 COM1 的通信参数配置，保证组态王与 PLC

的通信能够正常进行。

> **注意**：设置的参数必须与 PLC 设置的参数一致，否则不能正常通信。

3）PLC 通信测试

选择新建的串口设备"FX2PLC"，单击右键，出现弹出式下拉菜单，选择"测试 FX2PLC"项，出现"串口设备测试"画面，观察设备参数与通信参数是否正确，若正确，选择"设备测试"选项卡。

寄存器选择 Y0，数据类型选择 Bit，单击"添加"按钮，Y0 进入采集列表。

在采集列表中，双击寄存器名 Y0，出现"数据输入"对话框，在输入数据栏中输入数值"1"，单击"确定"按钮，寄存器 Y0 的变量值变为"打开"，如图 7-39 所示。

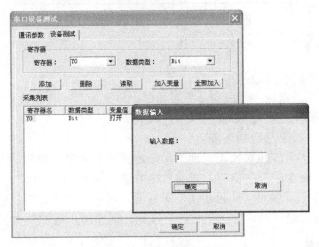

图 7-39　PLC 寄存器测试

如果通信正常，PLC 输出端口 Y0 动作，指示灯亮。

在"数据输入"对话框输入数据栏中输入数值"0"，单击"确定"按钮，寄存器 Y0 的变量值变为"关闭"，PLC 输出端口 Y0 动作，指示灯灭。

寄存器 Y0 的值可以直接是"打开"或"关闭"，作用和值"1"或"0"是相同的。

同样可以测试其他寄存器。

4．定义变量

1）定义 8 个 I/O 离散变量

首先定义变量"开关量输出 0"，变量类型选"I/O 离散"，初始值选"关"，连接设备选"FX2PLC"，寄存器选"Y0"，数据类型选"Bit"，读写属性选"只写"，采集频率值设为"100"，如图 7-40 所示。

定义完成后，单击"确定"按钮，则在数据词典中出现定义好的变量"开关量输出 0"。

同样定义 7 个 I/O 离散变量，变量名分别为"开关量输出 1"～"开关量输出 7"，对应的寄存器分别为"Y1"～"Y7"，其他属性相同。

2）定义 8 个内存离散变量

变量名分别为"开关 0"～"开关 7"；变量类型均选内存离散，初始值选均关。

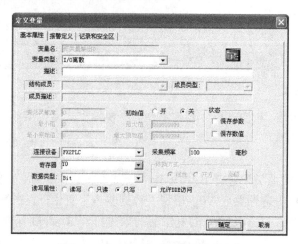

图 7-40　定义变量"开关量输出 0"

5. 建立动画连接

1）建立开关对象的动画连接

双击开关对象 Y0，出现"开关向导"对话框，将变量名（离散量）设定为"\\本站点\开关 0"（其他开关对象选变量名依次为开关 1，开关 2 等）。

2）建立"按钮"对象的动画连接

双击画面中"关闭"按钮对象，出现"动画连接"对话框。单击命令语言连接中的"弹起时"按钮，出现"命令语言"窗口，在编辑栏中输入命令"exit(0);"。

单击"确定"按钮，返回"动画连接"对话框，再单击"确定"按钮，则"关闭"按钮的动画连接完成。程序运行时，单击"关闭"按钮，程序停止运行并退出。

6. 编写命令语言

选择"命令语言/数据改变命令语言"选项，在右侧双击"新建…"选项，出现"数据改变命令语言"编辑对话框，在变量[.域]文本框中输入表达式"\\本站点\开关 0"（或单击右边的?来选择），在编辑栏中输入程序，如图 7-41 所示。

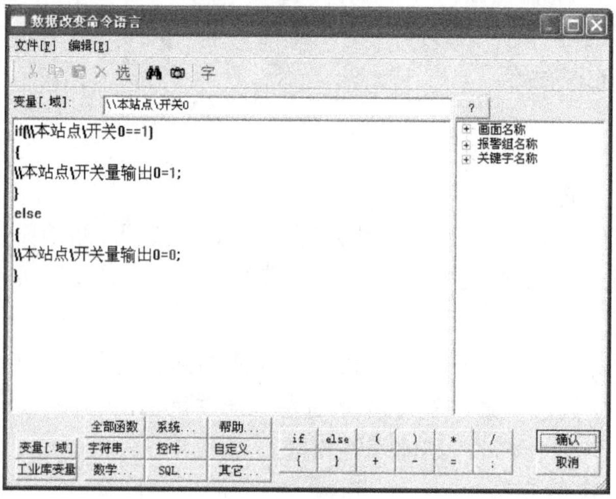

图 7-41　开关量输出控制程序

其他端口的开关量输出程序与此类似。

7. 调试与运行

将设计的画面全部存储并配置成主画面,启动画面运行程序。
启/闭程序画面中开关按钮,线路中 PLC 上对应端口的输出信号指示灯亮/灭。
程序运行画面如图 7-42 所示。

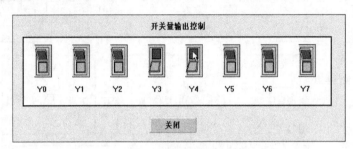

图 7-42 运行画面

实例 23 三菱 PLC 温度监控

一、设计任务

本例通过三菱模拟量输入扩展模块 FX_{2N}-4AD 实现 PLC 温度检测,并将检测到的温度值通过通信电缆传送给上位计算机。

(1)采用 SWOPC-FXGP/WIN-C 编程软件编写 PLC 程序,实现三菱 FX_{2N}-32MR PLC 温度监测。当测量温度小于 30℃时,Y0 端口置位;当测量温度大于等于 30℃且小于等于 50℃时,Y0 和 Y1 端口复位;当测量温度大于 50℃时,Y1 端口置位。

(2)采用 KingView 编写程序,实现 PC 与三菱 FX_{2N}-32MR PLC 数据通信,具体要求:读取并显示三菱 PLC 检测的温度值,绘制温度变化曲线;当测量温度小于 30℃时,程序界面下限指示灯为红色,当测量温度大于等于 30℃且小于等于 50℃时,上、下限指示灯均为绿色,当测量温度大于 50℃时,上限指示灯为红色。

二、线路连接

将三菱 FX_{2N}-32MR PLC 的编程口通过 SC-09 编程电缆与 PC 的串口 COM1 连接起来,组成温度监控系统,如图 7-43 所示。

将 FX_{2N}-4AD 与 PLC 主机通过扁平电缆相连,温度传感器 Pt100 接到温度变送器输入端,温度变送器输入范围是 0~200℃,输出 4~200mA,经过 250Ω 电阻将电流信号转换为 1~5V 电压信号输入到扩展模块 FX_{2N}-4AD 模拟量输入 1 通道(CH1)端口 V+和 V−。PLC 主机输出端口 Y0、Y1、Y2 接指示灯,扩展模块的 DC24V 电源由主机提供（也可使用外接电源）。FX_{2N}-4AD 模块的 ID 号为 0。FX_{2N}-4AD 空闲的输入端口一定要用导线短接，以免干扰信号窜入。

PLC 的模拟量输入模块（FX_{2N}-4AD）负责 A/D 转换，即将模拟量信号转换为 PLC 可以识别的数字量信号。

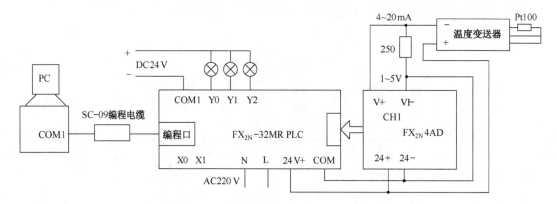

图 7-43　PC 与三菱 FX_{2N} PLC 通信实现温度监控

三、任务实现

1. PLC 端温度监控程序

1）PLC 梯形图

采用 SWOPC-FXGP/WIN-C 编程软件编写的温度测控程序梯形图如图 7-44 所示。

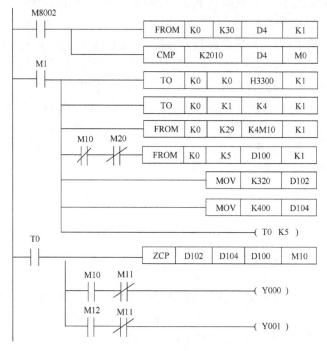

图 7-44　温度测控程序梯形图

程序的主要功能：实现三菱 FX_{2N}-32MR PLC 温度采集，当测量温度小于 30℃时，Y0 端口置位，当测量温度大于等于 30℃而小于等于 50℃时，Y0 和 Y1 端口复位，当测量温度大于 50℃时，Y1 端口置位。

程序说明：

第 1 逻辑行，首次扫描时从 0 号特殊功能模块的 BFM# 30 中读出标识码，即模块 ID 号，并放到基本单元的 D4 中。

第 2 逻辑行，检查模块 ID 号，如果是 FX_{2N}-4AD，结果送到 M0。

第 3 逻辑行，设定通道 1 的量程类型。

第 4 逻辑行，设定通道 1 平均滤波的周期数为 4。

第 5 逻辑行，将模块运行状态从 BFM#29 读入 M10～M25。

第 6 逻辑行，如果模块运行正常，且模块数字量输出值正常，通道 1 的平均采样值（温度的数字量值）存入寄存器 D100 中。

第 7 逻辑行，将下限温度数字量值 320（对应温度 30℃）放入寄存器 D102 中。

第 8 逻辑行，将上限温度数字量值 400（对应温度 50℃）放入寄存器 D104 中。

第 9 逻辑行，延时 0.5s。

第 10 逻辑行，将寄存器 D102 和 D104 中的值（上、下限）与寄存器 D100 中的值（温度采样值）进行比较。

第 11 逻辑行，当寄存器 D100 中的值小于寄存器 D102 中的值，Y000 端口置位。

第 12 逻辑行，当寄存器 D100 中的值大于寄存器 D104 中的值，Y001 端口置位。

温度与数字量值的换算关系：0～200℃对应电压值 1～5V，0～10V 对应数字量值 0～2000，那么 1～5V 对应数字量值 200～1000，因此 0～200℃对应数字量值 200～1000。

上位机程序读取寄存器 D100 中的数字量值，然后根据温度与数字量值的对应关系计算出温度测量值。

2）程序写入

PLC 端程序编写完成后需将其写入 PLC 才能正常运行，步骤如下：

（1）接通 PLC 主机电源，将 RUN/STOP 转换开关置于 STOP 位置。

（2）运行 SWOPC-FXGP/WIN-C 编程软件，打开温度测控程序。

（3）执行菜单"PLC"→"传送"→"写出"命令，如图 7-45 所示，打开"PC 程序写入"对话框，选中"范围设置"项，终止步设为 100，单击"确定"按钮，即开始写入程序，如图 7-46 所示。

（4）程序写入完毕将 RUN/STOP 转换开关置于 RUN 位置，即可进行温度测控。

图 7-45　执行菜单"PLC"→"传送"→"写出"命令

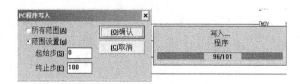

图 7-46 PC 程序写入

3）程序监控

PLC 端程序写入后，可以进行实时监控，步骤如下：

（1）接通 PLC 主机电源，将 RUN/STOP 转换开关置于 RUN 位置。

（2）运行 SWOPC-FXGP/WIN-C 编程软件，打开温度测控程序并写入。

（3）执行菜单"监控/测试"⇒"开始监控"命令，即可开始监控程序的运行，如图 7-47 所示。

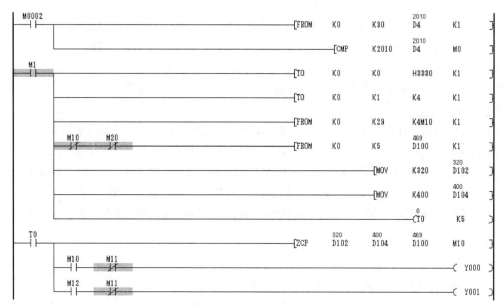

图 7-47 PLC 程序监控

监控画面中，寄存器 D100 上的蓝色数字（如 469）就是模拟量输入 1 通道的电压实时采集值（换算后的电压值为 2.345V，与万用表测量值相同，换算为温度值为 67.25℃），改变温度值，输入电压改变，该数值随着改变。

当寄存器 D100 中的值小于寄存器 D102 中的值，Y000 端口置位；当寄存器 D100 中的值大于寄存器 D104 中的值，Y001 端口置位。

（4）监控完毕，执行菜单"监控/测试"⇒"停止监控"命令，即可停止监控程序的运行。

注意：必须停止监控，否则影响上位机程序的运行。

2. PC 端采用 KingView 实现温度监测

1）建立新工程项目

工程名称："AI"（必须）；工程描述："温度检测（可选）"。

2）制作图形画面

（1）通过开发系统工具箱为图形画面添加 1 个"实时趋势曲线"控件。

（2）通过开发系统工具箱为图形画面添加 4 个文本对象：标签"温度值："、当前电压值显示文本"000"、标签"下限灯："、标签"上限灯："。

（3）通过图库为图形画面添加 2 个指示灯对象。

4）在工具箱中选择"按钮"控件添加到画面中，然后选中该按钮，单击鼠标右键，选择"字符串替换"，将按钮"文本"改为"关闭"。

设计的图形画面如图 7-48 所示。

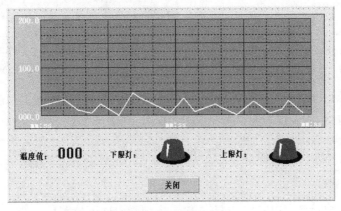

图 7-48　图形画面

3）添加设备

在组态王工程浏览器的左侧选择"设备/COM1"，在右侧双击"新建"选项，运行"设备配置向导"选项。

（1）选择"设备驱动"→PLC→三菱→FX2→编程口，如图 7-49 所示。

（2）单击"下一步"按钮，给要安装的设备指定唯一的逻辑名称，如"PLC"（任意取）。

（3）单击"下一步"按钮，选择串口号，如"COM1"（需与 PLC 在 PC 上使用的串口号一致）。

（4）单击"下一步"按钮，为要安装的 PLC 指定地址，如"1"（注意，这个地址应该与 PLC 通信参数设置程序中设定的地址相同）。

（5）单击"下一步"按钮，出现"通信故障恢复策略"设定窗口，使用默认设置即可。

（6）单击"下一步"按钮，显示所要安装的设备信息，检查各项设置是否正确，确认无误后，单击"完成"按钮，完成设备的配置。

4）串口通信参数设置

双击"设备/COM1"选项，弹出设置串口对话框，设置串口 COM1 的通信参数：波特率选"9600"，奇偶校验选"偶校验"，数据位选"7"，停止位选"1"，通信方式选"RS232"，如图 7-50 所示。

图 7-49 选择串口设备

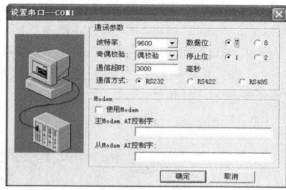

图 7-50 设置串口 COM1 参数

设置完毕，单击"确定"按钮，就完成了对 COM1 的通信参数配置，保证组态王与 PLC 的通信能够正常进行。

注意：设置的参数必须与 PLC 设置的一致，否则不能正常通信。

5）PLC 通信测试

选择新建的串口设备"PLC"，单击右键，出现弹出式下拉菜单，选择"测试 PLC"项，出现"串口设备测试"画面，检查设备参数与通信参数是否正确，若正确，选择"设备测试"选项卡。

寄存器选择 D100，数据类型选择 SHORT，单击"添加"按钮，D100 进入采集列表。

给线路中模拟量输入 1 通道输入温度电压信号，单击串口设备测试画面中的"读取"命令，寄存器 D100 的变量值为一个整型数的字量，如"435"，如图 7-51 所示。

图 7-51 PLC 寄存器测试

因为 0～200℃对应电压值 1～5V，0～10V 对应数字量值 0～2000，那么 1～5V 对应数字量值 200~1000，因此，0~200℃对应数字量值 200~1000，那么数字量 435 对应的温度值为 58.75℃。

6）定义变量

（1）定义变量"数字量"。

变量类型选"I/O 整数"。初始值、最小值和最小原始值设为"0"，最大值和最大原始值设为"2000"；连接设备选"plc"，寄存器设置为"D100"，数据类型选"SHORT"，读写属性选"只读"，如图 7-52 所示。

（2）定义变量"电压"。

变量类型选"内存实数"。初始值、最小值设为"0"，最大值设为"10"。

（3）定义变量"温度值"：变量类型选"内存实数"，初始值设为"0"，最大值设为"200"。

（4）定义变量"上限灯"和"下限灯"：变量类型选"内存离散"，初始值选"关"。

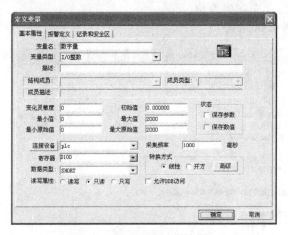

图 7-52　定义变量"数字量"

7）建立动画连接

（1）建立当前温度值显示文本对象动画连接。

双击画面中当前温度值显示文本对象"000"，出现"动画连接"对话框，单击"模拟值输出"按钮，则弹出"模拟值输出连接"对话框，将其中的表达式设置为"\\本站点\\温度值"，整数位数设为"2"，小数位数设为"1"，单击"确定"按钮返回"动画连接"对话框，再次单击"确定"按钮，动画连接设置完成。

（2）建立实时趋势曲线对象的动画连接。

双击画面中实时趋势曲线对象，在曲线定义选项中，单击曲线 1 表达式文本框右边的？号，选择已定义好的变量"温度值"，并设置其他参数值。

在标识定义选项中，数值轴最大值设为"200"，数值格式选"实际值"，时间轴长度设为"2min"。

（3）建立指示灯对象动画连接。

双击画面中指示灯对象，出现指示灯向导对话框。单击变量名（离散量）右边的"？"，选择已定义好的变量，如"上限灯"或"下限灯"，并设置颜色。

（4）建立按钮对象的动画连接。

双击"关闭"按钮对象，出现"动画连接"对话框。单击命令语言连接中的"弹起时"

按钮,出现"命令语言"窗口,在编辑栏中输入命令"exit(0);"。

8)编写命令语言

在工程浏览器左侧树形菜单中双击命令语言"应用程序命令语言"项,出现"应用程序命令语言"编辑对话框,单击"运行时"按钮,将循环执行时间设定为 200ms,然后在命令语言编辑框中输入程序,如图 7-53 所示。单击"确定"按钮,完成命令语言的输入。

9)调试与运行

将设计的画面全部存储并配置成主画面,启动画面运行程序。

PC 读取并显示三菱 PLC 检测的温度值,绘制温度变化曲线。当测量温度小于 30℃时,程序画面下限指示灯为红色,PLC 的 Y0 端口置位;当测量温度大于等于 30℃且小于等于 50℃时,程序画面上、下限指示灯均为绿色,Y0 和 Y1 端口复位;当测量温度大于 50℃时,程序画面上限指示灯为红色,Y1 端口置位。

程序运行画面如图 7-54 所示。

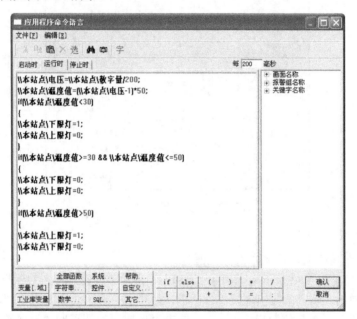

图 7-53　编写命令语言

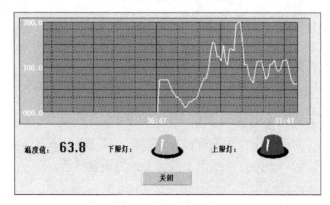

图 7-54　程序运行画面

第 8 章 西门子 PLC 监控及其与 PC 通信

西门子 S7-200 PLC 具有极高的可靠性、丰富的指令集和内置的集成功能、强大的通信能力和品种丰富的扩展模块。S7-200 可以单机运行，用于代替继电器控制系统，也可以用于复杂的自动化控制系统。由于它有极强的通信功能，在网络控制系统中能充分发挥作用。

本章采用组态软件 KingView 实现西门子 S7-200PLC 模拟电压输入与输出、开关量输入与输出及其温度监控。

实例 24 西门子 PLC 模拟电压采集

一、设计任务

本例通过西门子 PLC 模拟量扩展模块 EM235 实现电压检测，并将检测到的电压值通过通信电缆传送给上位计算机显示与处理。

（1）采用 STEP 8-Micro/WIN 编程软件编写 PLC 程序，实现西门子 S7-200 PLC 模拟电压采集，并将采集到的电压值（数字量形式）放入寄存器 VW100 中。

（2）采用 KingView 软件编写程序，实现 PC 与西门子 S7-200 PLC 的数据通信，要求 PC 接收 PLC 发送的电压值，转换成十进制形式，以数字、曲线的形式显示。

二、线路连接

将 S7-200 PLC 主机通过 PC/PPI 电缆与计算机连接，将模拟量扩展模块 EM235 与 PLC 主机通过扁平电缆相连构成模拟电压采集系统，如图 8-1 所示。

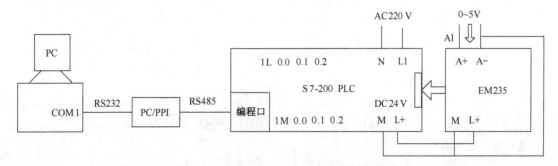

图 8-1　PC 与 S7-200PLC 组成的模拟电压采集系统

模拟电压 0~5V 从 CH1（A+和 A-）输入。

EM235 扩展模块的电源是 DC24V，这个电源一定要外接，不可就近接 PLC 本身输出的 DC24V 电源，但两者一定要共地。

为避免共模电压，需将主机 M 端、扩展模块 M 端和所有信号负端连接，未接输入信号的通道要短接。在 DIP 开关设置中，将开关 SW1 和 SW6 设为 ON，其他设为 OFF，表示电压单极性输入，范围是 0~5V。

提示：工业控制现场的模拟量，如温度、压力、物位、流量等参数可通过相应的变送器转换为 1~5V 的电压信号，因此，本章提供的电压采集系统同样可以进行温度、压力、物位、流量等参数的采集，只需在程序设计时进行相应的标度变换。

三、任务实现

1. PLC 端电压输入程序

1）PLC 梯形图

为了保证 S7-200 PLC 能够正常与 PC 进行模拟量输入通信，需要在 PLC 中运行一段程序，可采用以下两种设计思路。

思路 1：将采集到的电压数字量值（0~32 000，在寄存器 AIW0 中）送给寄存器 VW100。上位机程序读取 PLC 寄存器 VW100 中的数字量值，然后根据电压与数字量的对应关系（0~5V 对应 0~32 000）计算出电压实际值。PLC 电压采集程序如图 8-2 所示。

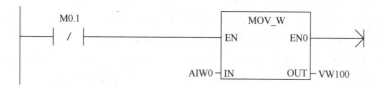

图 8-2　PLC 电压采集程序 1

思路 2：将采集到的电压数字量值（0~32 000，在寄存器 AIW0 中）送给寄存器 VW415，该数字量值除以 6400 就是采集的电压值（0~5V 对应 0~32 000），再送给寄存器 VW100。上位机程序读取 PLC 寄存器 VW100 中的值，就是电压实际值。PLC 电压采集程序如图 8-3 所示。

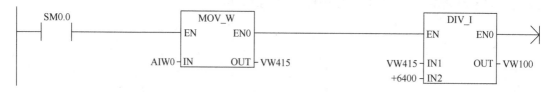

图 8-3　PLC 电压采集程序 2

本章采用思路 1，即由上位机程序将反映电压的数字量值转换为电压实际值。

2）程序的下载

PLC 端程序编写完成后需将其下载到 PLC 才能正常运行，步骤如下：

（1）接通 PLC 主机电源，将 RUN/STOP 转换开关置于 STOP 位置。

(2）运行 STEP 8-Micro/WIN 编程软件，打开模拟量输入程序。

(3）执行菜单"File"⇒"Download…"命令，打开"Download"对话框，单击"Download"按钮，即开始下载程序，如图 8-4 所示。

(4）程序下载完毕，将 RUN/STOP 转换开关置于 RUN 位置，即可进行模拟电压的采集。

3）PLC 程序的监控

PLC 端程序写入后，可以进行实时监控，步骤如下：

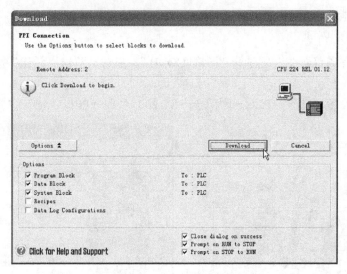

图 8-4　程序下载对话框

(1）接通 PLC 主机电源，将 RUN/STOP 转换开关置于 RUN 位置。

(2）运行 STEP 8-Micro/WIN 编程软件，打开模拟量输入程序并下载。

(3）执行菜单"Debug"⇒"Start Program Status"命令，即可开始监控程序的运行，如图 8-5 所示。

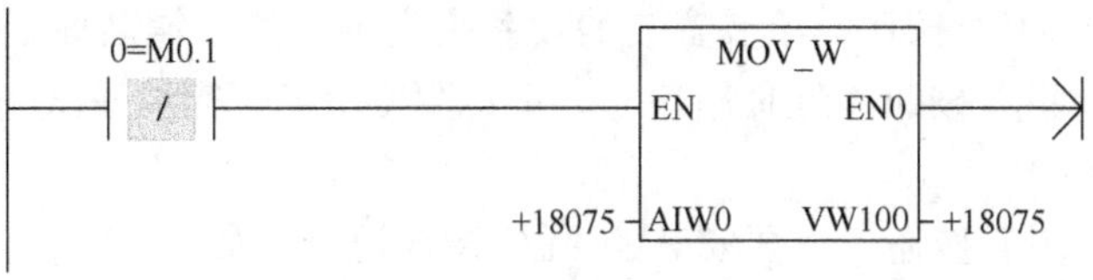

图 8-5　PLC 监控程序

寄存器 VW100 右边的黄色数字（如 18075）就是模拟量输入 1 通道的电压实时采集值（数字量形式，根据 0~5V 对应 0~32 000，换算后的电压实际值为 2.82V，与万用表测量值相同），改变输入电压，该数值随之改变。

(4）监控完毕，执行菜单"Debug"⇒"Stop Program Status"命令，即可停止监控程序的运行。注意：必须停止监控，否则影响上位机程序的运行。

2．PC 端采用 KingView 实现电压输入

1）建立新工程项目

工程名称："AI"；工程描述："模拟电压输入"。

2)制作图形画面

(1)通过开发系统工具箱为图形画面添加 3 个文本对象:标签"当前电压值:"、当前电压值显示文本"000"和标签"V"。

(2)通过开发系统工具箱为图形画面添加 1 个"实时趋势曲线"控件。

(3)在工具箱中选择"按钮"控件添加到画面中,然后选中该按钮,单击鼠标右键,选择"字符串替换",将按钮"文本"改为"关闭"。

设计的图形画面如图 8-6 所示。

3)添加设备

在组态王工程浏览器的左侧选择"设备/COM1",在右侧双击"新建"按钮,运行"设备配置向导"。

(1)选择"设备驱动"→PLC→西门子→S7-200 系列→PPI,如图 8-7 所示。

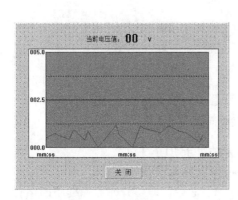

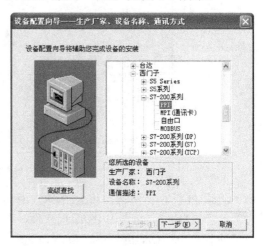

图 8-6 程序画面　　　　　　　　图 8-7 设备配置向导

(2)单击"下一步"按钮,给要安装的设备指定唯一的逻辑名称,如:"PLC"。

(3)单击"下一步"按钮,选择串口号,如:"COM1"(需与 PLC 在 PC 上使用的串口号一致)。

(4)单击"下一步"按钮,为要安装的 PLC 指定地址,如"2"(注意,这个地址应该与PLC 通信参数设置程序中设定的地址相同)。

(5)单击"下一步"按钮,出现"通信故障恢复策略"设定窗口,使用默认设置即可。

(6)单击"下一步"按钮,显示所要安装的设备信息,检查各项设置是否正确,确认无误后,单击"完成"按钮,完成设备的配置。

4)串口通信参数设置

双击"设备/COM1"按钮,弹出设置串口对话框,设置串口 COM1 的通信参数:波特率选"9600",奇偶校验选"偶校验",数据位选"8",停止位选"1",通信方式选"RS232",如图 8-8 所示。

第 8 章 西门子 PLC 监控及其与 PC 通信

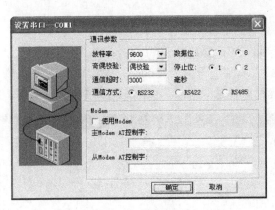

图 8-8 设置串口

设置完毕，单击"确定"按钮，完成对 COM1 的通信参数配置，保证组态王与 PLC 的通信能够正常进行。

注意：设置的参数必须与 PLC 设置的参数一致，否则不能正常通信。

5）PLC 通信测试

选择新建的串口设备"PLC"，单击右键，出现弹出式下拉菜单，选择"测试 PLC"项，出现"串口设备测试"画面，检查设备参数与通信参数是否正确，若正确，选择"设备测试"选项卡。

寄存器选择 V100（PLC 采集的电压值存在该寄存器中），数据类型选择 SHORT，单击"添加"按钮，V100 进入采集列表。

单击"串口设备测试"画面中的"读取"命令（此时按钮文字变为"停止"），寄存器 V100 的变量值为"17916"，即 PLC 采集的电压值（数字量形式），根据 0~5V 对应 0~32 000，换算后的电压实际值为 2.80V，与万用表测量值相同，如图 8-9 所示。

图 8-9 串口设备测试

6)定义变量

(1)定义变量"数字量":变量类型选"I/O 整数",初始值设为"0",最小值和最小原始值设为"0",最大值和最大原始值设为"32000",连接设备选"plc",寄存器选"V100",数据类型选"SHORT",读写属性选"只读",采集频率值设为"500",如图 8-10 所示。

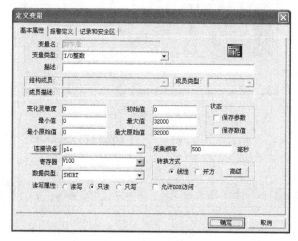

图 8-10 定义变量"数字量"

定义完成后,单击"确定"按钮,则在数据词典中出现定义好的变量"数字量"。
(2)定义变量"电压值":变量类型选"内存实数",最大值设为"5"。
定义完成后,单击"确定"按钮,则在数据词典中出现定义好的变量"电压值"。

7)动画连接

(1)建立当前电压值显示文本对象动画连接。

双击画面中当前电压值,显示文本对象"00",出现"动画连接"对话框,单击"模拟值输出"按钮,弹出"模拟值输出连接"对话框,将其中的表达式设置为"\\本站点\电压值"(可以直接输入,也可以单击表达式文本框右边的"?",选择已定义好的变量名"电压值",单击"确定"按钮,文本框中出现"\\本站点\电压值"表达式),整数位数设为 1,小数位数为 1,单击"确定"按钮,返回"动画连接"对话框,再次单击"确定"按钮,动画连接设置完成。

(2)建立实时趋势曲线对象的动画连接。

双击画面中实时趋势曲线对象,出现"动画连接"对话框。在曲线定义选项中,单击曲线 1 表达式文本框右边的"?",选择已定义好的变量"电压值",并设置其他参数值。

进入标识定义选项,设置数值轴最大值为"5",数据格式选"实际值",时间轴标识数目为"3",格式为分、秒,更新频率为"1"s,时间长度为"2"min。

(3)建立"关闭"按钮对象的动画连接。

双击"关闭"按钮对象,出现"动画连接"对话框。单击命令语言连接中的"弹起时"按钮,出现"命令语言"窗口,在编辑栏中输入命令"exit(0);"。

单击"确定"按钮,返回到"动画连接"对话框,再单击"确定"按钮,则"关闭"按钮的动画连接完成。程序运行时,单击"关闭"按钮,程序停止运行并退出。

8)编写命令语言

在工程浏览器左侧树形菜单中双击命令语言"应用程序命令语言"项,出现"应用程序命令语言"编辑对话框,单击"运行时"按钮,将循环执行时间设定为 200ms,然后在命令语言编辑框中输入数值转换程序"\\本站点\电压值=\\本站点\数字量/6400;",如图 8-11 所示。然后单击"确定"按钮,完成命令语言的输入。

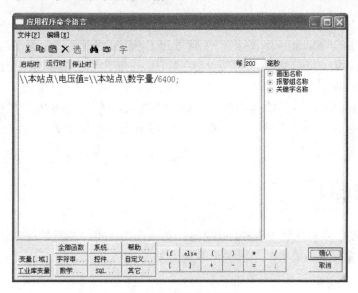

图 8-11　编写命令语言

9)调试与运行

将设计的画面全部存储并配置成主画面,启动画面运行程序。

启动 S7-200 PLC,给 EM235 模拟量扩展模块 CH1 通道输入变化电压值,PC 程序画面显示该电压,并绘制实时变化曲线。

程序运行画面如图 8-12 所示。

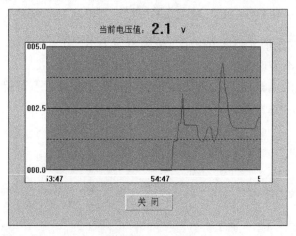

图 8-12　运行画面

实例25　西门子PLC模拟电压输出

一、设计任务

本例通过PC产生模拟电压值，由西门子PLC模拟量扩展模块EM235输出该电压。

（1）采用STEP 8-Micro/WIN编程软件编写PLC程序，将上位PC输出的电压值（数字量形式，在寄存器VW100中）放入寄存器AQW0中，并在EM235模拟量输出通道输出同样大小的电压值（0～10V）。

（2）采用KingView软件编写程序，实现PC与西门子S7-200 PLC的数据通信，要求在PC程序界面中输入一个数值（范围0～10），转换成数字量形式，并发送到PLC的寄存器VW100中。

二、线路连接

将S7-200 PLC主机通过PC/PPI电缆与计算机连接，将模拟量扩展模块EM235与PLC主机通过扁平电缆相连构成模拟电压输出系统，如图8-13所示。

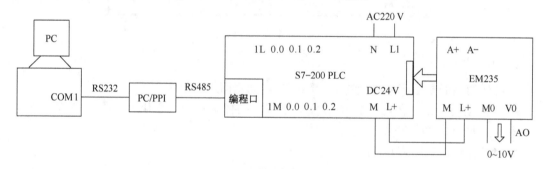

图8-13　PC与S7-200PLC组成的模拟电压输出系统

PC发送到PLC的数值（范围0～10，反映电压大小）由M0（-）和V0（+）输出（0～10V）。实际测试时，不需连线，直接用万用表测量输出电压。

EM235扩展模块的电源是DC24V，这个电源一定要外接，不可就近接PLC本身输出的DC24V电源，但两者一定要共地。

三、任务实现

1. PLC端电压输出程序

1）PLC梯形图

为了保证S7-200 PLC能够正常与PC进行模拟量输出通信，需要在PLC中运行一段程序，PLC程序如图8-14所示。

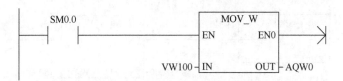

图 8-14　PLC 电压输出程序

在上位机程序中输入数值（范围 0~10）并转换为数字量值（0~32 000），发送到 PLC 寄存器 VW100 中。在下位机程序中，将寄存器 VW100 中的数字量值送给输出寄存器 AQW0。PLC 自动将数字量值转换为对应的电压值（0~10V）在模拟量输出通道输出。

2）程序的下载

PLC 端程序编写完成后需将其下载到 PLC 才能正常运行，步骤如下。

（1）接通 PLC 主机电源，将 RUN/STOP 转换开关置于 STOP 位置。

（2）运行 STEP 8-Micro/WIN 编程软件，打开模拟量输出程序。

（3）执行菜单"File"⇒"Download..."命令，打开"Download"对话框，单击"Download"按钮，即开始下载程序，如图 8-15 所示。

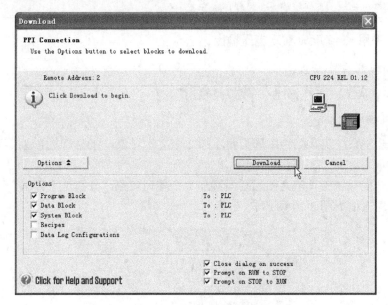

图 8-15　程序下载对话框

（4）程序下载完毕，将 RUN/STOP 转换开关置于 RUN 位置，即可进行模拟电压的输出。

3）PLC 程序的监控

PLC 端程序写入后，可以进行实时监控，步骤如下所述。

（1）接通 PLC 主机电源，将 RUN/STOP 转换开关置于 RUN 位置。

（2）运行 STEP 8-Micro/WIN 编程软件，打开模拟量输出程序并下载。

（3）执行菜单"Debug"⇒"Start Program Status"命令，即可开始监控程序的运行，如图 8-16 所示。

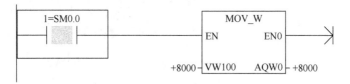

图 8-16 PLC 程序监控

寄存器 AQW0 右边的黄色数字（如 8000）就是要输出到模拟量输出通道的电压值（数字量形式，根据 0~32 000 对应 0~10V，换算后的电压实际值为 2.5V，与万用表测量值相同），改变输入电压，该数值随之改变。

> 注意：模拟量输出程序监控前，要保证往寄存器 VW100 中发送数字量 8000。实际测试时先运行上位机程序，输入数值 2.5（反映电压大小），转换成数字量 8000 再发送给 PLC。

（4）监控完毕，执行菜单"Debug"⇒"Stop Program Status"命令，即可停止监控程序的运行。

> 注意：必须停止监控，否则影响上位机程序的运行。

2. PC 端采用 KingView 实现电压输出

1）建立新工程项目

工程名称："AO"；工程描述："模拟量输出"。

2）制作图形画面

（1）通过开发系统工具箱为图形画面添加 2 个文本对象：标签"电压值："和电压值显示文本"00"。

（2）通过开发系统工具箱为图形画面添加 2 个按钮对象，分别是"输出"和"关闭"。

设计的程序画面如图 8-17 所示。

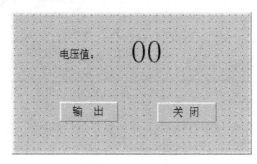

图 8-17 程序画面

3）添加设备

在组态王工程浏览器的左侧选择"设备/COM1"选项，在右侧双击"新建"按钮，运行"设备配置向导"。

（1）选择"设备驱动"→PLC→西门子→S7-200 系列→PPI，如图 8-18 所示。

第 8 章 西门子 PLC 监控及其与 PC 通信

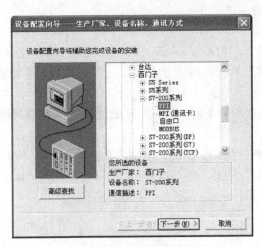

图 8-18 设备配置向导

（2）单击"下一步"按钮，给要安装的设备指定唯一的逻辑名称，如"S7PLC"。

（3）单击"下一步"按钮，选择串口号，如"COM1"（需与 PLC 在 PC 上使用的串口号一致）。

（4）单击"下一步"按钮，为要安装的 PLC 指定地址，如"2"（注意，这个地址应该与 PLC 通信参数设置程序中设定的地址相同）。

（5）单击"下一步"按钮，出现"通信故障恢复策略"设定窗口，使用默认设置即可。

（6）单击"下一步"按钮，显示所要安装的设备信息，检查各项设置是否正确，确认无误后，单击"完成"按钮，完成设备的配置。

4）串口通信参数设置

双击"设备/COM1"，弹出设置串口对话框，设置串口 COM1 的通信参数。

波特率选"9600"，奇偶校验选"偶校验"，数据位选"8"，停止位选"1"，通信方式选"RS232"，如图 8-19 所示。

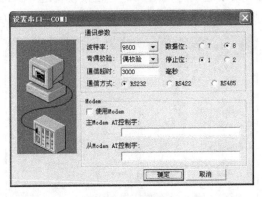

图 8-19 设置串口

设置完毕，单击"确定"按钮，就完成了对 COM1 的通信参数配置，保证组态王与 PLC 的通信能够正常进行。

注意：设置的参数必须与 PLC 设置的参数一致，否则不能正常通信。

5）PLC 通信测试

选择新建的串口设备"S7PLC"，单击右键，出现弹出式下拉菜单，选择"测试 S7PLC"项，出现"串口设备测试"画面，观察设备参数与通信参数是否正确，若正确，选择"设备测试"选项卡。

寄存器选择 V，再添加数字 100，即选择 V100，数据类型选择 SHORT，单击"添加"按钮，V100 进入采集列表。

在采集列表中，双击寄存器名 V100，出现"数据输入"对话框，在输入数据栏中输入数值，如 8000，单击"确定"按钮，寄存器 V100 的变量值变为"8000"，如图 8-20 所示。

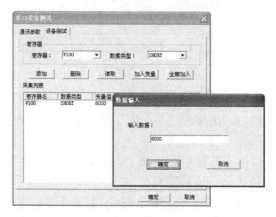

图 8-20　PLC 寄存器测试

如果通信正常，使用万用表测量 EM235 扩展模块模拟量输出通道，输出电压值应该是 2.5V（数字量 0~32 000 对应 0~10V）。

6）定义变量

（1）定义变量"数字量"：变量类型选"I/O 整数"，初始值设为"0"，最小值和最小原始值设为"0"，最大值和最大原始值设为"32 000"，连接设备选"S7PLC"，寄存器选"V100"，数据类型选"SHORT"，读写属性选"只写"，采集频率值设为"200"，如图 8-21 所示。

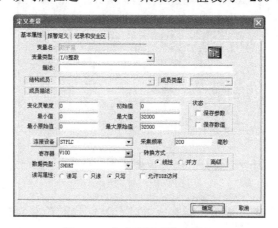

图 8-21　定义变量"数字量"

（2）定义变量"电压值"：变量类型选"内存实数"。初始值、最小值设为"0"，最大值设为"10"。

7)动画连接

(1)建立输出电压值显示文本对象动画连接。

双击画面中电压值显示文本对象"00",出现"动画连接"对话框,单击"模拟值输出"按钮,则弹出"模拟值输出连接"对话框,将其中的表达式设为"\\本站点\电压值",整数位数设为"2",小数位数为"1",单击"确定"按钮返回"动画连接"对话框;单击"模拟值输入"按钮,则弹出"模拟值输入连接"对话框,将其中的变量名设置为"\\本站点\电压值",值范围最大设为"10",最小设为"0",单击"确定"按钮返回"动画连接"对话框。单击"确定"按钮,动画连接设置完成。

(2)建立"输出"按钮对象的动画连接。

双击画面中按钮对象"输出",出现动画连接对话框,选择命令语言连接功能,单击"弹起时"按钮,在"命令语言"编辑栏中输入以下命令:

\\本站点\数字量=\\本站点\电压值*3200;

程序的作用是将画面中输入的电压数值(0~10V)转换为对应的数字量值(0~32 000)。

(3)建立"关闭"按钮对象的动画连接。

双击画面中"关闭"按钮对象,出现"动画连接"对话框。单击命令语言连接中的"弹起时"按钮,出现"命令语言"窗口,在编辑栏中输入命令"exit(0);"。

8)调试与运行

将设计的画面全部存储并配置成主画面,启动画面运行程序。

在程序画面中输入数值,单击"输出"按钮,EM235模拟量扩展模块模拟量输出通道(M0和V0之间)将输出同样大小的电压值。

程序运行画面如图8-22所示。

图8-22 运行画面

实例26 西门子PLC开关信号输入

一、设计任务

采用KingView软件编写程序,实现PC与西门子S7-200 PLC的数据通信,要求PC接收

PLC 发送的开关量输入信号状态值，并在程序中显示。

二、线路连接

通过 PC/PPI 编程电缆将 PC 的串口 COM1 与西门子 S7-200 PLC 的编程口连接起来，构成一套开关量输入系统，如图 8-23 所示。

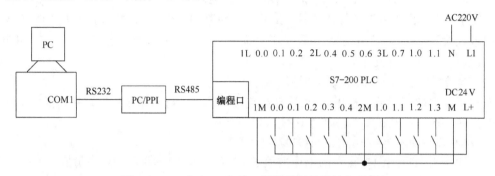

图 8-23　PC 与 S7-200 PLC 组成的开关量输入系统

采用按钮、行程开关、继电器开关等改变 PLC 某个输入端口的状态（打开/关闭）。

用导线将 M、1M 和 2M 端点短接，按钮、行程开关等的常开触点接 PLC 开关量输入端点（在实际测试中，可用导线将输入端点 0.0、0.1、0.2…与 L+端点之间短接或断开，产生开关量输入信号）。

三、任务实现

1. 建立新工程项目

工程名称："DI"；工程描述："开关量输入"。

2. 制作图形画面

（1）为图形画面添加 8 个指示灯对象

（2）为图形画面添加 8 个文本对象，分别为 I0.0～I0.7。

（3）为图形画面添加 1 个按钮对象，将按钮"文本"改为"关闭"。

设计的图形画面如图 8-24 所示。

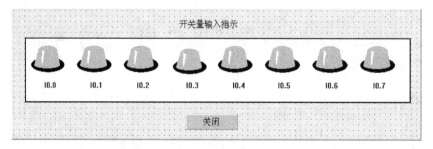

图 8-24　图形画面

3. 定义串口设备

1)添加设备

在组态王工程浏览器的左侧选择"设备/COM1"选项,在右侧双击"新建"按钮,运行"设备配置向导"。

(1) 选择"设备驱动"→PLC→西门子→S7-200 系列→PPI,如图 8-25 所示。

(2) 单击"下一步"按钮,给要安装的设备指定唯一的逻辑名称,如"S7200PLC"。

(3) 单击"下一步"按钮,选择串口号,如"COM1"(需与 PLC 在 PC 上使用的串口号一致)。

(4) 单击"下一步"按钮,为要安装的 PLC 指定地址,如"2"(不能为 0)。

(5) 单击"下一步"按钮,显示所要安装的设备信息,检查各项设置是否正确,确认无误后,单击"完成"按钮,完成设备的配置。

2)串口通信参数设置

双击"设备/COM1"选项,弹出设置串口对话框,设置串口 COM1 的通信参数:波特率选"9600",奇偶校验选"偶校验",数据位选"8",停止位选"1",通信方式选"RS232",如图 8-26 所示。

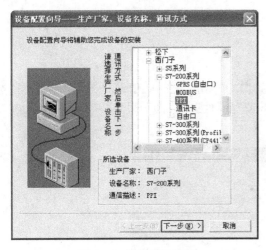

图 8-25　选择串口设备

图 8-26　设置串口——COM1

设置完毕,单击"确定"按钮,就完成了对 COM1 的通信参数配置,保证组态王与 PLC 的通信能够正常进行。

> **注意**:设置的参数必须与 PLC 设置的参数一致,否则不能正常通信。

3)PLC 通信测试

选择新建的串口设备"S7200PLC",单击右键,出现弹出式下拉菜单,选择"测试 S7200PLC"项,出现"串口设备测试"画面,如图 8-27 所示,检查设备参数与通信参数是否正确,若正确,选择"设备测试"选项卡。

寄存器选择"I",再添加数字 0.0,即选择"I0.0",数据类型选择"Bit",单击"添加"

按钮，I0.0 进入采集列表，同样添加 I0.6。

将线路中 I0.0 端口与 COM 端口断开，I0.6 端口与 COM 端口短接，PLC 上输入 I0.0 信号指示灯灭，输入 I0.6 指示灯亮，选择串口设备测试画面中的"读取"命令，寄存器 I0.0 的变量值为"关闭"，I0.6 的变量值为"打开"，如图 8-28 所示。

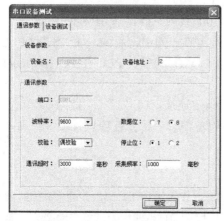

图 8-27　查看通信参数

图 8-28　PLC 寄存器测试

同样可以测试其他寄存器的状态。

4．定义变量

1）定义 8 个 I/O 离散变量

首先定义变量"开关输入 0"，变量类型选"I/O 离散"，初始值选"关"，连接设备选"S7200PLC"，寄存器选"I0.0"，数据类型选"Bit"，读写属性选"只读"，采集频率值设为"1000"，如图 8-29 所示。

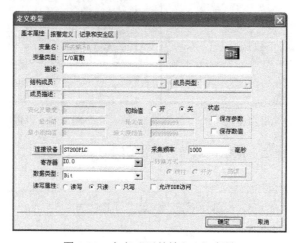

图 8-29　定义"开关输入 0"变量

同样再定义 7 个 I/O 离散变量，变量名分别为"开关输入 1"～"开关输入 7"，对应的寄存器分别为"I0.1"～"I0.7"，其他属性相同。

2）定义 8 个内存离散变量

变量名分别为"灯 0"～"灯 7"；变量类型均选内存离散，初始值均选关。

5. 建立动画连接

1）建立指示灯对象的动画连接

双击指示灯对象，出现"指示灯向导"对话框，将变量名（离散量）设定为"\\本站点\灯0"（其他指示灯对象变量名依次为灯1，灯2等），将正常色设置为绿色，报警色设置为红色。

2）建立"按钮"对象的动画连接

双击画面中"关闭"按钮对象，出现"动画连接"对话框。单击命令语言连接中的"弹起时"按钮，出现"命令语言"窗口，在编辑栏中输入命令"exit(0);"。

单击"确定"按钮，返回"动画连接"对话框，再单击"确定"按钮，则"关闭"按钮的动画连接完成。程序运行时，单击"关闭"按钮，程序停止运行并退出。

6. 编写命令语言

进入工程浏览器，在左侧树形菜单中选择"命令语言/数据改变命令语言"命令，在右侧双击"新建…"命令，出现"数据改变命令语言"编辑对话框，在变量[.域]文本框中输入表达式"\\本站点\开关输入 0"（或单击右边的?来选择），在编辑栏中输入程序，如图 8-30 所示。

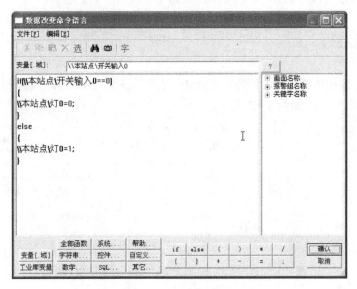

图 8-30 开关量输入控制程序

其他端口的开关量输入程序与此类似。

7. 调试与运行

将设计的画面全部存储并配置成主画面，启动画面运行程序。

将线路中 I0.0 端口与 L+端口短接，则 PLC 上输入信号指示灯 0 亮，程序画面中状态指示灯 I0.0 变成绿色；将 I0.0 端口与 L+端口断开，则 PLC 上输入信号指示灯 0 灭，程序画面中状态指示灯 I0.0 变成红色。同样可以测试其他输入端口的状态。

程序运行画面如图 8-31 所示。

图 8-31　运行画面

实例 27　西门子 PLC 开关信号输出

一、设计任务

采用 KingView 软件编写程序，实现 PC 与西门子 S7-200 PLC 的数据通信，具体要求：在 PC 程序界面中指定元件地址，单击置位/复位（或打开/关闭）命令按钮，设置指定地址的元件端口（继电器）状态为 ON 或 OFF，使线路中 PLC 指示灯亮/灭。

二、线路连接

通过 PC/PPI 编程电缆将 PC 的串口 COM1 与西门子 S7-200 PLC 的编程口连接起来，构成一套开关量输出系统，如图 8-32 所示。

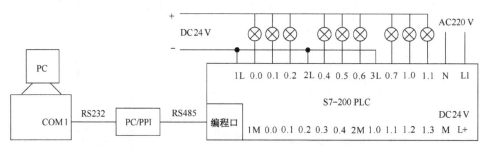

图 8-32　PC 与 S7-200PLC 组成的开关量输出系统

可外接指示灯或继电器等装置来显示开关输出状态（打开/关闭）。在实际测试中，不需外接指示装置，直接使用 PLC 提供的输出信号指示灯。

三、任务实现

1．建立新工程项目

工程名称："DO"；工程描述："开关量输出"。

2．制作图形画面

（1）为图形画面添加 8 个开关对象。

（2）为图形画面添加 8 个文本对象，分别为 Q0.0～Q0.7。

（3）为图形画面添加 1 个按钮对象，将按钮"文本"改为"关闭"。

设计的图形画面如图 8-33 所示。

3．定义串口设备

1）添加设备

在组态王工程浏览器的左侧选择"设备/COM1"选项，在右侧双击"新建"按钮，运行"设备配置向导"。

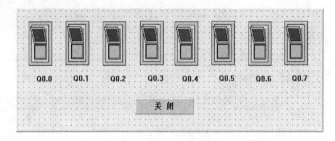

图 8-33　图形画面

（1）选择"设备驱动"→PLC→西门子→S7-200 系列→PPI，如图 8-34 所示。

（2）单击"下一步"按钮，给要安装的设备指定唯一的逻辑名称，如"S7200PLC"。

（3）单击"下一步"按钮，选择串口号，如"COM1"（需与 PLC 在 PC 上使用的串口号一致）。

（4）单击"下一步"按钮，为要安装的 PLC 指定地址，如"2"（不能为 0，因为主机地址为 0）。

（5）单击"下一步"按钮，显示所要安装的设备信息，检查各项设置是否正确，确认无误后，单击"完成"按钮，完成设备的配置。

2）串口通信参数设置

双击"设备/COM1"选项，弹出设置串口对话框，设置串口 COM1 的通信参数。

波特率选"9600"，奇偶校验选"偶校验"，数据位选"8"，停止位选"1"，通信方式选"RS232"，如图 8-35 所示。

图 8-34　选择串口设备

图 8-35　设置串口——COM1

设置完毕，单击"确定"按钮，就完成了对 COM1 的通信参数配置，保证组态王与 PLC 的通信能够正常进行。

注意：设置的参数必须与PLC设置的参数一致，否则不能正常通信。

3）PLC通信测试

右键单击新建的串口设备"S7200PLC"，出现弹出式下拉菜单，选择"测试 S7200PLC"项，出现"串口设备测试"画面，如图8-36所示，检查设备参数与通信参数是否正确，若正确，选择"设备测试"选项卡。

寄存器选择"Q0.0"，数据类型选择"Bit"，单击"添加"按钮，Q0.0进入采集列表，如图8-37所示。

图8-36　通信参数检查　　　　　　　图8-37　PLC寄存器添加

对寄存器Q0.0设置数据。双击采集列表中的寄存器Q0.0，弹出数据输入画面，如图8-38所示，输入数1，单击"确定"按钮，"串口设备测试"画面中Q0.0的变量值为"打开"或"关闭"，此时，PLC寄存器Q0.0置1。如果输入数0，作用是将寄存器Q0.0置0。

图8-38　输入数据画面

也可直接输入文本"打开"或"关闭"，作用与输入"1"或"0"相同。

4. 定义变量

1) 定义 8 个 I/O 离散变量

首先定义"开关输出 0"变量，变量类型选"I/O 离散"，初始值选"关"，连接设备选"S7200PLC"，寄存器选"Q0.0"，数据类型选"Bit"，读写属性选"只写"，采集频率值设为"1000"，如图 8-39 所示。

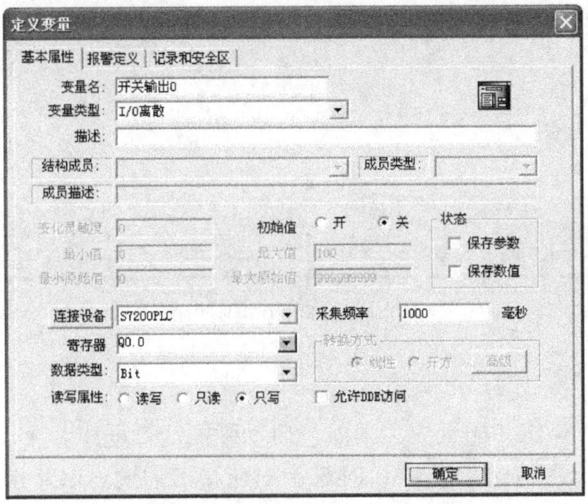

图 8-39 定义"开关输出 0"变量

同样定义 7 个 I/O 离散变量，变量名分别为"开关输出 1"~"开关输出 7"，对应的寄存器分别为"Q0.1"~"Q0.7"，其他属性相同。

2) 定义 8 个内存离散变量

变量名分别为"开关 0"、"开关 1"~"开关 7"；变量类型均选内存离散，初始值均选关。

5. 建立动画连接

1) 建立开关对象的动画连接

双击开关对象 Y0，出现"开关向导"对话框，将变量名（离散量）设定为"\\本站点\开关 0"（其他开关对象变量名依次为开关 1，开关 2 等）。

2) 建立"按钮"对象的动画连接

双击画面中"关闭"按钮对象，出现"动画连接"对话框。单击命令语言连接中的"弹起时"按钮，出现"命令语言"窗口，在编辑栏中输入命令"exit(0);"。

单击"确定"按钮，返回"动画连接"对话框，再单击"确定"按钮，则"关闭"按钮的动画连接完成。程序运行时，单击"关闭"按钮，程序停止运行并退出。

6. 编写命令语言

选择"命令语言/数据改变命令语言"，再右侧双击"新建…"命令，出现"数据改变命令语言"编辑对话框，在变量[.域]文本框中输入表达式"\\本站点\开关 0"（或单击右边的?来选择），在编辑栏中输入程序，如图 8-40 所示。

其他端口的开关量输出程序与此类似。

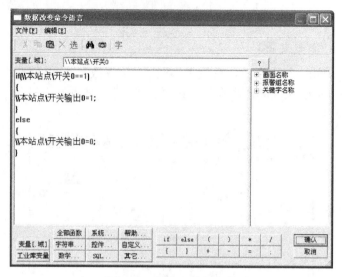

图 8-40　开关 0 控制程序

7. 调试与运行

将设计的画面全部存储并配置成主画面，启动画面运行程序。

启/闭程序画面中开关按钮，线路中 PLC 上对应端口的输出信号指示灯亮/灭。程序运行画面如图 8-41 所示。

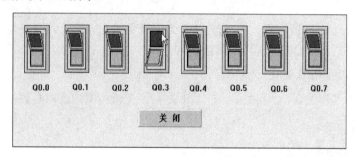

图 8-41　运行画面

实例 28　西门子 PLC 温度监控

一、设计任务

本例通过西门子 PLC 模拟量扩展模块 EM235 实现温度检测，并将检测到的温度值通过通信电缆传送给上位计算机显示与处理。

（1）采用 STEP 8-Micro/WIN 编程软件编写 PLC 程序，实现西门子 S7-200 PLC 温度检测。当测量温度小于 30℃时，Q0.0 端口置位，当测量温度大于等于 30℃且小于等于 50℃时，Q0.0 和 Q0.1 端口复位，当测量温度大于 50℃时，Q0.1 端口置位。

（2）采用 KingView 软件编写程序，实现 PC 与西门子 S7-200 PLC 数据通信，具体要求：读取并显示西门子 PLC 检测的温度值，绘制温度变化曲线；当测量温度小于 30℃时，下限指示灯为红色，当测量温度大于等于 30℃且小于等于 50℃时，上下限指示灯均为绿色，当测量温度大于 50℃时，上限指示灯为红色。

二、线路连接

将西门子 S7-200 PLC 的编程口通过 PC/PPI 编程电缆与 PC 的串口 COM1 连接起来，组成温度监控系统，如图 8-42 所示。

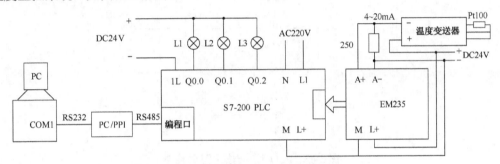

图 8-42 PC 与 S7-200 PLC 通信实现温度监控

将 EM235 与 PLC 主机通过扁平电缆相连，温度传感器 Pt100 接到温度变送器输入端，温度变送器输入范围是 0~200℃，输出 4~200mA，经过 250Ω 电阻将电流信号转换为 1~5V 电压信号输入到 EM235 的模拟量输入 1 通道（CH1）输入端口 A+和 A-。

输出端口 Q0.0、Q0.1、Q0.2 接指示灯。

EM235 扩展模块的电源是 DC24V，这个电源一定要外接，不可就近接 PLC 本身输出的 DC24V 电源，但两者一定要共地。EM235 空闲的输入端口一定要用导线短接，以免干扰信号窜入，即将 RB、B+、B-短接，将 RC、C+、C-短接，将 RD、D+、D-短接。

为避免共模电压，需将主机 M 端、扩展模块 M 端和所有信号负端连接。在 DIP 开关设置中，将开关 SW1 和 SW6 设为 ON，其他设为 OFF，表示电压单极性输入，范围是 0~5V。

三、任务实现

1．PLC 端温度监控程序

1）PLC 梯形图

为了保证 S7-200PLC 能够正常与 PC 进行温度检测，需要在 PLC 中运行一段程序。可采用三种设计思路。

思路 1：将采集到的电压数字量值（在寄存器 AIW0 中）送给寄存器 VW100。当 VW100 中的值小于 10 240（代表 30℃），Q0.0 端口置位；当 VW100 中的值大于等于 10 240 且小于等于 12 800（代表 50℃），Q0.0 和 Q0.1 端口复位；当 VW100 中的值大于 12 800，Q0.1 端口置位。

上位机程序读取寄存器 VW100 的数字量值，然后根据温度与数字量值的对应关系计算出温度测量值。

温度与数字量值的换算关系：0~200℃对应电压值1~5V，0~5V对应数字量值0~32 000，那么1~5V对应数字量值6400~32 000，因此0~200℃对应数字量值6400~32 000。

PLC程序如图8-43所示。

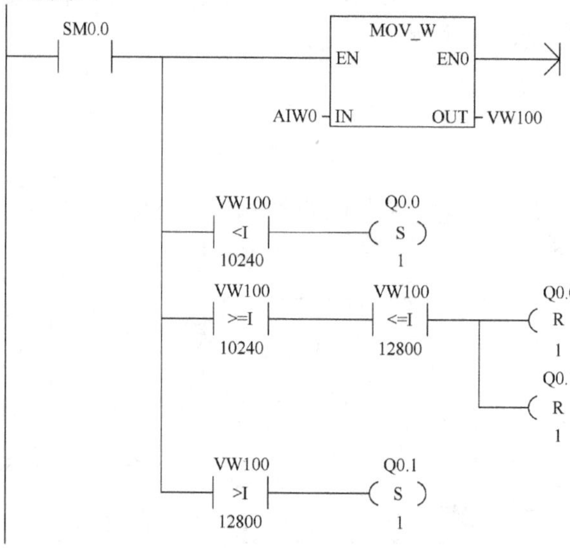

```
       SM0.0                    MOV_W
      ──┤ ├──────────────────┤EN   ENO├──
                       AIW0 ─┤IN   OUT├─ VW100

              VW100        Q0.0
             ──┤<I├───────( S )
               10240        1

              VW100        VW100         Q0.0
             ──┤>=I├──────┤<=I├─────────( R )
               10240       12800          1
                                         Q0.1
                                        ( R )
                                          1

              VW100        Q0.1
             ──┤>I├───────( S )
               12800        1
```

图8-43　PLC温度测控程序思路1

思路2：将采集到的电压数字量值（在寄存器AIW0中）送给寄存器VD0，该数字量值除以6400就是采集的电压值（0~5V对应0~32 000），再送给寄存器VD100。

当VD100中的值小于1.6（1.6V代表30℃），Q0.0端口置位；当VD100中的值大于等于1.6且小于等于2（2.0V代表50℃），Q0.0和Q0.1端口复位；当VD100中的值大于2，Q0.1端口置位。PLC程序如图8-44所示。

上位机程序读取寄存器VD100的值，然后根据温度与电压值的对应关系计算出温度测量值（0~200℃对应电压值1~5V）。

思路3：将采集到的电压数字量值（在寄存器AIW0中）送给寄存器VD0，该数字量值除以6400就是采集的电压值（0~5V对应0~32 000），送给寄存器VD4。该电压值减1乘50就是采集的温度值（0~200℃对应电压值1~5V），送给寄存器VD100。

当VD100中的值小于30（代表30℃），Q0.0端口置位；当VD100中的值大于等于30且小于等于50（代表50℃），Q0.0和Q0.1端口复位；当VD100中的值大于50，Q0.1端口置位。

PLC程序如图8-45所示。

上位机程序读取寄存器VW100中的值，就是温度测量值。

本章采用思路1，也就是由上位机程序将反映温度的数字量值转换为温度实际值。

2）程序下载

PLC端程序编写完成后需将其下载到PLC才能正常运行，步骤如下所述。

（1）接通PLC主机电源，将RUN/STOP转换开关置于STOP位置。

（2）运行STEP 8-Micro/WIN编程软件，打开温度测控程序。

（3）执行菜单"File"⇒"Download..."命令，打开"Download"对话框，单击"Download"按钮，即开始下载程序，如图8-46所示。

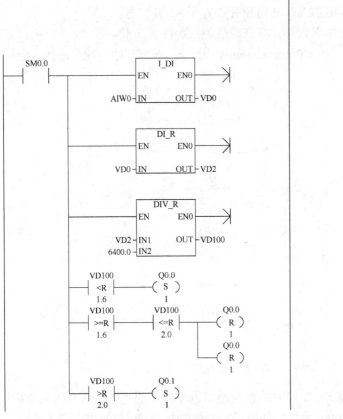
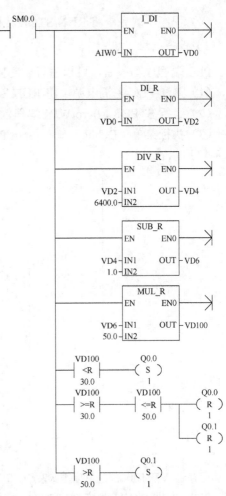

图 8-44　PLC 温度测控程序思路 2　　　　图 8-45　PLC 温度测控程序思路 3

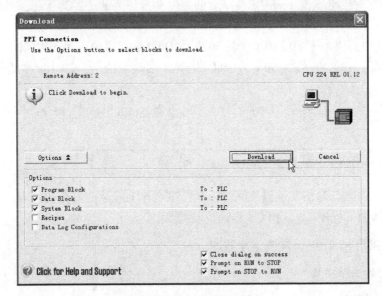

图 8-46　程序下载对话框

(4) 程序下载完毕将 RUN/STOP 转换开关置于 RUN 位置，即可进行温度的采集。

3) 程序监控

PLC 端程序写入后，可以进行实时监控，步骤如下：

(1) 接通 PLC 主机电源，将 RUN/STOP 转换开关置于 RUN 位置。

(2) 运行 STEP 8-Micro/WIN 编程软件，打开温度测控程序并下载。

(3) 执行菜单"Debug"⇒"Start Program Status"命令，即可开始监控程序的运行，如图 8-47 所示。

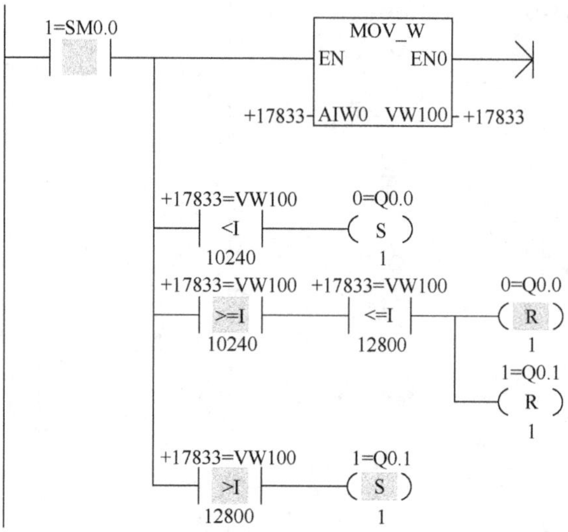

```
        1=SM0.0                    MOV_W
    ─────┤ ├─────────────────────┤EN  EN0├──
                                  │       │
                        +17833 ──┤AIW0 VW100├─ +17833

        +17833=VW100      0=Q0.0
    ─────┤ <I ├──────────────────( S )
          10240                    1

        +17833=VW100  +17833=VW100  0=Q0.0
    ─────┤ >=I ├──────┤ <=I ├─────( R )
          10240         12800       1
                                  1=Q0.1
                                  ( R )
                                    1

        +17833=VW100      1=Q0.1
    ─────┤ >I ├──────────────────( S )
          12800                    1
```

图 8-47 PLC 程序监控

寄存器 VW100 右边的黄色数字（如 17833）就是模拟量输入 1 通道的电压实时采集值（数字量形式，根据 0~5V 对应 0~32 000，换算后的电压实际值为 2.786V，与万用表测量值相同），再根据 0~200℃对应电压值 1~5V，换算后的温度测量值为 89.32℃，改变测量温度，该数值随之改变。

当 VW100 中的值小于 10 240（代表 30℃），Q0.0 端口置位；当 VW100 中的值大于等于 10 240 且小于等于 12 800（代表 50℃），Q0.0 和 Q0.1 端口复位；当 VW100 中的值大于 12 800，Q0.1 端口置位。

(4) 监控完毕，执行菜单"Debug"⇒"Stop Program Status"命令，即可停止监控程序的运行。

> 注意：必须停止监控，否则影响上位机程序的运行。

西门子 PLC 与 PC 通信实现温度测控，在程序设计上涉及两部分的内容：一是 PLC 端数据采集、控制和通信程序，二是 PC 端通信和功能程序。

2．PC 端采用 KingView 实现温度监测

1) 建立新的工程项目

工程名称："PCPLC"；

工程描述:"利用组态王和西门子 S7-200 PLC 实现温度监控"。

2)制作图形画面

通过图库和工具箱为图形画面添加 3 个指示灯对象,5 个文本对象,1 个实时曲线控件,如图 8-48 所示。

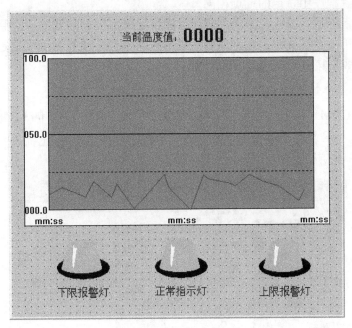

图 8-48 温度监控画面

3)添加设备

在组态王工程浏览器的左侧选择"设备/COM1"选项,在右侧双击"新建"按钮,运行"设备配置向导"。

(1)选择 PLC→西门子→S7-200→PPI,如图 8-49 所示。

图 8-49 设备配置向导

(2) 单击"下一步"按钮,给要安装的设备指定唯一的逻辑名称,如"PLC"(任意取)。

(3) 单击"下一步"按钮,选择串口号,如"COM1"(需 PLC 在 PC 上使用的串口号一致)。

(4) 单击"下一步"按钮,为要安装的 PLC 指定地址,如"2"(注意,这个地址应该与 PLC 通信参数设置程序中设定的地址相同)。

(5) 单击"下一步"按钮,出现"通信故障恢复策略"设定窗口,使用默认设置即可。

(6) 单击"下一步"按钮,显示所要安装的设备信息,检查各项设置是否正确,确认无误后,单击"完成"按钮,完成设备的配置。

4) 串口通信参数设置

双击"设备/COM1",弹出"设置串口—COM1"对话框,设置串口 COM1 的通信参数。

波特率选"9600",奇偶校验选"偶校验",数据位选"8",停止位选"1",通信方式选"RS232",如图 8-50 所示。

图 8-50 串口通信参数设置

设置完毕,单击"确定"按钮,就完成了对 COM1 的通信参数配置,保证 COM1 同 PLC 的通信能够正常进行。

5) PLC 通信测试

选择新建的串口设备"PLC",单击右键,出现弹出式下拉菜单,选择"测试 PLC"选项,出现"串口设备测试"画面,检查设备参数与通信参数是否正确,若正确,选择"设备测试"选项卡。

寄存器选择 V100(PLC 采集的温度值存在该寄存器中),数据类型选择 SHORT,单击"添加"按钮,V100 进入采集列表。

单击串口设备测试画面中"读取"命令,寄存器 V100 的变量值为"14007",如图 8-51 所示。

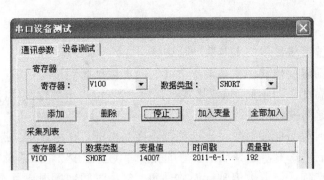

图 8-51　串口设备测试

因为 0~200℃对应电压值 1~5V，0~5V 对应数字量值 0~32 000，那么 1~5V 对应数字量值 6400~32 000，因此 0~200℃对应数字量值 6400~32 000，那么 14 007 对应的温度值为 59.4℃。

6）定义变量

在工程浏览器的左侧树形菜单中选择"数据库/数据词典"命令，在右侧双击"新建"命令，弹出"定义变量"对话框。

（1）定义变量"测量温度 1"：变量类型选"I/O 实数"，初始值设为"0"，最小值和最小原始值设为"0"，最大值和最大原始值设为"32000"，连接设备选"PLC"，寄存器选"V100"，数据类型选"SHORT"，读写属性选"只读"，采集频率值设为"200"，如图 8-52 所示。

变量"测量温度 1"中存的是温度的数字量值。

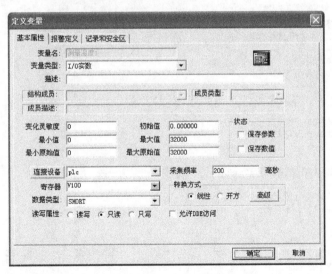

图 8-52　定义变量"测量温度 1"

（2）定义变量"测量温度 2"：变量类型选"内存实数"，初始值设为"0"，最大值设为"200"。

（3）定义变量"上限灯"：变量类型选"内存离散"，初始值选"关"。

变量"下限灯"、"正常灯"的定义与"上限灯"一样。

7）动画连接

（1）建立当前温度值显示文本对象动画连接

双击画面中当前温度值显示文本对象"000"，出现动画连接对话框，将"模拟值输出"属性与变量"测量温度2"连接，输出格式：整数"2"位，小数位数"1"位。

（2）建立实时趋势曲线对象的动画连接

双击画面中实时趋势曲线对象，出现动画连接对话框。在曲线定义选项中，单击曲线1表达式文本框右边的"？"，选择已定义好的变量"测量温度2"，并设置其他参数值。

进入标识定义选项，设置数值轴标识数目为"5"，时间轴标识数目为"3"，格式为分、秒，更新频率为"1"s，时间长度为"5"min。

（3）建立指示灯对象动画连接

双击画面中指示灯对象，出现指示灯向导对话框。单击变量名（离散量）右边的？号，选择已定义好的变量，如"上限灯"，并设置颜色。

类似建立下限指示灯、正常指示灯对象动画连接。

8）编写命令语言

进入工程浏览器，在左侧树形菜单中选择"命令语言/应用程序命令语言"命令双击，进入"应用程序命令语言"对话框，在"运行时"输入控制程序，如图8-53所示。

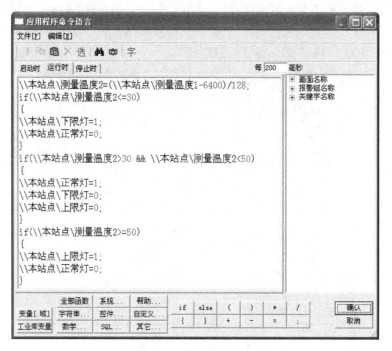

图 8-53　编写控制程序

9）调试与运行

将设计的画面和程序全部存储并配置成主画面，启动运行系统。

给Pt100传感器加热，观察PLC和程序画面的变化情况。

当测量温度小于30℃时，PLC主机Q0.0端口置1，灯L1亮；当测量温度大于30℃而小于 50℃时，Q0.1 端口置 1，灯 L2 亮；当测量温度大于 50℃时，Q0.2 端口置 1，灯 L3 亮。

画面显示 PLC 检测的温度值，并绘制实时变化曲线。当测量温度小于 30℃时，下限指示灯变色，当测量温度大于 30℃而小于 50℃时，正常指示灯变色，当测量温度大于 50℃时，上限指示灯变色。程序运行画面如图 8-54 所示。

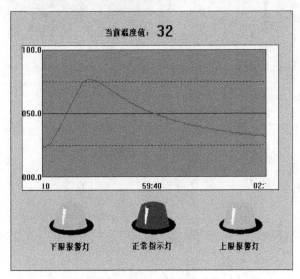

图 8-54　运行画面

实例 29　利用仿真 PLC 实现模拟量输入

一、设计任务

采用 KingView 软件编写程序，实现仿真 PLC 温度输入与显示。具体要求：在画面文本框中输入温度值，在仪表和实时趋势曲线上显示输入的温度值。

二、任务实现

1. 建立新工程项目

工程名称："仿真 PLC（必需）"；工程描述："利用 KingView 实现仿真 PLC（可选）"。

2. 制作图形画面

通过图库为图形画面添加 1 个仪表对象，通过工具箱添加 1 个实时趋势曲线对象和 2 个文本对象："输入数值："和"0000"，如图 8-55 所示。

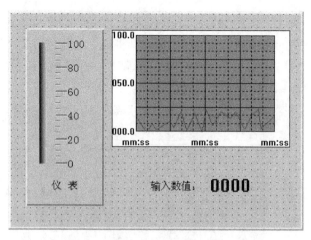

图 8-55 图形画面

3. 定义串口设备

1）添加设备

在组态王工程浏览器的左侧选择"设备/COM1",在右侧双击"新建"按钮,运行"设备配置向导"。

(1) 选择"设备驱动"→PLC→亚控→仿真 PLC→COM,如图 8-56 所示。

(2) 单击"下一步"按钮,给要安装的设备指定唯一的逻辑名称,如"仿真 PLC"(任意取)。

(3) 单击"下一步"按钮,选择串口号,如"COM1"(需 PLC 在 PC 上使用的串口号一致)。

(4) 单击"下一步"按钮,为要安装的 PLC 指定地址,如"4"(不能为 0)。

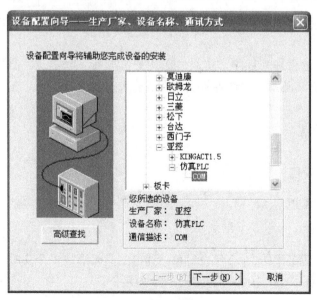

图 8-56 选择仿真 PLC

2）串口通信参数设置

双击"设备/COM1"选项，弹出设置串口对话框，设置串口 COM1 的通信参数：

波特率选"9600"，奇偶校验选"偶校验"，数据位选"8"，停止位选"1"，通信方式选"RS232"，如图 8-57 所示。

图 8-57　设置串口通信参数

设置完毕，单击"确定"按钮，就完成了对 COM1 的通信参数配置，保证 COM1 同 PLC 的通信能够正常进行。

4. 定义变量

在工程浏览器的左侧树形菜单中选择"数据库/数据词典"选项，在右侧双击"新建"按钮，弹出"定义变量"对话框。

定义变量"温度仿 PLC"：变量类型选"I/O 整数"，最大值设为"100"，连接设备选"仿真 PLC"，寄存器设为"INCREA100"，数据类型选"SHORT"，读写属性选"只读"，如图 8-58 所示。

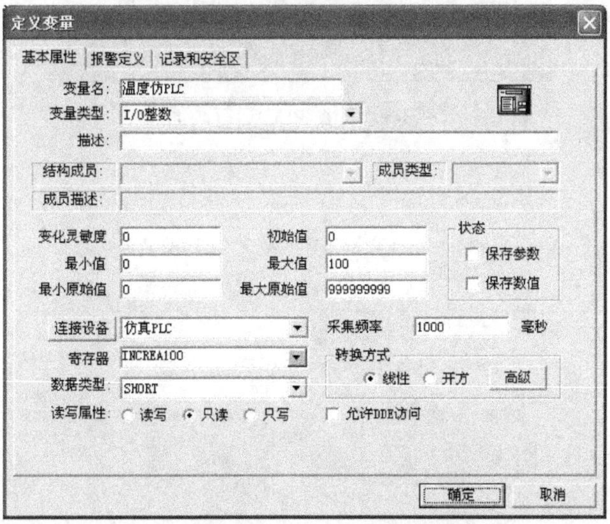

图 8-58　定义"温度仿 PLC"变量

定义完成后,单击"确定"按钮,则在数据词典中出现定义好的变量。

5. 建立动画连接

(1)建立"仪表"对象的动画连接

双击仪表对象,出现"仪表向导"对话框,将变量名设定为"\\本站点\温度仿PLC"(可以直接输入,也可以单击变量名文本框右边的 ? 号,选择已定义好的变量名)。

(2)建立"实时趋势曲线"对象的动画连接

双击画面中"实时趋势曲线"对象,出现"实时趋势曲线"对话框,将曲线 1 中的表达式设定为"\\本站点\温度仿PLC"。

(3)建立文本对象"0000"的动画连接

双击画面中文本对象"0000",出现"动画连接"对话框,分别将"模拟值输出"、"模拟值输入"属性与变量"温度仿PLC"连接。

6. 调试与运行

将设计的画面和程序全部存储并配置成主画面,启动运行系统。

单击输入数值文本"0000",在弹出的画面中输入数值,如 50,改变仿真 PLC 寄存器 INCREA100 的值,即改变变量"温度仿 PLC"的值,并在画面中仪表和实时趋势曲线上显示该温度值,如图 8-59 所示。

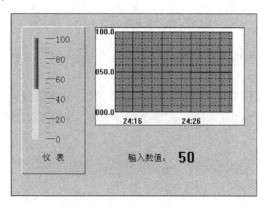

图 8-59 仿真 PLC 运行画面

第9章 远程 I/O 模块监控及其与 PC 通信

远程 I/O 模块又称为牛顿模块,为近年来比较流行的一种 I/O 方式,它安装在工业现场,就地完成 A/D、D/A 转换、I/O 操作及脉冲量的计数、累计等操作。

远程 I/O 模块的通信接口一般采用 RS-485 总线,通信协议与模块的生产厂家有关,但都是采用面向字符的通信协议。

市场上使用比较广泛的远程 I/O 模块有研华公司的 ADAM-4000 系列,如图 9-1 所示。这些远程 I/O 模块是传感器到计算机的多功能远程 I/O 单元,专为恶劣环境下的可靠操作而设计,具有内置的微处理器,严格的工业级塑料外壳,使其可以独立提供智能信号调理、模拟量 I/O、数字量 I/O、数据显示和 RS-485 通信。

远程 I/O 模块模块价格比较低,安装也比较简单,只需通过双绞线将其连接在 RS-485 总线上即可。PC 一般为 RS-232 接口,要安装一个 RS-232 转 RS-485 模块。

图 9-1 远程 I/O 模块

实例 30 远程 I/O 模块模拟电压采集

一、设计任务

采用 KingView 语言编写程序实现 PC 与远程 I/O 模拟电压采集。
任务要求:
PC 读取远程 I/O 模块输入电压值(0~5V),并以数值或曲线形式显示电压变化值。

二、线路连接

如图 9-2 所示,ADAM-4520(RS-232 与 RS-485 转换模块)与 PC 的串口 COM1 连接,

转换为 RS-485 总线；ADAM-4012（模拟量输入模块）的信号输入端子 DATA+、DATA- 分别与 ADAM-4520 的 DATA+、DATA-连接，电源端子+Vs、GND 分别与 DC24V 电源的 +、-连接。

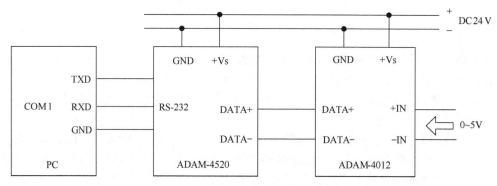

图 9-2　PC 与远程 I/O 模块组成的电压采集系统

将 ADAM-4012 的地址设为 01。在模拟量输入通道（+IN 和-IN）接模拟输入电压 0～5V。

三、任务实现

1．建立新的工程项目

工程名称："模拟量输入"；工程描述："利用 I/O 模块实现模拟量输入"。

2．制作图形画面

（1）通过图库，为图形画面添加 1 个仪表对象。

（2）通过工具箱为图形画面添加 2 个文本控件 "电压值："、"000"、1 个实时趋势曲线控件和 1 个按钮控件。将按钮 "文本" 改为 "关闭"。

设计的图形画面如图 9-3 所示。

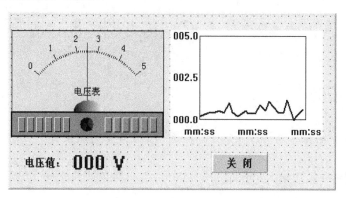

图 9-3　图形画面

3. 定义串口设备

1）添加串口设备

在组态王工程浏览器的左侧选择"设备/COM1"选项，在右侧双击"新建"按钮，运行"设备配置向导"。

（1）选择"设备驱动"→"智能模块"→亚当4000系列→Adam4012→COM，如图9-4所示。

（2）单击"下一步"按钮，给要安装的设备指定唯一的逻辑名称，如"ADAM4012"（若定义多个串口设备，该名称不能重复）。

（3）单击"下一步"按钮，选择串口号，如"COM1"（需与 PC 上使用的串口号一致）。

（4）单击"下一步"按钮，为要安装的模块指定地址，如"1.0"（需与模块内部设定的Addr 一致。1.0 表示模块地址为 1，模块无校验和）。

设备定义完成后，可以在工程浏览器"设备/COM1"的右侧看到新建的串口设备"ADAM4012"。

2）设置串口通信参数

双击"设备/COM1"选项，弹出设置串口对话框，设置串口 COM1 的通信参数：

波特率选"9600"，奇偶校验选"无校验"，数据位选"8"，停止位选"1"，通信方式选"RS232"，如图 9-5 所示。

设置完毕，单击"确定"按钮，就完成了对 COM1 的通信参数配置，保证 COM1 同 I/O模块通信能够正常进行。

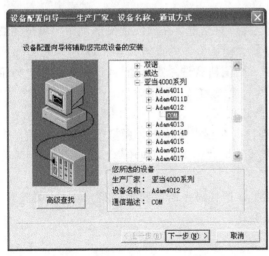

图 9-4　配置串口设备 Adam 4012

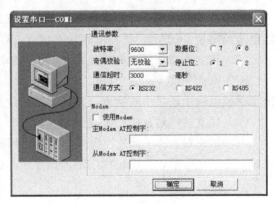

图 9-5　设置串口参数

4. 定义变量"电压"

变量类型选"I/O 实数"，最小值设为"0"，最大值设为"5"，最小原始值设为"0"，最大原始值设为"5"，连接设备选"ADAM4012"，寄存器选"AI"，数据类型选"FLOAT"，读写属性选"只读"，采集频率值设为"500"，如图 9-6 所示。

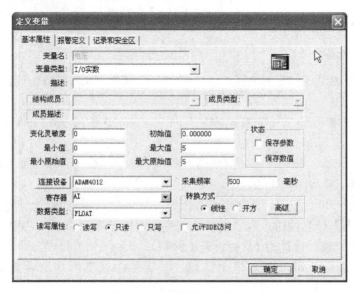

图9-6 定义变量"电压"

5．建立动画连接

（1）建立仪表对象的动画连接

双击画面中仪表对象，弹出"仪表向导"对话框，单击变量名文本框右边的？号，选择已定义好的变量名"电压"，单击"确定"按钮，仪表向导变量名文本框中出现"\\本站点\电压"表达式。标签改为"电压表"，最大刻度改为"5"。

（2）建立实时趋势曲线对象的动画连接

双击画面中实时趋势曲线对象，出现"动画连接"对话框。在曲线定义选项中，单击曲线1表达式文本框右边的？号，选择已定义好的变量"电压"，并设置其他参数值。

进入标识定义选项，数值轴最大值设为"5"，数值格式选"实际值"（这样曲线图上显示的电压范围是0～5V），更新频率为"1"s，时间长度设为"2"min。

（3）建立测量电压值显示文本"000"的动画连接

双击画面中文本对象"000"，出现"动画连接"对话框，单击"模拟值输出"按钮，弹出"模拟值输出连接"对话框，将其中的表达式设置为"\\本站点\电压"。

（4）建立按钮对象的动画连接

双击按钮对象"关闭"，出现动画连接对话框，选择命令语言连接功能，单击"弹起时"按钮，在"命令语言"编辑栏中输入命令"exit(0);"。

6．调试与运行

设计完成后，将设计的画面和程序全部存储并将其配置成主画面，启动运行系统。

在模拟量输入通道（+IN 和-IN）接模拟输入电压0～5V。程序读取电压输入值，并以数值或曲线形式显示电压变化值。

程序运行画面如图9-7 所示。

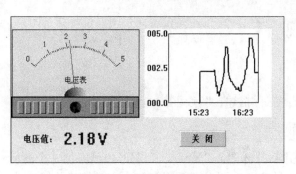

图 9-7　程序运行画面

实例 31　远程 I/O 模块模拟电压输出

一、设计任务

采用 KingView 语言编写程序实现 PC 与远程 I/O 模拟电压输出。
任务要求：
在 PC 程序界面中产生一个变化的数值（范围：0～10），线路中远程 I/O 模块模拟量输出口输出同样变化的电压值（0～10V）。

二、线路连接

如图 9-8 所示，ADAM-4520（RS-232 与 RS-485 转换模块）与 PC 的串口 COM1 连接，转换为 RS-485 总线；ADAM-4021（模拟量输出模块）的信号输入端子 DATA+、DATA- 分别与 ADAM-4520 的 DATA+、DATA- 连接，电源端子 +Vs、GND 分别与 DC24V 电源的 +、- 连接。

将 ADAM-4021 的地址设为 03。模拟电压输出不需连线。使用万用表直接测量模拟量输出通道（Exc+ 和 Exc-）的输出电压（0～10V）。

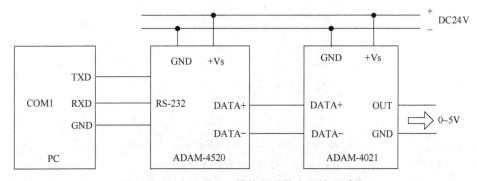

图 9-8　PC 与远程 I/O 模块组成的电压输出系统

三、任务实现

1．建立新工程项目

工程名称："AO"；工程描述："远程 I/O 模拟量输出项目"。

2．制作图形画面

（1）执行菜单"图库/打开图库"命令，为图形画面添加 1 个游标对象。

（2）在开发系统工具箱中为图形画面添加 1 个实时趋势曲线控件；2 个文本对象（"输出电压值："、"000"）；1 个按钮控件"关闭"等。

设计的画面如图 9-9 所示。

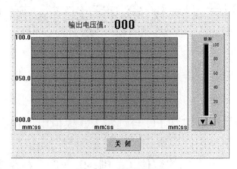

图 9-9　图形画面

3．定义设备

1）配置串口设备

在组态王工程浏览器的左侧选择"设备/COM1"选项，在右侧双击"新建"按钮，运行"设备配置向导"。

（1）选择"设备驱动"→"智能模块"→"亚当 4000 系列"→Adam4021→COM，如图 9-10 所示。

图 9-10　配置串口设备 Adam 4021

（2）单击"下一步"按钮，给要安装的设备指定唯一的逻辑名称，如"ADAM4021"（若定义多个串口设备，该名称不能重复）。

（3）单击"下一步"按钮，选择串口号，如"COM1"（需与PC上使用的串口号一致）。

（4）单击"下一步"按钮，为要安装的模块指定地址，如"3.0"（需与模块内部设定的Addr一致。3.0表示模块地址为3，模块无校验和）。

设备定义完成后，可以在工程浏览器"设备/COM1"的右侧看到新建的串口设备"ADAM4021"。

2）设置串口通信参数

双击"设备/COM1"选项，弹出设置串口对话框，设置串口COM1的通信参数：

波特率选"9600"，奇偶校验选"无校验"，数据位选"8"，停止位选"1"，通信方式选"RS232"，如图9-11所示。

图9-11 设置串口参数

设置完毕，单击"确定"按钮，这就完成了对COM1的通信参数配置，保证COM1同I/O模块通信能够正常进行。

4. 定义I/O变量

定义变量"模拟量输出"：变量类型选"I/O实数"。最小值为"0"，最大值为"10"；最小原始值为"0"（对应输出0V），最大原始值为"10"（对应输出10V）；连接设备选"ADAM4021"，寄存器选"AO"，数据类型选"FLOAT"，读写属性选"读写"，如图9-12所示。

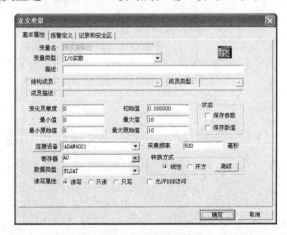

图9-12 定义模拟量输出

5. 建立动画连接

(1) 建立"实时趋势曲线"对象的动画连接

双击画面中实时趋势曲线对象,出现动画连接对话框。在曲线定义选项中,单击曲线 1 表达式文本框右边的 ? 号,选择已定义好的变量"模拟量输出",将背景色改为白色,将 X 方向、Y 方向主分线、次分线数目都改为 0。

在标识定义选项中,去掉"标识 Y 轴"项,将时间轴的时间长度改为"2"min。

(2) 建立"游标"对象动画连接

双击画面中的游标对象,出现动画连接对话框。单击变量名(模拟量)文本框右边的"?",选择已定义好的变量"模拟量输出",并将滑动范围的最大值改为"10",标志中的主刻度数改为"11",副刻度数改为"5"。

(3) 建立输出电压值显示文本对象动画连接

双击画面中输出电压值显示文本对象"000",出现动画连接对话框,将"模拟值输出"属性与变量"模拟量输出"连接,输出格式:整数"1"位。

(4) 建立"按钮"对象的动画连接

双击画面中按钮对象"关闭",出现动画连接对话框,选择命令语言连接功能,单击"弹起时"按钮,在"命令语言"编辑栏中输入命令"exit(0);"。

6. 调试与运行

将设计的画面全部存储并配置成主画面,启动画面运行程序。

单击游标上下箭头,生成一个间断变化的数值(0~10),在程序界面中产生一个随之变化的曲线。同时,"组态王"系统中的 I/O 变量"AO"值也会自动更新不断变化,线路中模拟电压输出通道输出 0~10V 电压。

程序运行画面如图 9-13 所示。

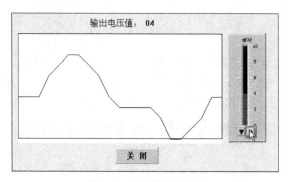

图 9-13 程序运行画面

实例 32 远程 I/O 模块数字信号输入

一、设计任务

采用 KingView 语言编写程序实现 PC 与远程 I/O 数字信号输入。

任务要求：

利用开关产生数字（开关）信号并作用在远程 I/O 模块数字量输入通道，使 PC 程序界面中信号指示灯颜色改变。

二、线路连接

如图 9-14 所示，ADAM-4520（RS-232 与 RS-485 转换模块）与 PC 的串口 COM1 连接，转换为 RS-485 总线；ADAM-4050（数字量输入与输出模块）的信号输入端子 DATA+、DATA-分别与 ADAM-4520 的 DATA+、DATA-连接，电源端子+Vs、GND 分别与 DC24V 电源的+、-连接。

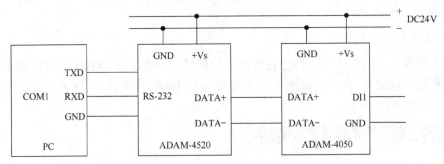

图 9-14　PC 与远程 I/O 模块组成的数字量输入系统

将 ADAM-4050 的地址设为 02，将按钮、行程开关等的常开触点接数字量输入 1 通道（DI1 和 GND）。

三、任务实现

1．建立新工程项目

工程名称："DI"；工程描述："利用 KingView 实现远程 I/O 模块数字量输入"。

2．制作图形画面

通过图库为图形画面添加 7 个指示灯对象和 7 个文本对象 DI0～DI6，如图 9-15 所示。

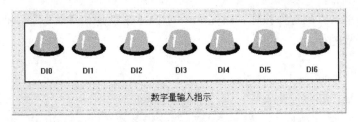

图 9-15　图形画面

3．定义串口设备

1）配置串口设备

在组态王工程浏览器的左侧选择"设备/COM1"选项，在右侧双击"新建"按钮，运行

"设备配置向导"。

（1）选择"设备驱动"→"智能模块"→"亚当 4000 系列"→Adam4050→COM，如图 9-16 所示。

（2）单击"下一步"按钮，给要安装的设备指定唯一的逻辑名称，如"ADAM4050"（若定义多个串口设备，该名称不能重复）。

（3）单击"下一步"按钮，选择串口号，如"COM1"（需与 PC 上使用的串口号一致）。

（4）单击"下一步"按钮，为要安装的模块指定地址，如"2.0"（需与模块内部设定的 Addr 一致。2.0 表示模块地址为 2，模块无校验和）。

设备定义完成后，可以在工程浏览器"设备/COM1"的右侧看到新建的串口设备"ADAM4050"。

2）设置串口通信参数

双击"设备/COM1"选项，弹出设置串口对话框，设置串口 COM1 的通信参数：

波特率选"9600"，奇偶校验选"无校验"，数据位选"8"，停止位选"1"，通信方式选"RS232"，如图 9-17 所示。

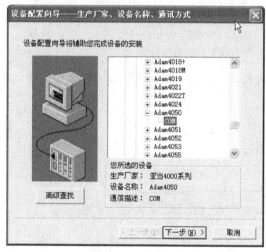

图 9-16　配置串口设备 Adam 4050

图 9-17　设置串口参数

设置完毕，单击"确定"按钮，就完成了对 COM1 的通信参数配置，保证 COM1 同 I/O 模块通信能够正常进行。

4．定义变量

（1）定义变量"开关量输入 0"

变量类型选"I/O 离散"，初始值选"关"，连接设备选"ADAM4050"，寄存器设为"DI0"，数据类型选"Bit"，读写属性选"只读"，采集频率值设为"100"，如图 9-18 所示。

同样定义 6 个"开关量输入"变量，变量名分别为"开关量输入 1"～"开关量输入 6"，对应的寄存器分别为"DI1"～"DI7"，其他属性相同。

（2）定义"灯"变量：变量名分别为"灯 0"～"灯 6"，变量类型选"内存离散"，初始值选"关"。

第 9 章 远程 I/O 模块监控及其与 PC 通信

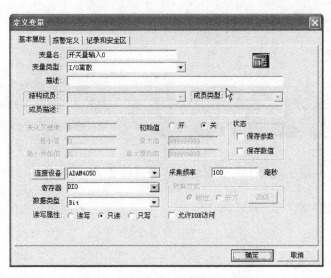

图 9-18 定义"开关量输入"变量

5. 建立动画连接

建立指示灯对象 DI0～DI7 的动画连接。

双击指示灯对象，出现"指示灯向导"对话框，将变量名（离散量）设定为"\\本站点\灯 0"（其他指示灯对象变量名依次为灯 1，灯 2 等），将正常色设置为绿色，报警色设置为红色。

6. 编写命令语言

进入工程浏览器，在左侧树形菜单中选择"命令语言/数据改变命令语言"命令，在右侧双击"新建…"按钮，出现"数据改变命令语言"编辑对话框，在变量[.域]文本框中输入表达式"\\本站点\开关量输入 0"（或单击右边的?来选择），在编辑栏中输入程序，如图 9-19 所示。

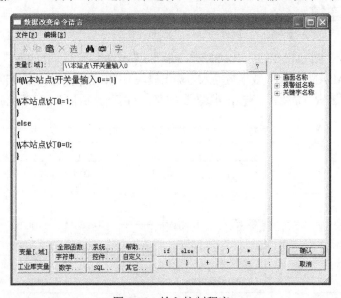

图 9-19 输入控制程序

其他端口的开关量输入程序类似。

7. 调试与运行

将设计的画面和程序全部存储并配置成主画面,启动运行系统。

将按钮、行程开关等接数字量输入通道(如将 DI3 和 GND 短接或断开),产生数字(开关)信号,使程序界面中相应的信号指示灯颜色改变。

程序运行画面如图 9-20 所示。

图 9-20 运行画面

实例 33 远程 I/O 模块数字信号输出

一、设计任务

采用 KingView 语言编写程序实现 PC 与远程 I/O 数字信号输出。

任务要求:

在 PC 程序界面执行打开/关闭命令,界面中信号指示灯变换颜色,同时,线路中远程 I/O 模块数字量输出口输出高低电平。

使用万用表直接测量数字量输出通道 1(DO1 和 GND)的输出电压(高电平或低电平)。

二、线路连接

如图 9-21 所示,ADAM-4520(RS-232 与 RS-485 转换模块)与 PC 的串口 COM1 连接,转换为 RS-485 总线;ADAM-4050(数字量输入与输出模块)的信号输入端子 DATA+、DATA-分别与 ADAM-4520 的 DATA+、DATA-连接,电源端子+Vs、GND 分别与 DC24V 电源的+、-连接。

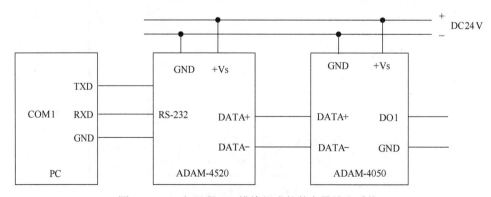

图 9-21 PC 与远程 I/O 模块组成的数字量输出系统

将 ADAM-4050 的地址设为 02。数字量输出不需连线。使用万用表直接测量数字量输出通道 1（DO1 和 GND）的输出电压（高电平或低电平）。

三．任务实现

1．建立新工程项目

工程名称："数字量输出"。工程描述："利用 I/O 模块实现数字量输出"。

2．制作图形画面

为图形画面添加 8 个开关对象、8 个文本对象和 1 个按钮对象。
设计的图形画面如图 9-22 所示。

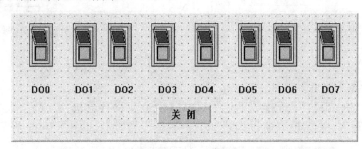

图 9-22　图形画面

3．定义串口设备

1）配置串口设备

在组态王工程浏览器的左侧选择"设备/COM1"选项，在右侧双击"新建"按钮，运行"设备配置向导"。

（1）选择"设备驱动"→"智能模块"→"亚当 4000 系列"→Adam4050→COM，如图 9-23 所示。

（2）单击"下一步"按钮，给要安装的设备指定唯一的逻辑名称，如"ADAM4050"（若定义多个串口设备，该名称不能重复）。

（3）单击"下一步"按钮，选择串口号，如"COM1"（需与 PC 上使用的串口号一致）。

（4）单击"下一步"按钮，为要安装的模块指定地址，如"2.0"（需与模块内部设定的 Addr 一致。2.0 表示模块地址为 2，模块无校验和）。

设备定义完成后，可以在工程浏览器"设备/COM1"的右侧看到新建的串口设备"ADAM4050"。

2）设置串口通信参数

双击"设备/COM1"选项，弹出设置串口对话框，设置串口 COM1 的通信参数。

波特率选"9600"，奇偶校验选"无校验"，数据位选"8"，停止位选"1"，通信方式选"RS232"，如图 9-24 所示。

设置完毕，单击"确定"按钮，就完成了对 COM1 的通信参数配置，保证 COM1 同 I/O

模块通信能够正常进行。

图 9-23　配置串口设备 Adam 4050

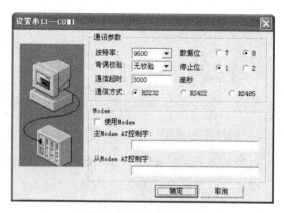

图 9-24　设置串口参数

4．定义变量

（1）定义变量"DO0"

变量类型选"I/O 整数"，连接设备选"ADAM4050"，寄存器选"DO0"，数据类型选"Bit"，读写属性选"读写"，采集频率值设为"500"，其他设置默认，如图 9-25 所示。

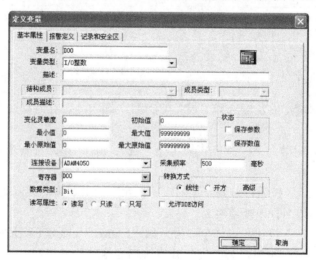

图 9-25　定义变量"DO0"

同样定义变量 DO1～DO7，寄存器分别设为 DO1～DO7，其他与变量 DO0 一样。
（2）定义变量"开关 0"。
变量类型选"内存离散"，初始值设为"关"。

5．建立动画连接

（1）建立开关对象的动画连接
双击开关对象，出现"开关向导"对话框，将变量名（离散量）设定为"\\本站点\开关 0"（其他开关对象变量名依次为开关 1，开关 2 等）。

（2）建立按钮对象的动画连接

双击按钮对象"关闭"，出现动画连接对话框，选择命令语言连接功能，单击"弹起时"按钮，在"命令语言"编辑栏中输入命令"exit(0);"。

6．编写命令语言

选择"命令语言/数据改变命令语言"，在右侧双击"新建…"按钮，出现"数据改变命令语言"编辑对话框，在变量[.域]文本框中输入表达式"\\本站点\开关 0"（或单击右边的?来选择），在编辑栏中输入程序，如图 9-26 所示。

其他端口的开关量输出程序类似。

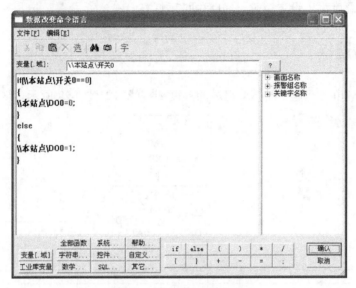

图 9-26　开关量输出控制程序

7．调试与运行

设计完成后，将设计的画面和程序全部存储并将其配置成主画面，启动运行系统。

单击程序画面中开关（打开或关闭）按钮，线路中相应的数字量输出口输出高低电平。可使用万用表直接测量数字量输出通道（DOi 和 GND）的输出电压（高电平或低电平）。

程序运行画面如图 9-27 所示。

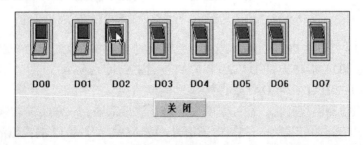

图 9-27　程序运行画面

实例 34 远程 I/O 模块温度监控

一、设计任务

采用 KingView 编写应用程序实现远程 I/O 模块温度测量与报警控制,任务要求如下。
(1) 自动连续读取并显示温度测量值。
(2) 显示测量温度实时变化曲线。
(3) 当测量温度大于设定值时,线路中指示灯亮。

二、线路连接

PC 与 ADAM4000 远程 I/O 模块组成的温度测控线路如图 9-28 所示。

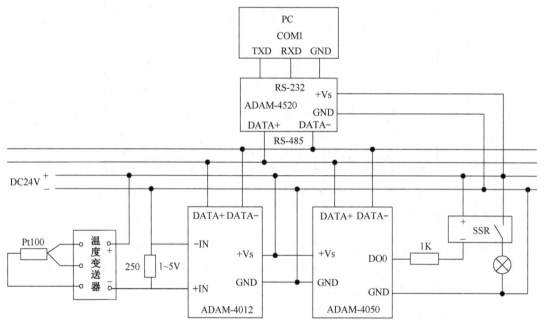

图 9-28 PC 与远程 I/O 模块组成的温度测控线路

ADAM-4520 与 PC 的串口 COM1 连接,并转换为 RS-485 总线;ADAM-4012 的 DATA+ 和 DATA- 分别与 ADAM-4520 的 DATA+ 和 DATA- 连接;ADAM-4050 的 DATA+ 和 DATA- 分别与 ADAM-4520 的 DATA+ 和 DATA- 连接。

Pt100 热电阻检测温度变化,通过温度变送器(测量范围 0~200℃)转换为 4~20mA 电流信号,经过 250Ω 电阻转换为 1~5V 电压信号,送入 ADAM-4012 的模拟量输入通道。

变送器的"+"端接 24V 电源的高电压端(+),变送器的"-"端接模块的+IN,-IN 接 24V 电源低电压端(-)。

将 ADAM-4012 的地址设为 01,将 ADAM-4050 的地址设为 02。

三、任务实现

1．建立新工程项目

工程名称："远程 I/O 模块测控"；工程描述："组态王与 I/O 模块组成分布式测控系统"。

2．制作图形画面

画面名称"PC 与 I/O 模块通信"。

（1）通过图库为图形画面添加 1 个仪表对象和 1 个指示灯对象。

（2）通过工具箱为图形画面添加 2 个文本控件"温度值"、"000"、1 个实时趋势曲线控件和 1 个按钮控件。将按钮"文本"改为"关闭"。

设计的图形画面如图 9-29 所示。

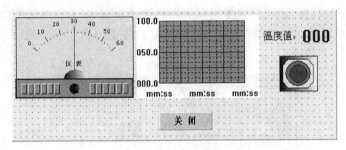

图 9-29　图形画面

3．配置串口设备

1）配置串口设备

在组态王工程浏览器的左侧选择"设备/COM1"选项，在右侧双击"新建"按钮，运行"设备配置向导"。

（1）选择"设备驱动"→"智能模块"→"亚当 4000 系列"→Adam4012→COM，如图 9-30 所示。

图 9-30　配置串口设备 Adam 4012

（2）单击"下一步"按钮，给要安装的设备指定唯一的逻辑名称，如："ADAM4012"（若定义多个串口设备，该名称不能重复）。

（3）单击"下一步"按钮，选择串口号，如"COM1"（需与 I/O 模块在 PC 上使用的串口号一致）。

（4）单击"下一步"按钮，为要安装的模块指定地址，如"1.0"（需与模块内部设定的 Addr 一致，1.0 表示模块地址为 1，模块无校验和；1.1 表示模块地址为 1，模块用校验和）。

按同样的步骤再配置串口设备 Adam 4050，逻辑名称为 ADAM4050，串口号为 COM1，地址设为 2.0（2.0 表示模块地址为 2，模块无校验和）。

设备定义完成后，可以在工程浏览器"设备/COM1"的右侧看到新建的串口设备"ADAM4012"和"ADAM4050"。

2）设置串口通信参数

双击"设备/COM1"，弹出"设置串口"对话框，设置串口 COM1 的通信参数：波特率选"9600"，奇偶校验选"无校验"，数据位选"8"，停止位选"1"，通信方式选"RS232"，如图 9-31 所示。

图 9-31 "设置串口"对话框

设置完毕，单击"确定"按钮，就完成了对 COM1 的通信参数配置，保证 COM1 同 I/O 模块通信能够正常进行。

4．定义变量

在工程浏览器的左侧树形菜单中选择"数据库/数据词典"命令，在右侧双击"新建"按钮，弹出"定义变量"对话框。

（1）定义变量"温度值"。

变量类型选"I/O 实数"，最小值设为"0"（对应下限温度 0℃），最大值设为"200"（对应上限温度 200℃），最小原始值设为"1"（对应电压 1V），最大原始值设为"5"（对应电压 5V），连接设备选"ADAM4012"，寄存器选"AI"，数据类型选"FLOAT"，读写属性选"只读"，采集频率值设为"500"，如图 9-32 所示。

（2）定义变量"控制值"。

变量类型选"I/O 整数"，连接设备选"ADAM4050"，寄存器选"DO0"，数据类型选"BYTE"，读写属性选"只写"，采集频率值设为"500"，如图 9-33 所示。

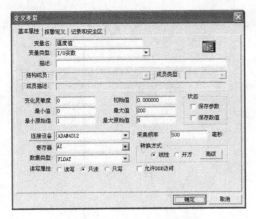
图 9-32　定义变量"温度值"
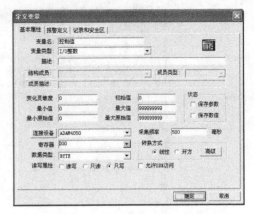
图 9-33　定义变量"控制值"

(3) 定义变量"指示灯"。变量类型选"内存离散",初始值设为"关"。

5. 建立动画连接

(1) 建立仪表对象的动画连接

双击画面中的仪表对象,弹出"仪表向导"对话框,单击变量名文本框右边的 ? 号,选择已定义好的变量名"温度值",单击"确定"按钮,仪表向导变量名文本框中出现"\\本站点\温度值"表达式。标签改为"温度表",最大刻度改为"100"。

(2) 建立实时趋势曲线对象的动画连接

双击画面中实时趋势曲线对象,出现动画连接对话框。在曲线定义选项中,单击曲线 1 表达式文本框右边的"?",选择已定义好的变量"温度值"。

进入标识定义选项,去掉标识 Y 轴项,设置数值轴最大值为"50"(这样曲线图上显示的温度范围是 0~100℃),时间轴标识数目为"5",更新频率为"1"s,时间长度为"5"min。

(3) 建立测量温度值显示文本"000"的动画连接

双击画面中文本对象"000",出现"动画连接"对话框,单击"模拟值输出"按钮,则弹出"模拟值输出连接"对话框,将其中的表达式设置为"\\本站点\温度值"。

(4) 建立指示灯对象的动画连接

双击指示灯对象,出现指示灯向导对话框,单击变量名表达式文本框右边的 ? 号,从"选择变量名"对话框选择已定义好的变量名"指示灯"。

(5) 建立按钮对象的动画连接

双击按钮对象"关闭",出现动画连接对话框,选择命令语言连接功能,单击"弹起时"按钮,在"命令语言"编辑栏中输入命令"exit(0);"。

6. 编写命令语言

进入工程浏览器,在左侧树形菜单中选择"命令语言/数据改变命令语言",在右侧双击"新建..."按钮,出现"数据改变命令语言"编辑对话框,在变量[.域]文本框中输入表达式:"\\本站点\温度值"(或单击右边的?来选择);在编辑栏中输入程序,如图 9-34 所示。

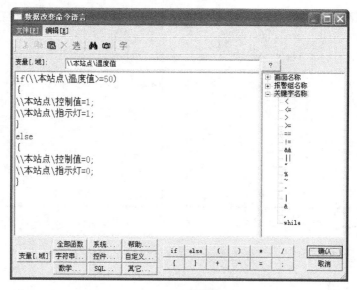

图 9-34 控制程序

7. 调试与运行

设计完成后,将设计的画面和程序全部存储并将其配置成主画面,启动运行系统。

给传感器升温或降温,画面中显示测量温度值及实时变化曲线;当测量温度值大于 50℃ 时,画面中指示灯改变颜色,线路中指示灯亮,如图 9-35 所示。

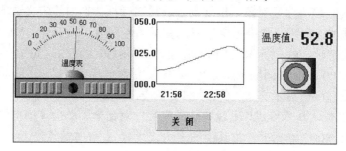

图 9-35 程序运行画面

第 10 章　单片机监控及其与 PC 通信

目前，在许多单片机应用系统中，上下位机分工明确，作为下位机核心器件的单片机往往只负责数据的采集和通信，而上位机通常以基于图形界面的 Windows 系统为操作平台。为便于查询和保存数据，还需要数据库的支持，这种应用的核心是数据通信，它包括单片机和上位机之间、客户端和服务器之间，以及客户端和客户端之间的通信，而单片机和上位机之间数据通信则是整个系统的基础。

本章采用组态软件 KingView 实现单片机模拟电压输入与输出、开关量输入与输出及其短信接收与发送。

实例 35　单片机模拟电压采集

一、设计任务

单片机与 PC 通信，在程序设计上涉及两部分的内容：一是单片机端数据采集、控制和通信程序；二是 PC 端通信和功能程序。

（1）采用 Keil C51 语言编写程序，实现单片机开发板模拟电压采集，并将采集到的电压值（范围：0～5V）在数码管上显示（保留 1 位小数）。

（2）采用 KingView 编写程序，实现 PC 与单片机开发板串口通信，要求 PC 接收单片机发送的电压值（十六进制，1 字节），转换成十进制形式，以数字、曲线的方式显示。

二、线路连接

将 PC 与单片机开发板通过串口通信电缆连接起来，将直流电源（输出范围：0～5V）与模拟量输入通道连接起来，构成一套模拟量采集系统。

PC 与单片机开发板组成的模拟电压采集系统如图 10-1 所示。单片机开发板与 PC 数据通信采用 3 线制，将单片机开发板的串口与 PC 串口的 3 个引脚（RXD、TXD、GND）分别连在一起，即将 PC 和单片机的发送数据线 TXD 与接收数据线 RXD 交叉连接，两者的地线 GND 直接相连。

可将直流稳压电源输出（范围：0～5V）接模拟量输入 1 通道，构成模拟量采集系统。实际测试中可直接采用单片机的 5V 电压输出（40 和 20 引脚），将电位器两端与 STC89C51RC 单片机的 40 和 20 引脚相连，电位器的中间端点（输出电压 0～5V）与单片机开发板 B 的模拟量输入口 AI1 相连。

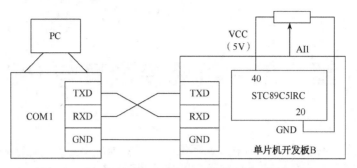

图 10-1　PC 与单片机开发板组成的模拟电压采集系统

提示：工业控制现场的模拟量，如温度、压力、物位、流量等参数可通过相应的变送器转换为 1～5V 的电压信号，因此本章提供的电压采集系统同样可以进行温度、压力、物位、流量等参数的采集，只需在程序设计时进行相应的标度变换。

有关单片机开发板 B 的详细信息可查询电子开发网 http://www.dzkfw.com/。

三、任务实现

1. 利用 Keil C51 实现单片机模拟电压输入

完整的源程序见配套光盘。

程序经过调试运行之后就可以将其烧写进单片机。STC 系列单片机在线下载程序只需要用串口连接到单片机上就可以。用串口线连接 PC 与单片机开发板，将编写好的汇编程序用 KeilC 编译生成 HEX 文件就可以实现程序的简便烧写。

打开"串口调试助手"程序（ScomAssistant.exe），首先设置串口号 COM1、波特率 9600、校验位 NONE、数据位 8、停止位 1 等参数（注意：设置的参数必须与单片机设置的参数一致），选择"十六进制显示"和"十六进制发送"，打开串口，如图 10-2 所示。

图 10-2　"串口调试助手"界面

在发送文本框中输入指令"40 30 46 43 30 30 30 30 46 30 31 37 32 0d"，单击"手动发送"按钮，如果 PC 与单片机开发板串口连接正确，则单片机向 PC 返回数据串，如"40 30 46 30 31 31 42 30 34 0D"。

在返回的数据串中，第 6 字节"31"和第 7 字节"42"即为采集电压值的 ASCII 码形式。每个值减去 30，再转成十六进制值，即 1C，将 1C 转成十进制"28"再乘以 0.1 即可知当前电压测量值为 2.8V。

2．利用 KingView 实现 PC 与单片机模拟电压输入

1）建立新工程项目

工程名称："AI"；工程描述："模拟电压输入"。

2）制作图形画面

（1）通过开发系统工具箱为图形画面添加 2 个文本对象：标签"当前电压值："和当前电压值显示文本"000"。

（2）为图形画面添加 1 个仪表对象

（3）通过开发系统工具箱为图形画面添加 1 个"实时趋势曲线"控件。

（4）在工具箱中选择"按钮"控件添加到画面中，然后选中该按钮，单击鼠标右键，选择"字符串替换"，将按钮"文本"改为"关闭"。

设计的图形画面如图 10-3 所示。

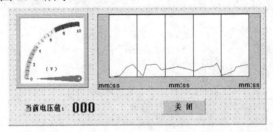

图 10-3　图形画面

3）添加串口设备

在组态王工程浏览器的左侧选择"设备"中的"COM1"，在右侧双击"新建…"按钮，运行"设备配置向导"。

（1）选择"设备驱动"→"智能模块"→"单片机"→"通用单片机 ASCII"→"串口"，如图 10-4 所示。

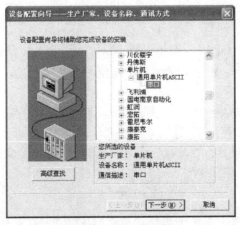

图 10-4　选择设备

（2）单击"下一步"按钮，给要安装的设备指定唯一的逻辑名称，如"MCU"。

（3）单击"下一步"按钮，选择串口号，如"COM1"。

（4）单击"下一步"按钮，给要安装的设备指定地址 15.0（15 表示单片机的地址，0 表示数据不打包）。

（5）单击"下一步"按钮，不改变通信参数。

（6）单击"下一步"按钮，显示所安装设备的所有信息。

（7）检查各项设置是否正确，确认无误后，单击"完成"按钮。

设备定义完成后，可以在工程浏览器的右侧看到新建的外部设备 "MCU"。

在定义数据库变量时，用户只要把 I/O 变量连接到这台设备上，它就可以和组态王交换数据了。

4）设置串口通信参数

双击"设备/COM1"，弹出"设置串口"对话框，设置串口 COM1 的通信参数：

波特率选"9600"，奇偶校验选"无校验"，数据位选"8"，停止位选"1"，通信方式选"RS232"，如图 10-5 所示。

图 10-5　"设置串口"对话框

设置完毕，单击"确定"按钮，就完成了对 COM1 的通信参数配置，保证组态王与单片机通信能够正常进行。

5）单片机通信测试

选择新建的串口设备"MCU"，单击右键，出现弹出式下拉菜单，选择"测试 MCU"项，出现"串口设备测试"画面，观察设备参数与通信参数是否正确，若正确，选择"设备测试"选项卡。

寄存器选择 X，再添加数字 0，即选择 X0（采集的电压值存在该寄存器中），数据类型选择 BYTE，单击"添加"按钮，X0 进入采集列表，如图 10-6 所示。

单击串口设备测试画面中的"读取"命令，寄存器 X0 的变量值变化，如"19"，该值乘以 0.1 即单片机采集的电压值 1.9V。

6）定义变量

在工程浏览器的左侧树形菜单中选择"数据库/数据词典"，在右侧双击"新建"按钮，弹出"定义变量"对话框。

(1) 定义变量"电压输入"

变量类型选"I/O 实数",变量的最小值设为"0"、最大值设为"100",最小原始值设为"0"、最大原始值设为"100"。连接设备选"MCU"(前面已定义),寄存器选"X",输入"0",即寄存器设为"X0",数据类型选"BYTE",读写属性选"读写"。

变量"电压输入"的定义如图10-7所示。

图10-6 "串口设备测试"界面

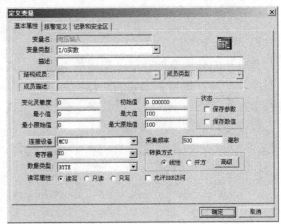

图10-7 定义变量"电压输入"

(2) 定义变量"AI":变量类型选"内存实数"。最小值设为0,最大值设为5。

定义完成后,单击"确定"按钮,则在数据词典中出现定义好的变量"电压输入"和"AI"。

7) 建立动画连接

进入画面开发系统,双击画面中的图形对象,将定义好的变量与相应对象连接起来。

(1) 建立仪表对象的动画连接

双击画面中的仪表对象,弹出"仪表向导"对话框,单击变量名文本框右边的"?",出现"选择变量名"对话框。选择已定义好的变量名"AI",单击"确定"按钮,仪表向导对话框变量名文本框中出现"\\本站点\AI"表达式,仪表表盘标签改为"V",填充颜色设为"白色",最大刻度设为"5"。

(2) 建立当前电压值显示文本对象动画连接

双击画面中当前电压值显示文本对象"000",出现"动画连接"对话框,单击"模拟值输出"按钮,则弹出"模拟值输出连接"对话框,将其中的表达式设置为"\\本站点\\AI"(可以直接输入,也可以单击表达式文本框右边的"?",选择已定义好的变量名"AI",单击"确定"按钮,文本框中出现"\\本站点\\AI"表达式),整数位数设为1,小数位数为1,单击"确定"按钮返回到"动画连接"对话框,再次单击"确定"按钮,动画连接设置完成。

(3) 建立实时趋势曲线对象的动画连接

双击画面中实时趋势曲线对象。在曲线定义选项中,单击曲线1表达式文本框右边的?号,选择已定义好的变量"AI",并设置其他参数值。

在标识定义选项中,设置数值轴最大值为"5",数据格式选"实际值",时间轴长度设为"2" min。

（4）建立按钮对象的动画连接

双击"关闭"按钮对象，出现"动画连接"对话框。单击命令语言连接中的"弹起时"按钮，出现"命令语言"窗口，在编辑栏中输入命令"exit(0);"。

8）编写命令语言

在组态王工程浏览器的左侧双击"命令语言/应用程序命令语言"，弹出"应用程序命令语言"对话框，在"运行时"文本框中输入程序：

\\本站点\AI=\\本站点\电压输入*0.1;

9）调试与运行

将设计的画面全部存储并配置成主画面，启动画面运行程序。

单片机开发板接收变化的模拟电压（0～5V）并在数码管上显示（保留 1 位小数）；PC 接收单片机发送的电压值，以数字、曲线的方式显示。

程序运行画面如图 10-8 所示。

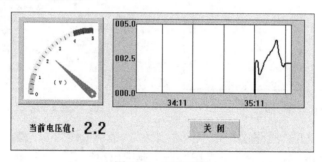

图 10-8　运行画面

实例 36　单片机模拟电压输出

一、设计任务

单片机与 PC 通信，在程序设计上涉及两部分的内容：一是单片机端数据采集、控制和通信程序；二是 PC 端通信和功能程序。

（1）采用 Keil C51 语言编写程序，实现单片机开发板模拟电压输出，在数码管上显示要输出的电压值（保留 1 位小数），并通过模拟电压输出端口输出同样大小的电压值。

（2）采用 KingView 编写程序，实现 PC 与单片机开发板串口通信，要求在 PC 程序界面中输入一个数值（范围：0～5），发送到单片机开发板。

二、线路连接

PC 与单片机开发板组成的模拟电压输出系统如图 10-9 所示。单片机开发板与 PC 数据通信采用 3 线制，将单片机开发板的串口与 PC 串口的 3 个引脚（RXD、TXD、GND）分别连在一起,即将 PC 和单片机的发送数据线 TXD 与接收数据线 RXD 交叉连接,两者的地线 GND 直接相连。

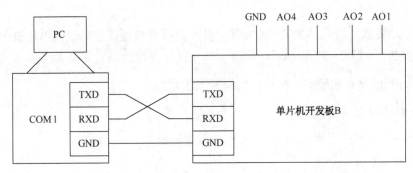

图 10-9　PC 与单片机开发板组成的模拟电压输出系统

模拟电压输出不需连线。使用万用表直接测量单片机开发板的模拟输出端口 AO1 与 GND 端口之间的输出电压。

有关单片机开发板 B 的详细信息可查询电子开发网 http://www.dzkfw.com/。

三、任务实现

1. 利用 Keil C51 实现单片机模拟电压输出

完整源程序见配套光盘。

程序经过调试运行之后就可以将其烧写进单片机。STC 系列单片机在线下载程序只需要用串口连接到单片机上就可以。用串口线连接 PC 与单片机开发板,将编写好的汇编程序用 KeilC 编译生成 HEX 文件,就可以实现程序的简便烧写。

打开"串口调试助手"程序(ScomAssistant.exe),首先设置串口号 COM1、波特率 9600、校验位 NONE、数据位 8、停止位 1 等参数(注意:设置的参数必须与单片机设置的一致),选择"十六进制显示"和"十六进制发送",打开串口,如图 10-10 所示。

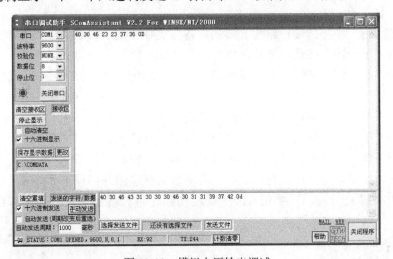

图 10-10　模拟电压输出调试

在发送文本框中输入指令"40 30 46 43 31 30 30 30 46 30 31 31 39 37 42 0d",其中"31 39"为要发送电压值的 ASCII 码形式,转成十六进制为"19",再转成十进制为"25",再乘以 0.1 即电压值为 2.5V。

单击"手动发送"按钮,如果 PC 与单片机开发板串口连接正确,则单片机向 PC 返回数据串,如"40 30 46 23 23 37 36 0D"。此时,单片机开发板数码管显示 2.5V。

2. 利用 KingView 实现 PC 与单片机模拟电压输出

1)建立新工程项目

工程名称:"AO";工程描述:"单片机模拟量输出"。

2)制作图形画面

在开发系统工具箱中为图形画面添加 2 个文本对象("0 通道输出电压值:"、"000")和 2 个按钮控件"输出"、"关闭"。

设计的画面如图 10-11 所示。

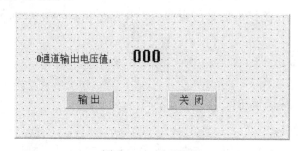

图 10-11　图形画面

3)添加串口设备

在组态王工程浏览器的左侧选择"设备"中的"COM1",在右侧双击"新建…"按钮,运行"设备配置向导"。

(1)选择"设备驱动"→"智能模块"→"单片机"→"通用单片机 ASCII"→"串口",如图 10-12 所示。

(2)单击"下一步"按钮,给要安装的设备指定唯一的逻辑名称,如"MCU"。

(3)单击"下一步"按钮,选择串口号,如"COM1"。

(4)单击"下一步"按钮,给要安装的设备指定地址 15.0(15 表示单片机的地址,0 表示数据不打包)。

(5)单击"下一步"按钮,不改变通信参数;

(6)单击"下一步"按钮,显示所安装设备的所有信息。

(7)检查各项设置是否正确,确认无误后,单击"完成"按钮。

设备定义完成后,可以在工程浏览器的右侧看到新建的外部设备"MCU"。

在定义数据库变量时,只要把 I/O 变量连接到这台设备上,它就可以和组态王交换数据了。

4)设置串口通信参数

双击"设备/COM1",弹出"设置串口"对话框,设置串口 COM1 的通信参数:波特率选"9600",奇偶校验选"无校验",数据位选"8",停止位选"1",通信方式选"RS232",如图 10-13 所示。

图 10-12 选择设备

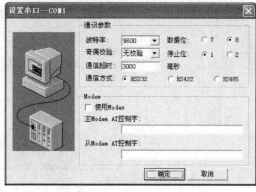

图 10-13 "设置串口"对话框

设置完毕,单击"确定"按钮,就完成了对 COM1 的通信参数配置,保证组态王与单片机通信能够正常进行。

5)单片机通信测试

右键单击新建的串口设备"MCU",出现弹出式下拉菜单,选择"测试 MCU"项,出现"串口设备测试"画面,如图 10-14 所示,观察设备参数与通信参数是否正确,若正确,选择"设备测试"选项卡。

寄存器选择 X,再添加数字 0,即选择 X0,数据类型选择 BYTE,单击"添加"按钮,X0 进入采集列表,如图 10-15 所示。

图 10-14 串口设备测试

图 10-15 寄存器添加

对寄存器 X0 设置数据。双击采集列表中的寄存器 X0,弹出数据输入画面,如图 10-16 所示,输入数值 30,单击"确定"按钮,"串口设备测试"画面中 X0 的变量值为"30"。

此时单片机开发板数码管显示 3.0，模拟量输出 0 通道输出 3.0V。

图 10-16　对寄存器 X0 设置数据

6）定义 I/O 变量

（1）定义变量"电压输出"。变量类型选"I/O 实数"。最小值设为"0"，最大值设为"50"；最小原始值设为"0"，最大原始值设为"50"；连接设备选"MCU"，寄存器设为"X0"，数据类型选"BYTE"，读写属性选"只写"，如图 10-17 所示。

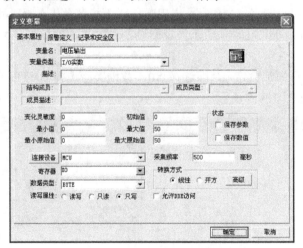

图 10-17　定义变量"电压输出"

（2）定义变量"AO"。变量类型选"内存实数"。最小值设为"0"，最大值设为"5"。

7）建立动画连接

（1）建立输出电压值显示文本对象动画连接。

双击画面中 0 通道输出电压值显示文本对象"000"，出现动画连接对话框，将"模拟值输出"属性与变量"AO"连接，输出格式：整数 1 位，小数 1 位；将"模拟值输入"属性与变量"AO"连接，数值范围：最大设为 5，最小设为 0。

（2）建立"输出"按钮对象的动画连接。

双击画面中按钮对象"输出"，出现动画连接对话框，选择命令语言连接功能，单击"弹起时"按钮，在"命令语言"编辑栏中输入以下命令：

\\本站点\电压输出=\\本站点\AO*10;

（3）建立"关闭"按钮对象的动画连接。

双击画面中按钮对象"关闭"，出现动画连接对话框，选择命令语言连接功能，单击"弹起时"按钮，在"命令语言"编辑栏中输入命令"exit(0);"。

8）调试与运行

将设计的画面全部存储并配置成主画面，启动画面运行程序。

单击 0 通道输出电压显示文本，出现一个输入数值对话框，如图 10-18 所示，输入 1 个数值，如 2.5（范围 0~5），单击"确定"按钮。

再单击"输出"按钮，设置的电压数值发送到单片机开发板，在数码管上显示（保留 1 位小数），并通过模拟电压输出端口输出同样大小的电压值。可使用万用表直接测量单片机开发板 B 的 AO0 端口与 GND 端口之间的输出电压。

程序运行画面如图 10-19 所示。

图 10-18 输入数值对话框

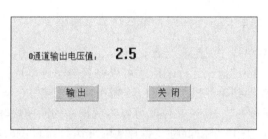

图 10-19 程序运行画面

实例 37　单片机开关信号输入

一、设计任务

（1）采用 Keil C51 语言编写程序，实现单片机开发板开关量输入，将开关量输入状态值（0 或 1）在数码管上显示，并将开关信号发送到 PC。

（2）采用 KingView 语言编写程序，实现 PC 与单片机开发板串口通信，要求 PC 接收单片机开发板开关量输入状态值（0 或 1）并显示。

二、线路连接

PC 与单片机开发板组成的开关量输入系统如图 10-20 所示。单片机开发板与 PC 数据通信采用 3 线制，将单片机开发板的串口与 PC 串口的 3 个引脚（RXD、TXD、GND）分别连在一起，即将 PC 和单片机的发送数据线 TXD 与接收数据线 RXD 交叉连接，两者的地线 GND 直接相连。

使用杜邦线将单片机开发板的开关量输入端口 DI1、DI2、DI3、DI4 与 DGND 端口连接或断开，产生数字信号 0 或 1。

有关单片机开发板 B 的详细信息可查询电子开发网 http://www.dzkfw.com/。

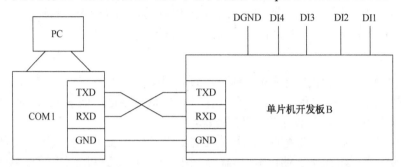

图 10-20　PC 与单片机开发板组成的开关量输入系统

三、任务实现

1. 利用 Keil C51 实现单片机开关量输入

完整源程序见配套光盘。

程序经过调试运行之后就可以将其烧写进单片机。STC 系列单片机在线下载程序只需要将串口连接到单片机上就可以。用串口线连接 PC 与单片机开发板，将编写好的汇编程序用 KeilC 编译生成 HEX 文件就可以实现程序的简便烧写。

打开"串口调试助手"程序（ScomAssistant.exe），首先设置串口号 COM1、波特率 9600、校验位 NONE、数据位 8、停止位 1 等参数（注意：设置的参数必须与单片机设置的参数一致），选择"十六进制显示"和"十六进制发送"，打开串口。

在发送文本框中输入指令"40 30 46 43 30 30 30 30 46 30 32 37 31 0d"，单击"手动发送"按钮，如果 PC 与单片机开发板串口连接正确，则单片机向 PC 返回数据串，如"40 30 46 30 32 30 34 34 44 30 30 0D"，如图 10-21 所示。

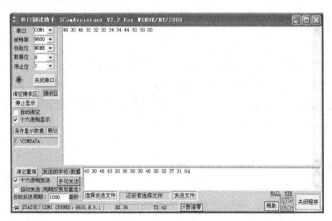

图 10-21　开关量输入调试

返回的数据串中,"30 34 34 44"转成十六进制为"044D",再转成十进制为"1101" 即表示单片机开关量各输入端口的状态。

2. 利用 KingView 实现 PC 与单片机开关量输入

1)建立新工程项目

工程名称:"DI";工程描述:"单片机开关量输入项目"。

2)制作图形画面

(1)执行菜单"图库/打开图库"命令,为图形画面添加 4 个指示灯对象。

(2)在开发系统工具箱中为图形画面添加 6 个文本对象("DI0"、"DI1"、"DI2"、"DI3"、"各通道状态:"、"0000")。

(3)为图形画面添加 1 个按钮对象"关闭"。

设计的画面如图 10-22 所示。

图 10-22 图形画面

3)添加串口设备

在组态王工程浏览器的左侧选择"设备"中的"COM1",在右侧双击"新建…"按钮,运行"设备配置向导"。

(1)选择"设备驱动"→"智能模块"→"单片机"→"通用单片机ASCII"→"串口",如图 10-23 所示。

图 10-23 选择设备

(2)单击"下一步"按钮,给要安装的设备指定唯一的逻辑名称,如"MCU"。

(3)单击"下一步"按钮,选择串口号,如"COM1"。

(4)单击"下一步"按钮,给要安装的设备指定地址 15.0(15 表示单片机的地址,0 表示数据不打包)。

(5)单击"下一步"按钮,不改变通信参数。

(6)单击"下一步"按钮,显示所安装设备的所有信息。

(7)检查各项设置是否正确,确认无误后,单击"完成"按钮。

设备定义完成后,可以在工程浏览器的右侧看到新建的外部设备 "MCU"。

在定义数据库变量时,只要把 I/O 变量连接到这台设备上,它就可以和组态王交换数据了。

4)设置串口通信参数

双击"设备/COM1",弹出"设置串口"对话框,设置串口 COM1 的通信参数:

波特率选"9600",奇偶校验选"无校验",数据位选"8",停止位选"1",通信方式选"RS232",如图 10-24 所示。

设置完毕,单击"确定"按钮,就完成了对 COM1 的通信参数配置,保证组态王与单片机通信能够正常进行。

5)单片机通信测试

选择新建的串口设备"MCU",单击右键,出现弹出式下拉菜单,选择"测试 MCU"项,出现"串口设备测试"画面,观察设备参数与通信参数是否正确,若正确,选择"设备测试"选项卡。

寄存器选择 X,再添加数字 100,即选择 X100(开关量状态存在该寄存器中),数据类型选择 USHORT,单击"添加"按钮,X100 进入采集列表。

单击串口设备测试画面中的"读取"命令,寄存器 X100 的变量值变化,如"1101",该值就是单片机开发板各开关量输入通道的状态,如图 10-25 所示。

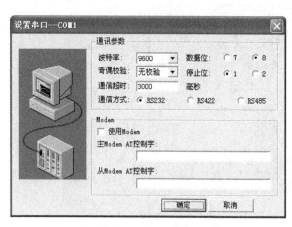

图 10-24 "设置串口"对话框

图 10-25 串口设备测试

6)定义变量

(1)定义变量"数字量输入"

数据类型选"I/O 整数",连接设备选"MCU",寄存器选"X",输入数值 100,即寄存器设为 X100,数据类型选"USHORT",读写属性选"读写",如图 10-26 所示。

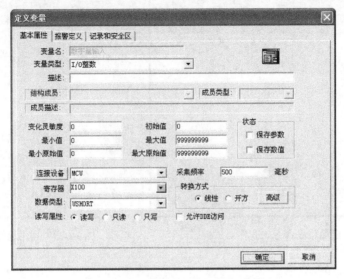

图 10-26　定义变量"数字量输入"

(2)定义变量"灯 0"、"灯 1"、"灯 2"、"灯 3":变量类型为"内存离散",初始值选"关"。

7)建立动画连接

(1)建立信号指示灯对象动画连接。

双击指示灯对象,出现"指示灯向导"对话框,将变量名(离散量)设定为"\\本站点\灯 0"(其他指示灯对象变量名依次为灯 1、灯 2 和灯 3),将正常色设置为绿色,报警色设置为红色。

(2)建立状态值显示文本对象动画连接。

双击画面中显示文本对象"0000",出现动画连接对话框,将"模拟值输出"属性与变量"开关量输入"连接,输出格式:整数 4 位,小数 0 位。

(3)建立按钮对象"关闭"动画连接。

双击画面中按钮对象"关闭",出现动画连接对话框,选择命令语言连接功能,单击"弹起时"按钮,在"命令语言"编辑栏中输入命令"exit(0);"。

8)编写命令语言

在组态王工程浏览器的左侧双击"命令语言/应用程序命令语言",弹出"应用程序命令语言"对话框,在"运行时"编辑栏中输入相应语句,如图 10-27 所示。

9)调试与运行

将设计的画面全部存储并配置成主画面,启动画面运行程序。

使用杜邦线将单片机开发板 B 的 DI0、DI1、DI2、DI3 端口与 DGND 端口连接或断开产生数字信号。数字信号 0 或 1 送到单片机开发板开关量输入端口,并在数码管上显示;数字信号同时发送到 PC，画面中指示灯颜色变化显示各输入通道状态。

程序运行画面如图 10-28 所示。

图 10-27　"应用程序命令语言"对话框

图 10-28　程序运行界面

实例 38　单片机开关信号输出

一、设计任务

单片机与 PC 通信，在程序设计上涉及两部分的内容：一是单片机端数据采集、控制和通信程序；二是 PC 端通信和功能程序。

（1）采用 Keil C51 语言编写程序，实现单片机开发板开关量输出，将开关量输出状态值（0 或 1）在数码管上显示，并驱动相应的继电器动作。

（2）采用 KingView 语言编写程序，实现 PC 与单片机开发板串口通信，要求 PC 发出开关指令传送给单片机开发板。

二、线路连接

PC 与单片机开发板组成的开关量输出系统如图 10-29 所示。单片机开发板与 PC 数据通信采用 3 线制，将单片机开发板的串口与 PC 串口的 3 个引脚（RXD、TXD、GND）分别连在一起，即将 PC 和单片的发送数据线 TXD 与接收数据线 RXD 交叉连接，两者的地线 GND 直接相连。

第 10 章 单片机监控及其与 PC 通信

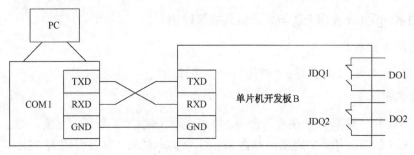

图 10-29　PC 与单片机开发板组成的开关量输出系统

开关量输出：不需连线，直接使用单片机开发板的继电器和指示灯来指示。
有关单片机开发板 B 的详细信息可查询电子开发网 http://www.dzkfw.com/。

三、任务实现

1. 利用 Keil C51 实现单片机开关量输出

完整源程序见配套光盘。

程序经过调试运行之后就可以将其烧写进单片机。STC 系列单片机在线下载程序只需要用串口连接到单片机上即可。用串口线连接 PC 与单片机开发板，将编写好的汇编程序用 KeilC 编译生成 HEX 文件就可以实现程序的简便烧写。

打开"串口调试助手"程序（ScomAssistant.exe），首先设置串口号 COM1、波特率 9600、校验位 NONE、数据位 8、停止位 1 等参数（注意：设置的参数必须与单片机设置的参数一致），选择"十六进制显示"和"十六进制发送"，打开串口，如图 10-30 所示。

在发送文本框中输入指令"40 30 46 43 35 30 30 30 46 30 31 30 41 30 36 0d"，其中"30 41"为要发送开关量输出值的 ASCII 码形式，转成十六进制为"0A"，再转成十进制为"10"，即设置开关量输出 1 通道为高电平，0 通道为低电平。

单击"手动发送"按钮，如果 PC 与单片机开发板串口连接正确，则单片机向 PC 返回数据串，如"40 30 46 23 23 37 36 0D"。此时，单片机开发板继电器 1 动作。

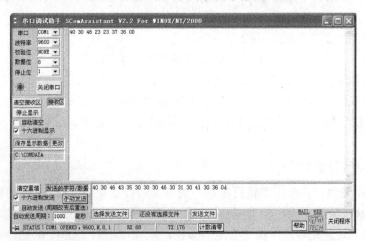

图 10-30　开关量输出调试

2. 利用 KingView 实现 PC 与单片机开关量输出

1) 建立新工程项目

工程名称"DO";工程描述:"单片机开关量输出"。

2) 制作图形画面

(1) 执行菜单"图库/打开图库"命令,为图形画面添加 2 个开关对象。

(2) 在开发系统工具箱中为图形画面添加 2 个文本对象(标签分别为"DO1"、"DO2")和 1 个按钮控件"关闭"。

设计的画面如图 10-31 所示。

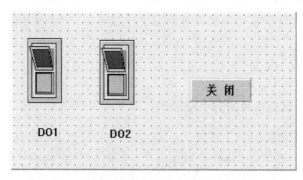

图 10-31　图形画面

3) 添加串口设备

在组态王工程浏览器的左侧选择"设备"中的"COM1"选项,在右侧双击"新建…"按钮,运行"设备配置向导"。

(1) 选择"设备驱动"→"智能模块"→"单片机"→"通用单片机 ASCII"→"串口",如图 10-32 所示。

(2) 单击"下一步"按钮,给要安装的设备指定唯一的逻辑名称,如"MCU"。

(3) 单击"下一步"按钮,选择串口号,如"COM1"。

(4) 单击"下一步"按钮,给要安装的设备指定地址 15.0(15 表示单片机的地址,0 表示数据不打包)。

(5) 单击"下一步"按钮,不改变通信参数。

(6) 单击"下一步"按钮,显示所安装设备的所有信息。

(7) 检查各项设置是否正确,确认无误后,单击"完成"按钮。

设备定义完成后,可以在工程浏览器的右侧看到新建的外部设备"MCU"。

在定义数据库变量时,只要把 I/O 变量连接到这台设备上,它就可以和组态王交换数据了。

4) 设置串口通信参数

双击"设备/COM1",弹出"设置串口"对话框,设置串口 COM1 的通信参数:波特率选"9600",奇偶校验选"无校验",数据位选"8",停止位选"1",通信方式选"RS232",如图 10-33 所示。设置完毕,单击"确定"按钮,就完成了对 COM1 的通信参数配置,保证组态王与单片机通信能够正常进行。

第 10 章　单片机监控及其与 PC 通信

图 10-32　选择设备

图 10-33　"设置串口"对话框

5）单片机通信测试

右键单击新建的串口设备"MCU"，出现弹出式下拉菜单，选择"测试 MCU"项，出现"串口设备测试"画面，如图 10-34 所示，观察设备参数与通信参数是否正确，若正确，选择"设备测试"选项卡。

寄存器选择 X，再添加数字 0，即选择 X0，数据类型选择 BYTE，单击"添加"按钮，X0 进入采集列表，如图 10-35 所示。

对寄存器 X0 设置数据。双击采集列表中的寄存器 X0，弹出数据输入画面，如图 10-36 所示，输入数值 11，单击"确定"按钮，"串口设备测试"画面中 X0 的变量值为"11"。

此时单片机开发板继电器 1 和 2 打开，如果输入 00 则全部关闭。

图 10-34　串口设备测试

图 10-35　寄存器添加

图 10-36 对寄存器 X0 设置数据

6）定义变量

（1）定义变量"开关量输出"：数据类型选"I/O 整数"，连接设备选"MCU"，寄存器为"X0"，数据类型选"BYTE"，读写属性选"只写"，如图 10-37 所示。

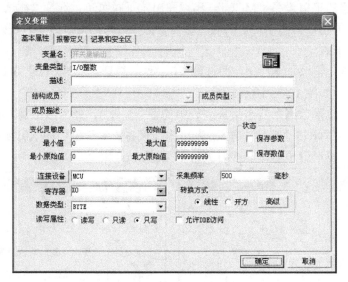

图 10-37 定义变量"开关量输出"

（2）定义变量"开关1"、"开关2"：变量类型选"内存离散"，初始值选"关"。

7）建立动画连接

（1）建立开关对象动画连接：将各开关对象分别与变量"开关1"、"开关2"连接起来。

（2）建立按钮对象"关闭"动画连接：按钮"弹起时"执行命令"exit(0);"。

8）编写命令语言

在组态王工程浏览器的左侧双击"命令语言/应用程序命令语言"，弹出"应用程序命令语言"对话框，在"运行时"编辑栏中输入相应语句：

if(\\本站点\开关1==1 && \\本站点\开关2==1)

```
        {
        \\本站点\开关量输出=11;
        }
        if(\\本站点\开关1==1 && \\本站点\开关2==0)
        {
        \\本站点\开关量输出=10;
        }
        if(\\本站点\开关1==0 && \\本站点\开关2==1)
        {
        \\本站点\开关量输出=01;
        }
        if(\\本站点\开关1==0 && \\本站点\开关2==0)
        {
        \\本站点\开关量输出=00;
        }
```

9）调试与运行

将设计的画面全部存储并配置成主画面，启动画面运行程序。

PC 发出开关指令（0 或 1）传送给单片机开发板，驱动相应的继电器动作。

PC 发送数据 00，单片机继电器 1 和 2 关闭；PC 发送数据 01，单片机继电器 1 关闭，继电器 2 打开；PC 发送数据 10，单片机继电器 1 打开，继电器 2 关闭；PC 发送数据 11，单片机继电器 1 和 2 打开。

程序运行画面如图 10-38 所示。

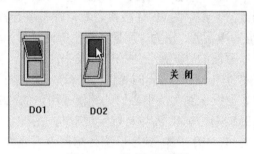

图 10-38　程序运行界面

实例 39　短信接收与发送

一、设计任务

（1）单片机端程序设计：采用 Keil C 语言编写程序，实现 DS18B20 温度检测，并编辑成短信息通过 GSM 模块发送到 PC 或用户手机；单片机通过 GSM 模块接收 PC 或用户手机发送的短信指令。

（2）PC 端程序设计：采用 KingView 编写程序，实现 PC 通过 GSM 模块接收短信和发送短信。

具体要求如下：在计算机程序中指定 GSM 模块 SIM 卡中已有的短信位置，读取该短信及相关信息；在程序中输入短信内容，指定接收方手机号码，将编辑的短信息发送到该手机；用户手机向监控中心的 GSM 模块发送短信，计算机程序接收文本框中自动显示新短信内容及相关信息。

二、线路连接

采用 GSM 短信模块组成的远程测控系统如图 10-39 所示。

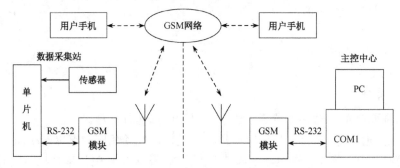

图 10-39　利用 GSM 短信模块组成的远程测控系统

主控中心 PC 通过串口与 GSM 短信模块相连接，读取 GSM 模块接收到的短消息，从而获得远端传来的测量数据；同时，主控中心 PC 可以通过串口向 GSM 模块发送命令，以短消息形式把设置命令发送到数据采集站的 GSM 模块，对单片机进行控制。

数据采集站的任务是采样温度、压力、流量、液位等外界量，将这些数据以短信的方式发送到主控中心。同时也以短信的方式接收主控中心发来的命令，并执行这些命令。

传感器检测的数据经单片机 MCU 单元的处理，编辑成短信息，通过串行口传送给 GSM 模块后以短消息的方式将数据发送到主控中心的计算机或用户的 GSM 手机。

用户手机可以通过 GSM 模块与 PC 和单片机实现双向通信。

在本设计中，单片机通过 DS18B20 数字温度传感器检测温度，并编辑成短信息，通过 GSM 模块发送到 PC 或用户手机。DS18B20 数字温度传感器是一个 3 脚的芯片，其中 1 脚接地，2 脚为数据输入输出，3 脚为电源输入。通过一个单线接口发送或接收数据。DS18B20 数字温度传感器与 STC89C51RC 单片机的连接如图 10-40 所示。

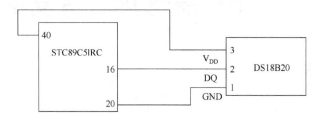

图 10-40　DS18B20 数字温度传感器与 STC89C51RC 单片机的连接

有关单片机板的详细信息可查询电子开发网 http://www.dzkfw.com/。

三、任务实现

1. 单片机端采用 C51 实现短信发送

采用 C51 语言实现单片机温度检测及短信发送程序见配套光盘。

将 C51 程序编译生成 HEX 文件，然后采用 STC-ISP 软件将 HEX 文件下载到单片机中。

2. 单片机端采用 C51 实现短信接收

采用 C51 语言实现单片机短信接收及继电器控制程序见配套光盘。

将 C51 程序编译生成 HEX 文件，然后采用 STC-ISP 软件将 HEX 文件下载到单片机中。

程序下载到单片机之后，就可以给单片机试验板卡通电了，这时数码管上会显示数字温度传感器 DS18B20 实时测量得到的温度。可以调整数字温度传感器 DS18B20 周围的温度，测试程序能否连续采集温度。

打开"串口调试助手"程序，首先设置串口号 COM1、波特率 9600、校验位 NONE、数据位 8、停止位 1 等参数（注意：设置的参数必须与单片机设置的参数一致），选择"十六进制显示"，打开串口。

如果 PC 与单片机实验开发板串口连接正确，则单片机连续向 PC 发送检测的温度值，用 2 字节的十六进制数据表示，如"01 A0"，该数据串再返回信息框内显示，如图 10-41 所示。根据单片机返回的数据，可知当前温度测量值为"41.6℃"。

图 10-41 串口调试助手

3. PC 端采用 KingView 实现短信收发

1）建立新工程项目

工程名称："PC&GSM"（必需，可以任意指定），工程描述："利用 KingView 实现 PC 与 GSM 模块串口通信"（可选）。

2）制作图形画面

通过工具箱为图形画面添加 18 个文本标签选项；添加 16 个文本显示或输入框"########## ##"；添加 1 个按钮"发送短信"，如图 10-42 所示。

图 10-42　图形画面

3）添加串口设备

在组态王工程浏览器的左侧选择"设备/COM1"选项，在右侧双击"新建"按钮，运行"设备配置向导"。

选择"智能模块"→"SIEMENS"→"T35 Terminal"→"串口"，如图 10-43 所示。

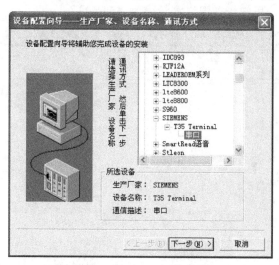

图 10-43　选择串口设备

单击"下一步"按钮，给要安装的设备指定唯一的逻辑名称，如"GSM"。

单击"下一步"按钮，选择串口号，如"COM1"（需与 PC 上使用的串口号一致）。

单击"下一步"按钮，为要安装的 GSM 模块指定地址，如"0"。

单击"下一步"按钮，不改变通信参数。

单击"下一步"按钮，显示所要安装的设备信息总结，检查各项设置是否正确，确认无误后,单击"完成"按钮。

设备定义完成后,可以在工程浏览器"设备/COM1"的右侧看到新建的串口设备"GSM"。

4)设置串口通信参数

双击"设备/COM1",弹出"设置串口"对话框,设置串口 COM1 的通信参数:

波特率选"9600",奇偶校验选"无校验",数据位选"8",停止位选"1",通信方式选"RS232",如图 10-44 所示。

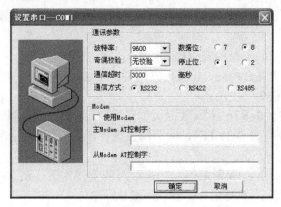

图 10-44 "设置串口"对话框

设置完毕,单击"确定"按钮,就完成了对 COM1 的通信参数配置,保证 COM1 同智能仪器的通信能够正常进行。

5)定义变量

(1)定义变量"T35_AT",数据类型选"I/O 整数",初始值为"0",最小值为"0",最大值为"999999999",最小原始值为"0",最大原始值为"999999999",连接设备选"GSM",寄存器选"AT",数据类型选"BYTE",读写属性选"只读",采集频率值为"1000",如图 10-45 所示。

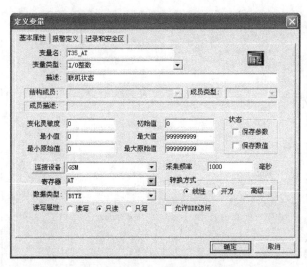

图 10-45 定义 I/O 整型变量

说明：寄存器 AT 表示联机状态。当该寄存器的值为 1 时，表示设备联机通信正常；值为 0 时表示联机失败。

（2）定义变量"T35_CMGF"，数据类型选"I/O 整数"，连接设备选"GSM"，寄存器选"CMGF"，数据类型选"BYTE"，读写属性选"读写"，采集频率值为"1000"。其他同变量"T35_AT"。

说明：寄存器 CMGF 设置短消息格式。1 为文本格式，0 为 PDU 编码格式。

（3）定义变量"T35_CodeMod"，数据类型选"I/O 整数"，连接设备选"GSM"，寄存器选"CodeMod"，数据类型选"BYTE"，读写属性选"读写"，采集频率为值"1000"。其他同变量"T35_AT"。

说明：寄存器 CodeMod 表示编码模式。0 为纯英文编码，7 位；1 为中英文混合文本编码，8 位；默认为中英文混合编码。0 编码方式可以发送 160 个英文字母；1 编码方式只能发送 70 个字符 (当 CMGF=0 时使用) 。

（4）定义变量"T35_ReSTime"，数据类型选"I/O 整数"，连接设备选"GSM"，寄存器选"ReSTime"，数据类型选"BYTE"，读写属性选"读写"，采集频率值为"1000"。其他同变量"T35_AT"。

说明：寄存器 ReSTime 设置短信发送失败时的重发次数，ReSTime=0,1 表示不重发；ReSTime=3 表示发送 3 次。不要太大，建议不要大于 3。

（5）定义变量"T35_SReturn"，数据类型选"I/O 整数"，连接设备选"GSM"，寄存器选"Sreturn"，数据类型选"BYTE"，读写属性选"读写"，采集频率值为"1000"。其他同变量"T35_AT"。

说明：寄存器 SReturn 返回信息是否发送成功。返回 1 表示成功；返回 2 表示失败。在发送信息之前先将 SReturn 写为 0，再发送信息，发送后可以根据该寄存器值判断发送是否成功。只能在发送不频繁时才能通过此寄存器进行判断。

（6）定义变量"T35_SEND"，变量类型选"I/O 离散"，初始值选"关"，连接设备选"GSM"，寄存器选"SEND"，数据类型选"Bit"，读写属性选"只写"，采集频率值为"0"，如图 10-46 所示。

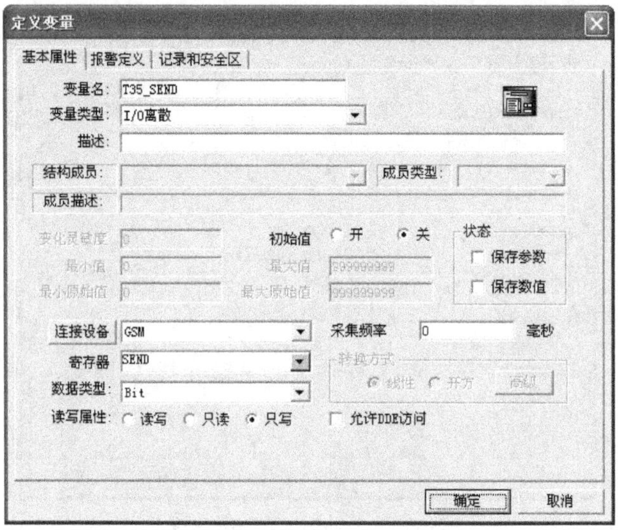

图 10-46　定义 I/O 离散变量

第 10 章 单片机监控及其与 PC 通信

说明：寄存器 SEND 是发送短消息命令。将 MsgSend 寄存器的内容发送到 Tele 寄存器记录的号码中。

> 注意：这个变量一定要定义成"只写"属性且采集频率值必须为 0，不仅是为了通信速度，主要是如果采集频率值不设置成 0 会出现一遍一遍不停发送的现象，除非组态王退出运行。

（7）定义变量"T35_NEW"，变量类型选"I/O 离散"，初始值选"关"，连接设备选"GSM"，寄存器选"NEW"，数据类型选"Bit"，读写属性选"只写"，采集频率值为"1000"。

说明：寄存器 NEW 是读新短消息命令。读 SIM 卡中新收到的短消息，并将其内容写到 MsgNew 和 MsgNec 寄存器中。

（8）定义变量"T35_OLD"，变量类型选"I/O 离散"，初始值选"关"，连接设备选"GSM"，寄存器选"OLD"，数据类型选"Bit"，读写属性选"只写"，采集频率值为"1000"。

说明：寄存器 OLD 是读旧短消息命令。读 SIM 卡中已读的短消息，并将其内容写到 MsgOld 和 MsgInf 寄存器中。

（9）定义变量"T35_CSCA"，数据类型选"I/O 字符串"，初始值为"＿＿＿＿"，连接设备选"GSM"，寄存器选"CSCA"，数据类型选"String"，读写属性选"读写"，采集频率值为"1000"，如图 10-47 所示。

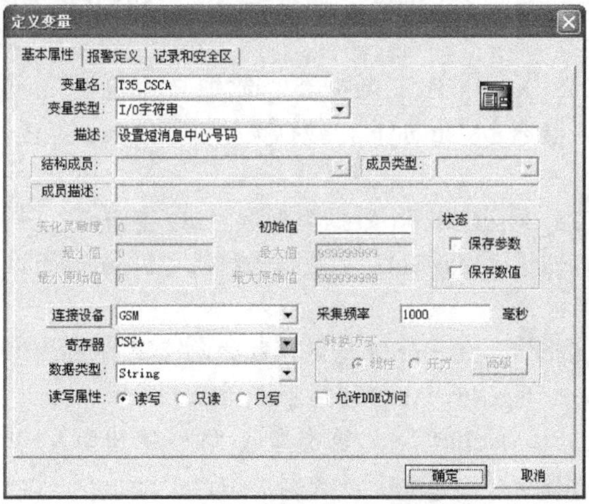

图 10-47　定义 I/O 字符串变量

说明：寄存器 CSCA 用于设置短消息中心号码。当设备连机成功后，CSCA 寄存器将自动显示 SIM 卡中的短消息中心号码。

（10）定义变量"T35_Tele"，数据类型选"I/O 字符串"，初始值为"＿＿＿＿"，连接设备选"GSM"，寄存器选"Tele"，数据类型选"String"，读写属性选"读写"，采集频率值为"1000"。

说明：寄存器 Tele 设置接收方电话号码。要发送短消息前，先写该寄存器。

（11）定义变量"T35_MsgSend0"，数据类型选"I/O 字符串"，初始值为"＿＿＿＿"，连接设备选"GSM，寄存器选"MsgSend0，数据类型选"String，读写属性选"读写，采集频率值为"1000"。

（12）定义变量 T35_MsgSend1，数据类型选"I/O 字符串"，初始值为"＿＿＿＿＿"，连接设备选"GSM"，寄存器选"MsgSend1"，数据类型选"String"，读写属性选"读写"，采集频率值为"1000"。

说明：寄存器 MsgSenddd 设置要发送的短消息内容。要发送短消息前，先将要发送的内容写到该寄存器，当发送信息超过 63 个汉字时，将发送消息放在 msgsend1 中，否则 msgsend1 设为空。要发送的短消息内容不要大于 63 个汉字（126 字符），否则，组态王将只发送前 63 个汉字。

（13）定义变量"T35_MsgNew0"，数据类型选"I/O 字符串"，初始值为"＿＿＿＿"，连接设备选"GSM"，寄存器选"MsgNew0"，数据类型选"String"，读写属性选"只读"，采集频率值为"1000"。

说明：寄存器 MsgNewdd、MsgNecdd 从寄存器读新短消息。返回上次从 SIM 卡中读到的新短消息，用 MsgNew、MsgNec 显示。

（14）定义变量 "T35_ MsgNec0"，数据类型选"I/O 字符串"，初始值为"＿＿＿＿"，连接设备选"GSM"，寄存器选"MsgNec0"，数据类型选"String"，读写属性选"只读"，采集频率值为"1000"。

（15）定义变量"T35_ MsgOld0"，数据类型选"I/O 字符串"，初始值为"＿＿＿＿"，连接设备选"GSM"，寄存器选"MsgOld0"，数据类型选"String"，读写属性选"只读"，采集频率值为"1000"。

（16）定义变量"T35_ MsgOld1"，数据类型选"I/O 字符串"，初始值为"＿＿＿＿"，连接设备选"GSM"，寄存器选"MsgOld1"，数据类型选"String"，读写属性选"只读"，采集频率值为"1000"。

（17）定义变量"T35_ MsgOld2"，数据类型选"I/O 字符串"，初始值为"＿＿＿＿"，连接设备选"GSM"，寄存器选"MsgOld2"，数据类型选"String"，读写属性选"只读"，采集频率值为"1000"。

说明：寄存器 MsgOlddd、MsgInfdd 从寄存器读已读短消息：返回上次从 SIM 卡中读到的已读短消息，分两部分 MsgOld，MsgInf 显示。

（18）定义变量"T35_ MsgInf0"，数据类型选"I/O 字符串"，初始值为"＿＿＿＿"，连接设备选"GSM"，寄存器选"MsgInf0"，数据类型选"String"，读写属性选"只读"，采集频率值为"1000"。

（19）定义变量"T35_ MsgInf1"，数据类型选"I/O 字符串"，初始值为"＿＿＿＿"，连接设备选"GSM"，寄存器选"MsgInf1"，数据类型选"String"，读写属性选"只读"，采集频率值为"1000"。

（20）定义变量"T35_ MsgInf2"，数据类型选"I/O 字符串"，初始值为"＿＿＿＿"，连接设备选"GSM"，寄存器选"MsgInf2"，数据类型选"String"，读写属性选"只读"，采集频率值为"1000"。

6）建立动画连接

（1）将"T35 联机状态："的文本对象"############"的"离散值输出连接"与变量"T35_AT"连接起来。当表达式为真时，输出信息"联机正常"，当表达式为假时，输出信息"联机失败"，如图 10-48 所示。

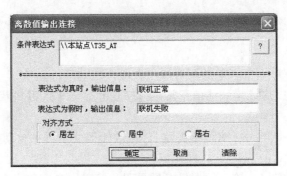

图 10-48 离散值输出连接

（2）将"短消息格式："的文本对象"############"的"模拟值输出"、"模拟值输入"属性与变量"T35_CMGF"连接起来，整数位数为1。

（3）将"短消息中心号码："的文本对象"############"的"字符串输出"、"字符串输入"属性与变量"T35_CSCA"连接起来。

（4）将"编码模式："的文本对象"############"的"模拟值输出"、"模拟值输入"属性与变量"T35_CodeMod"连接起来，整数位数为1。

（5）将"发送次数："的文本对象"############"的"模拟值输出"、"模拟值输入"属性与变量"T35_ReSTime"连接起来，整数位数为1。

（6）将短消息发送号码的文本对象"############"的"字符串输出"、"字符串输入"属性与变量"T35_Tele"连接起来。

（7）将"发送内容1："的文本对象"############"的"字符串输出"、"字符串输入"属性与变量"T35_MsgSend0"连接起来。

（8）将"发送内容2："的文本对象"############"的"字符串输出"、"字符串输入"属性与变量"T35_MsgSend1"连接起来。

（9）将"新消息1号码："的文本对象"############"的"字符串输出"属性与变量"T35_MsgNew0"连接起来。

（10）将"新消息1内容："的文本对象"############"的"字符串输出"属性与变量"T35_MsgNec0"连接起来。

（11）将"已读消息1号码："的文本对象"############"的"字符串输出"属性与变量"T35_MsgOld0"连接起来。

（12）将"已读消息1内容："的文本对象"############"的"字符串输出"属性与变量"T35_MsgInf0"连接起来。

（13）将"已读消息2号码："的文本对象"############"的"字符串输出"属性与变量"T35_MsgOld1"连接起来。

（14）将"已读消息2内容："的文本对象"############"的"字符串输出"属性与变量"T35_MsgInf1"连接起来。

（15）将"已读消息3号码："的文本对象"############"的"字符串输出"属性与变量"T35_MsgOld2"连接起来。

（16）将"已读消息3内容："的文本对象"############"的"字符串输出"属性与变量"T35_MsgInf2"连接起来。

（17）建立按钮对象"关闭"动画连接：按钮"弹起时"执行命令\\本站点\T35_SEND=1。

7）调试与运行

将设计的画面和程序全部存储并配置成主画面，启动运行系统。

（1）如果计算机与 GSM 模块通信正常，程序画面显示 T35 联机状态为"联机正常"，接着自动显示短消息中心号码。

（2）设置短消息格式为 0，编码模式为 1，接收短信文本框中自动显示新收到的短信和 3 条指定位置的已有短信。

（3）设置发送次数为 1，输入短消息发送号码、发送内容，单击命令按钮"发送短信"，将输入的短信发送到指定号码。

程序运行画面如图 10-49 所示。

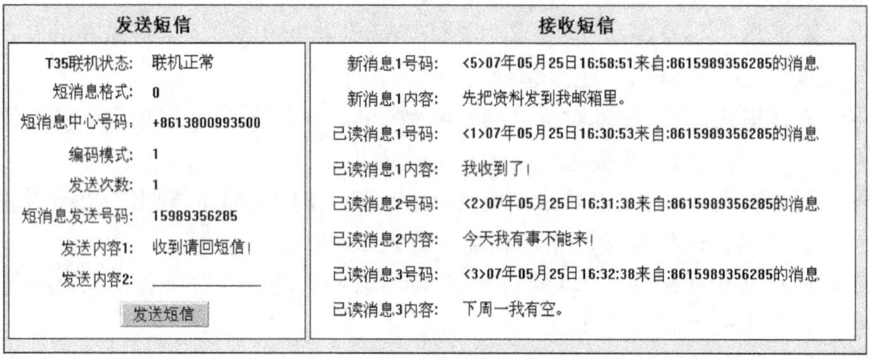

图 10-49　程序运行画面

第 11 章　PCI 数据采集卡监控应用

为了满足 PC 用于数据采集与控制的需要，国内外许多厂商生产了各种各样的数据采集板卡（或 I/O 板卡）。用户只要把这类板卡插入 PC 主板上相应的 I/O 扩展槽中，就可以迅速方便地构成一个数据采集与处理系统，从而大大节省硬件的研制时间和投资，又可以充分利用 PC 的软硬件资源，还可以使用户集中精力对数据采集与处理中的理论和方法进行研究、系统设计及程序编写等。

本章采用组态软件 KingView 实现 PCI 数据采集卡模拟电压输入与输出、开关量输入与输出及其温度监控。

实例 40　PCI 数据采集卡模拟电压采集

一、设计任务

采用 KingView 编写应用程序实现 PCI-1710HG 数据采集卡模拟量输入。

任务要求：

PC 以间隔或连续方式读取电压测量值（范围是 0~5V），并以数值或曲线形式显示电压变化值。

二、线路连接

将直流 5V 电压接到一个电位器两端，通过电位器产生一个模拟变化电压（范围是 0~5V），送入 PCI-1710HG 数据采集卡模拟量输入 0 通道（68 端点是 AI0，60 端点是 AIGND），同时在电位器电压输出端接一个信号指示灯 L（DC5V），如图 11-1 所示。

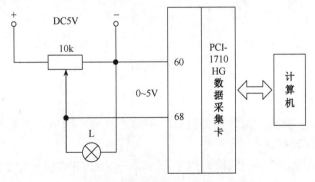

图 11-1　计算机模拟电压输入线路

也可在模拟量输入 0 通道接稳压电源提供的 0 ～ 5V 电压。

其他模拟量输入通道输入电压接线方法与 0 通道相同。

三、任务实现

1．建立新工程项目

工程名称："AI"；工程描述："模拟量输入项目"。

2．制作图形画面

在工程浏览器左侧树形菜单中选择"文件/画面"命令，在右侧视图中双击"新建"按钮，出现画面属性对话框，输入画面名称"模拟量输入"，设置画面位置、大小等，然后单击"确定"按钮，进入组态王开发系统，此时工具箱自动加载。

（1）执行菜单"图库/打开图库"命令，为图形画面添加 6 个仪表对象。

（2）通过开发系统工具箱为图形画面添加 12 个文本对象，其中 6 个标签是"0 通道电压值："～"5 通道电压值："，6 个文本是"000"（用于显示各通道电压值）。

（3）在开发系统工具箱中为图形画面添加 1 个按钮控件"关闭"。

设计的画面如图 11-2 所示。

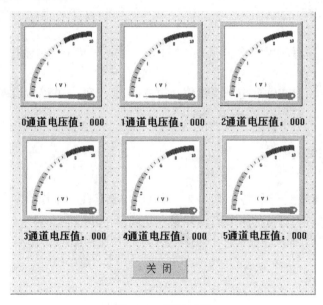

图 11-2　图形画面

3．定义板卡设备

在组态王工程浏览器的左侧选择"设备"中的"板卡"选项，在右侧双击"新建…"按钮，运行"设备配置向导"。

（1）选择"智能模块"→"研华 PCI 板卡"→YHPCI1710→YHPCI1710，如图 11-3 所示。

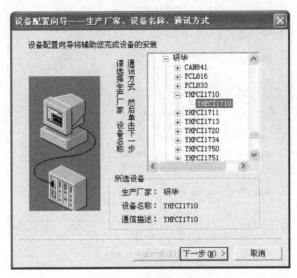

图 11-3　选择板卡设备

（2）单击"下一步"按钮，给要安装的设备指定唯一的逻辑名称，如"PCI1710HG"。

（3）单击"下一步"按钮，给要安装的设备指定地址"C000"（组态王的设备地址即 PCI 卡的端口地址，可查看 Windows 设备管理器为板卡分配的端口地址，如为 C000，则在组态王设备地址一栏中填入 C000，该地址与板卡所在插槽的位置有关）。

（4）单击"下一步"按钮，不改变通信参数。

（5）单击"下一步"按钮，显示所安装设备的所有信息。

（6）检查各项设置是否正确，确认无误后，单击"完成"按钮。

设备定义完成后，可以在工程浏览器的右侧看到新建的外部设备"PCI1710"，在左侧看到设备逻辑名称"PCI1710HG"。

在定义数据库变量时，只要把 I/O 变量连接到这台设备上，它就可以和组态王交换数据了。

4．定义变量

定义变量"模拟量输入 0"：变量类型选"I/O 实数"，变量的最小值选"0"、最大值选"5"（按输入电压范围 0～5V 确定）。

定义 I/O 实数变量时，最小原始值、最大原始值的设置是关键，它们是根据采集板卡的电压输入范围和 A/D 转换位数确定的。

因采用的 PCI-1710HG 板卡模拟电压输入范围是-5～+5V，A/D 是 12 位，因此，计算机采样值为 $2^{12}-1=4095$，即-5V 对应 0，+5V 对应 4095，电压与采样值呈线性关系，因为电位器的输出电压范围是 0～5V，变量属性中的最小原始值应为"2048"，最大原始值为"4095"。

连接设备选"PCI-1710HG"（前面已定义），电位器的输出电压接板卡 AI0 通道，故寄存器为"AD0"，数据类型选"USHORT"，读写属性选"只读"。

变量"模拟量输入 0"的定义如图 11-4 所示。

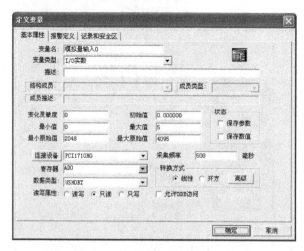

图 11-4 定义"模拟量输入 0"

按同样的方法定义变量"模拟量输入 1"～"模拟量输入 5",对应的寄存器分别为 AD1～AD5,其他参数与变量"模拟量输入 0"一样。

5. 建立动画连接

1) 建立仪表对象的动画连接

双击画面中的仪表对象,弹出"仪表向导"对话框,单击变量名文本框右边的 ? 号,出现"选择变量名"对话框。

选择已定义好的变量名"模拟量输入 0",单击"确定"按钮,仪表向导对话框变量名文本框中出现"\\本站点\模拟量输入 0"表达式,仪表表盘标签改为"(V)",填充颜色设为"白色",最大刻度改为"5"。

2) 建立电压值显示文本对象动画连接

双击画面中 0 通道电压值显示文本对象"000",出现动画连接对话框,将"模拟值输出"属性与变量"模拟量输入 0"连接,输出格式:整数"1"位,小数"1"位。

其他通道电压值显示文本对象的动画连接与此类似。

3) 建立按钮对象的动画连接

双击按钮对象"关闭",出现动画连接对话框,选择命令语言连接功能,单击"弹起时"按钮,在"命令语言"编辑栏中输入命令 "exit(0);"。

7. 调试与运行

(1) 存储。设计完成后,在开发系统"文件"菜单中执行"全部存"命令,将设计的画面和程序全部存储。

(2) 配置主画面。在工程浏览器中,单击快捷工具栏上的"运行"按钮,出现"运行系统设置"对话框。单击"主画面配置"选项卡,选中制作的图形画面名称"模拟量输出",单击"确定"按钮即将其配置成主画面。

(3) 运行。在工程浏览器中,单击快捷工具栏上的"VIEW"按钮,启动运行系统。

改变模拟量输入各通道输入电压值(范围是 0～5V),程序画面文本对象中的数字、仪表对象中的指针都将随输入电压变化而变化。

程序运行画面如图 11-5 所示。

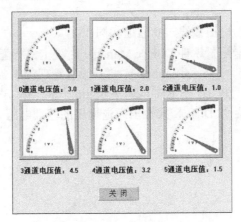

图 11-5　运行画面

实例 41　PCI 数据采集卡模拟电压输出

一、设计任务

采用 KingView 编写应用程序实现 PCI-1710HG 数据采集卡模拟量输出。

任务要求：

在 PC 程序界面中输入数值（范围是 0~10），线路中模拟量输出口输出同样大小的电压值（0~10V）。

二、线路连接

在图 11-6 中，将 PCI-1710HG 数据采集卡模拟量输出 0 通道（58 端点和 57 端点）接信号指示灯 L，通过其明暗变化来显示电压大小变化；接电子示波器来显示电压变化波形（范围是 0~10V）。

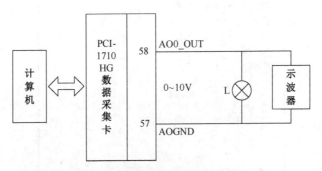

图 11-6　计算机模拟电压输出线路

也可使用万用表直接测量 58 端点（AO0_OUT）与 57 端点（AOGND）之间的输出电压（0～10V）。

模拟量输出 1 通道输出电压接线与 0 通道相同。

编程前需通过研华板卡配置软件 Device Manager 对板卡进行配置。从开始菜单⇒所有程序⇒Advantech Automation⇒Device Manager，打开设备管理程序 Advantech Device Manager。单击"Setup"按钮，弹出"PCI-1710HG Device Setting"对话框，在对话框中设置 A/D 通道为"Single-Ended"，选择两个 D/A 转换输出通道通用的基准电压"Internal"，设置基准电压的大小为 0～10V。

三、任务实现

1．建立新工程项目

工程名称："AO"；工程描述："模拟量输出项目"。

图 11-7　图形画面

2．制作图形画面

画面名称"模拟量输出"。

在开发系统工具箱中为图形画面添加 4 个文本对象，其中 2 个标签"0 通道输出电压值："、"1 通道输出电压值："，2 个电压值输出文本"000"、"000"；2 个按钮控件："输出"、"关闭"。设计的画面如图 11-7 所示。

3．定义板卡设备

在组态王工程浏览器的左侧选择"设备"中的"板卡"选项，在右侧双击"新建…"按钮，运行"设备配置向导"。

（1）选择"设备驱动"→"智能模块"→"研华 PCI 板卡"→YHPCI1710→YHPCI1710，如图 11-8 所示。

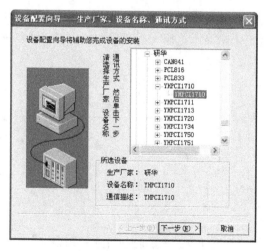

图 11-8　选择板卡设备

(2)单击"下一步"按钮,给要安装的设备指定唯一的逻辑名称,如"PCI1710HG"。

(3)单击"下一步"按钮,给要安装的设备指定地址"C000"。

组态王的设备地址即 PCI 卡的端口地址,可查看 Windows 设备管理器为板卡分配的端口地址,如为 C000,则在组态王设备地址一栏中填入 C000,该地址与板卡所在插槽的位置有关。

(4)单击"下一步"按钮,不改变通信参数。再单击"下一步"按钮,显示所安装设备的所有信息。检查各项设置是否正确,确认无误后,单击"完成"按钮。

设备定义完成后,可以在工程浏览器的右侧看到新建的外部设备"PCI1710"。在左侧看到设备逻辑名称"PCI1710HG"。

在定义数据库变量时,只要把 I/O 变量连接到这台设备上,就可以和组态王交换数据了。

4.定义 I/O 变量

1)定义变量"模拟量输出 0"

变量类型选"I/O 实数"。最小值、最大值可按计算机输出电压范围(0~10V)确定;最小原始值为"2048"(对应输出 0V),最大原始值为"4095"(对应输出 10V);连接设备选"PCI1710HG",寄存器为"DA0",数据类型选"USHORT",读写属性选"只写",如图 11-9 所示。

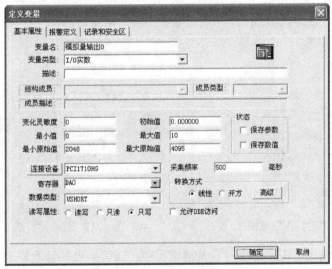

图 11-9 定义"模拟量输出 0"

按同样的方法定义变量"模拟量输出 1",寄存器选"DA1",其他参数与变量"模拟量输出 0"一样。

2)定义变量"电压 0"

变量类型选"内存实数"。最小值设为"0",最大值设为"10"。

按同样的方法定义变量"电压 1",最小值设为"0",最大值设为"10"。

5.建立动画连接

1)建立输出电压值显示文本对象动画连接

双击画面中 0 通道输出电压值,显示文本对象"000",出现动画连接对话框,将"模拟值输出"属性与变量"电压0"连接，输出格式：整数1位，小数1位；将"模拟值输入"属性与变量"电压0"连接，值范围：最大设为"10"，最小设为"0"。

按同样的方法将1通道输出电压值显示文本对象"000"与变量"电压1"连接起来。

2）建立"输出"按钮对象的动画连接

双击画面中按钮对象"输出"，出现动画连接对话框，选择命令语言连接功能，单击"弹起时"按钮，在"命令语言"编辑栏中输入以下命令：

\\本站点\模拟量输出0=\\本站点\电压0;
\\本站点\模拟量输出1=\\本站点\电压1;

3）建立"关闭"按钮对象的动画连接

双击画面中按钮对象"关闭"，出现动画连接对话框，选择命令语言连接功能，单击"弹起时"按钮，在"命令语言"编辑栏中输入命令"exit(0);"。

6. 调试与运行

将设计的画面全部存储并配置成主画面，启动画面运行程序。

单击0通道输出电压显示文本，出现一个输入对话框，如图11-10所示，输入1个数值，如2.5，单击"确定"按钮，同样在1通道输出电压显示文本中输入1个数值。单击"输出"按钮，线路中模拟电压输出0通道、1通道输出相应的电压值。

程序运行画面如图11-11所示。

图11-10 "请输入"对话框

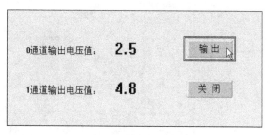

图11-11 程序运行画面

如果没有模拟输出电压，可运行设备测试程序：在研华设备管理程序 Advantech Device Manager 对话框中单击"Test"按钮，出现"Advantech Device Test"对话框，通过选择"Analog Output"项进行测试。如果没有问题，再重新运行组态程序。

实例42　PCI数据采集卡数字信号输入

一、设计任务

采用KingView编写应用程序，实现PCI-1710HG数据采集卡数字量输入。

任务要求：利用开关产生数字（开关）信号（0 或 1），使程序界面中信号指示灯颜色改变。

二、线路连接

在图 11-12 中，由电气开关和光电接近开关分别控制两个电磁继电器，每个继电器都有 2 路常开和常闭开关，其中，2 个继电器的常开开关 KM11 和 KM21 接指示灯，由电气开关控制的继电器的另一常开开关 KM12 接 PCI-1710HG 数据采集卡数字量输入 0 通道（56 端点和 48 端点），由光电接近开关控制的继电器的常开开关 KM22 接板卡数字量输入 1 通道（22 端点和 48 端点）。

也可直接使用按钮、行程开关等的常开触点接数字量输入端口（56 端点是 DI0，22 端点是 DI1，48 端点是 DGND）。更简单的方法是直接使用导线短接或断开数字地（48 端点）和 56、22 等数字量输入端点来产生数字（开关）信号。

其他数字量输入通道信号输入接线方法与上述通道相同。

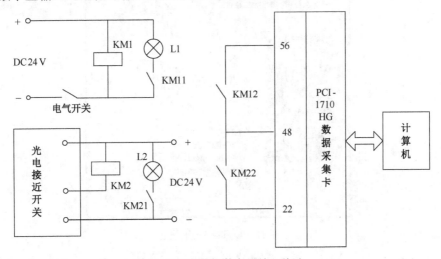

图 11-12　计算机数字量输入线路

三、任务实现

1. 建立新工程项目

工程名称："DI"；工程描述："数字量输入项目"。

2. 制作图形画面

画面名称"数字量输入"。

（1）执行菜单"图库/打开图库"命令，为图形画面添加 8 个指示灯对象。

（2）在开发系统工具箱中为图形画面添加 8 个文本对象，标签分别为"DI1"～"DI8"，1 个按钮对象"关闭"。

设计的画面如图 11-13 所示。

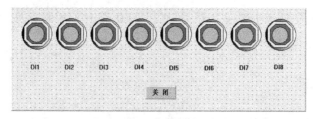

图 11-13　图形画面

3．定义板卡设备

在组态王工程浏览器的左侧选择"设备"中的"板卡"选项，在右侧双击"新建…"按钮，运行"设备配置向导"。

（1）选择"设备驱动"→"智能模块"→"研华 PCI 板卡"→YHPCI1710→YHPCI1710，如图 11-14 所示。

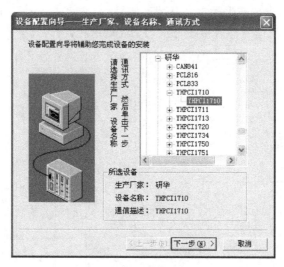

图 11-14　选择板卡设备

（2）单击"下一步"按钮，给要安装的设备指定唯一的逻辑名称，如"PCI1710HG"。

（3）单击"下一步"按钮，给要安装的设备指定地址"C000"（与板卡所在插槽的位置有关）。组态王的设备地址即 PCI 卡的端口地址，可查看 Windows 设备管理器为板卡分配的端口地址，如为 C400，则在组态王设备地址一栏中填入 C400，该地址与板卡所在插槽的位置有关。

（4）单击"下一步"按钮，不改变通信参数。再单击"下一步"按钮，显示所安装设备的所有信息。检查各项设置是否正确，确认无误后，单击"完成"按钮。

设备定义完成后，可以在工程浏览器的右侧看到新建的外部设备"PCI1710"，在左侧看到设备逻辑名称"PCI1710HG"。

4．定义变量

（1）定义变量"开关量输入"。数据类型选"I/O 整数"，连接设备选"PCI1710HG"，寄存器为"DI"，数据类型选"USHORT"，读写属性选"只读"，如图 11-15 所示。

（2）定义变量"指示灯 1"。变量类型选"内存离散"，初始值选"关"。

第 11 章 PCI 数据采集卡监控应用

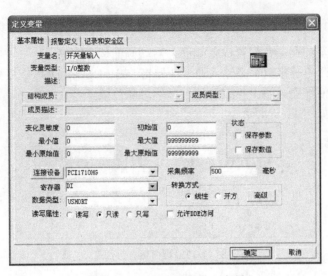

图 11-15 定义开关量输入变量

同样定义 7 个内存离散变量,变量名分别为"指示灯 2"~"指示灯 8"。

5. 建立动画连接

(1)建立信号指示灯对象动画连接:将各指示灯对象分别与变量"指示灯 1"~"指示灯 8"连接起来。

(2)建立按钮对象"关闭"动画连接:按钮"弹起时"执行命令 "exit(0);"。

6. 编写命令语言

在组态王工程浏览器的左侧选择"命令语言/数据改变命令语言"选项,在右侧双击"新建"按钮,弹出"数据改变命令语言"对话框,在"变量[.域]"文本框中输入"\\本站点\开关量输入"(或选择),在编辑栏中输入相应语句,如图 11-16 所示。

图 11-16 输入相应语句

7. 调试与运行

将设计的画面全部存储并配置成主画面,启动画面运行程序。

将按钮、行程开关等接数字量输入通道(如将 DI3、DI5 和 DGND 短接或断开),产生数字(开关)信号,使程序画面中相应的信号指示灯颜色改变。

程序运行画面如图 11-17 所示。

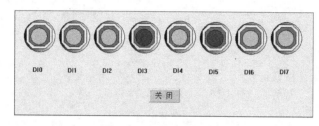

图 11-17 程序运行画面

实例 43 PCI 数据采集卡数字信号输出

一、设计任务

采用 KingView 编写应用程序实现 PCI-1710HG 数据采集卡数字量输出。

任务要求:

在程序中执行"打开/关闭"命令,画面中信号指示灯变换颜色,同时,线路中指示灯 L 亮/灭(数字量输出 1 通道输出高低电平)。

二、线路连接

在图 11-18 中,PCI-1710HG 数据采集卡数字量输出 1 通道(引脚 13 和 39)接三极管基极,当计算机输出控制信号置 13 脚为高电平时,三极管导通,继电器常开开关 KM1 闭合,指示灯 L 亮;当置 13 脚为低电平时,三极管截止,继电器常开开关 KM1 打开,指示灯 L 灭。

也可使用万用表直接测量各数字量输出通道与数字地(如 DO1 与 DGND)之间的输出电压(高电平或低电平)。

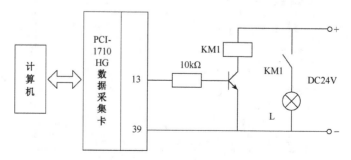

图 11-18 数字量输出线路

其他数字量输出通道信号输出接线方法与 1 通道相同。

三、任务实现

1．建立新工程项目

工程名称："DO"；工程描述："数字量输出项目"。

2．制作图形画面

（1）执行菜单"图库/打开图库"命令，为图形画面添加 8 个开关对象。

（2）在开发系统工具箱中为图形画面添加 8 个文本对象（标签分别为"DO1"～"DO8"）和 1 个按钮控件"关闭"。 设计的画面如图 11-19 所示。

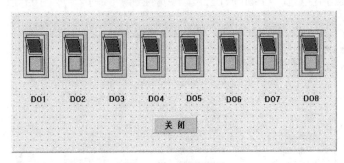

图 11-19　图形画面

3．定义板卡设备

在组态王工程浏览器的左侧选择"设备"中的"板卡"选项，在右侧双击"新建…"按钮，运行"设备配置向导"。

（1）选择"设备驱动"→"智能模块"→"研华 PCI 板卡"→YHPCI1710→YHPCI1710，如图 11-20 所示。

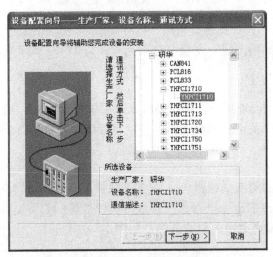

图 11-20　选择板卡设备

（2）单击"下一步"按钮，给要安装的设备指定唯一的逻辑名称，如"PCI1710HG"。

（3）单击"下一步"按钮，给要安装的设备指定地址"C000"（组态王的设备地址即 PCI 卡的端口地址，可查看 Windows 设备管理器为板卡分配的端口地址，如为 C400，则在组态王设备地址一栏中填入 C400。该地址与板卡所在插槽的位置有关）。

（4）单击"下一步"按钮，不改变通信参数。再单击"下一步"按钮，显示所安装设备的所有信息。检查各项设置是否正确，确认无误后，单击"完成"按钮。

设备定义完成后，可以在工程浏览器的右侧看到新建的外部设备 "PCI1710"，在左侧看到设备逻辑名称"PCI1710HG"。

4．定义变量

（1）定义变量"开关量输出"。数据类型选"I/O 整数"，连接设备选"PCI1710HG"，寄存器选"DO"，数据类型选"USHORT"，读写属性选"只写"，如图 11-21 所示。

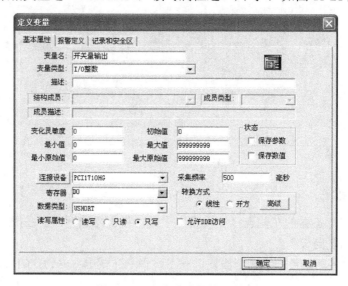

图 11-21　定义开关量输出变量

（2）定义变量"开关1"。变量类型选"内存离散"，初始值选"关"。

同样定义 7 个内存离散变量，变量名分别为"开关 2"～"开关 8"。

5．建立动画连接

（1）建立开关对象动画连接。将各开关对象分别与变量"开关 1"～"开关 8"连接起来。

（2）建立按钮对象"关闭"动画连接。按钮"弹起时"执行命令"exit(0);"。

6．编写命令语言

在组态王工程浏览器的左侧选择"命令语言/数据改变命令语言"选项，在右侧双击"新建"按钮，弹出"数据改变命令语言"对话框，在"变量[.域]"文本框中输入"\\本站点\开关 1"（或选择），在编辑栏中输入相应语句，如图 11-22 所示。

第 11 章 PCI 数据采集卡监控应用

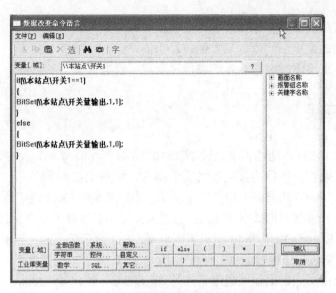

图 11-22 "数据改变命令语言"对话框

同样，编写"开关 2"～"开关 8"的数据改变命令语言。

7．调试与运行

将设计的画面全部存储并配置成主画面，启动画面运行程序。

单击程序画面中的开关（打开或关闭），线路中数字量输出口输出高低电平，可使用万用表直接测量数字量输出通道（DOi 和 GND 之间）的输出电压（高电平或低电平）。

程序运行画面如图 11-23 所示。

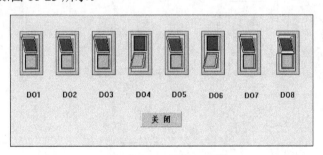

图 11-23 程序运行画面

实例 44 PCI 数据采集卡温度监控

一、设计任务

采用 KingView 编写程序实现 PC 与 PCI-1710HG 数据采集卡温度测控。
任务要求：
（1）自动连续读取并显示温度测量值（十进制）；

（2）显示测量温度实时变化曲线和历史变化曲线；

（3）统计采集的温度平均值、最大值与最小值；

（4）实现温度上下限报警指示并能在程序运行中设置报警上下限值。

二、线路连接

首先将 PCI-1710HG 多功能板卡通过 PCL-10168 数据线缆与 ADAM-3968 接线端子连接，然后将其他输入、输出元器件连接到接线端子板上，如图 11-24 所示。

在图 11-24 中，Pt100 热电阻检测温度变化，通过变送器和 250Ω 电阻转换为 1～5V 电压信号送入板卡模拟量 1 通道（引脚 34 和 60）；当检测温度小于计算机程序设定的下限值，计算机输出控制信号，使板卡 DO1 通道 13 引脚置高电平，DO 指示灯 1 亮；当检测温度大于计算机设定的上限值，计算机输出控制信号，使板卡 DO2 通道 46 引脚置高电平，DO 指示灯 2 亮。

在线路中，温度变送器的输入温度范围是 0～200℃，输出 4～20mA 电流信号；指示灯、继电器的供电电压均为 DC24V。

三、任务实现

1. 建立新工程项目

工程名称："AI&DO"（必需，可以任意指定）；工程描述："温度测量与控制（可选）"。

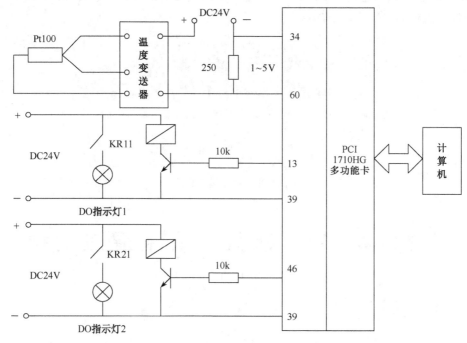

图 11-24　PC 与 PCI-1710HG 数据采集卡组成的温度测控线路

2. 制作图形画面

1）制作画面1（主画面）

在工程浏览器左侧树形菜单中选择"文件/画面"命令，在右侧视图中双击"新建"按钮，出现画面属性对话框，输入画面名称"超温报警与控制"，设置画面位置、大小等，然后单击"确定"按钮，进入组态王开发系统，此时工具箱自动加载。

图形画面1中有1个仪表对象、3个指示灯对象、3个按钮对象、10个文本对象、1个传感器对象等，如图11-25所示。

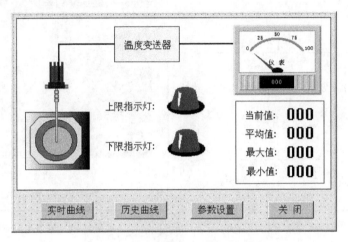

图 11-25 "超温报警与控制"主画面

2）制作画面2：画面名称"温度实时曲线"

图形画面2中有1个"温度实时曲线"对象，1个按钮对象，如图11-26所示。

3）制作画面3：画面名称"温度历史曲线"

图形画面3中有1个"温度历史曲线"对象，1个按钮对象，如图11-27所示。

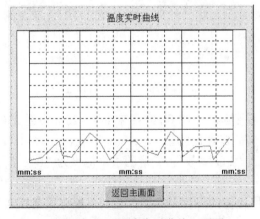 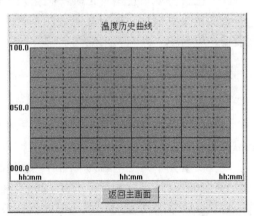

图 11-26 "温度实时曲线"画面　　　　图 11-27 "温度历史曲线"画面

4）制作画面4：画面名称"参数设置"

图形画面4中有4个文本对象："上限温度值："及其显示文本"000"，"下限温度值："

及其显示文本"000",以及"确定"和"取消"2个按钮对象,如图11-28所示。

3. 定义板卡设备

在组态王工程浏览器的左侧选择"设备"中的"板卡"选项,在右侧双击"新建…"按钮,运行"设备配置向导"。

(1)选择"智能模块"→"研华"→YHPCI1710→YHPCI1710,如图11-29所示。

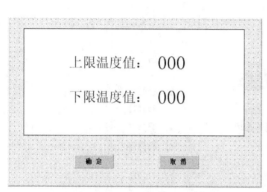

图11-28 "参数设置"画面

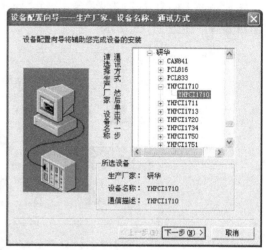

图11-29 选择板卡设备

(2)单击"下一步"按钮,给要安装的设备指定唯一的逻辑名称,如"PCI1710HG"。

(3)单击"下一步"按钮,给要安装的设备指定地址"C000"(与板卡所在插槽的位置有关)。

(4)单击"下一步"按钮,不改变通信参数。

(5)单击"下一步"按钮,显示所安装设备的所有信息。

(6)检查各项设置是否正确,确认无误后,单击"完成"按钮。

设备定义完成后,可以在工程浏览器的右侧看到新建的外部设备"PCI1710",在左侧看到设备逻辑名称"PCI1710HG"。

4. 定义变量

1)定义1个模拟量输入变量

已知传感器为Pt100,其变送器的温度测量范围是0~200℃,线性输出4~20mA,经250Ω电阻将电流信号转换为1~5V电压信号输入板卡模拟量1通道。

定义变量如下:变量名为"AI",变量类型选"I/O实数";变量的最小值设为"0"、最大值设为"200"(按温度测量范围0~200℃确定)。

定义 I/O 实数变量时,最小原始值、最大原始值的设置是关键,它们是根据采集板卡的电压输入范围和 A/D 转换位数确定的。

因采用的 PCI-1710HG 板卡模拟电压输入范围是-5~+5V,A/D 是 12 位,因此计算机采样值为 $2^{12}-1=4095$,即-5V 对应 0,+5V 对应 4095,电压与采样值呈线性关系,因为变送器的输出电压范围是1~5V,那么变量属性中的最小原始值应为"2458"(对应1V,即0℃),

最大原始值为"4095"（对应 5V，即 200℃）。连接设备选"PCI1710HG"（前面已定义），变送器的输出电压接板卡 AI1 通道，故寄存器为"AD1"，数据类型选"USHORT"（注：KingView6.0 版数据类型选 UINT），读写属性选"只读"，如图 11-30 所示。

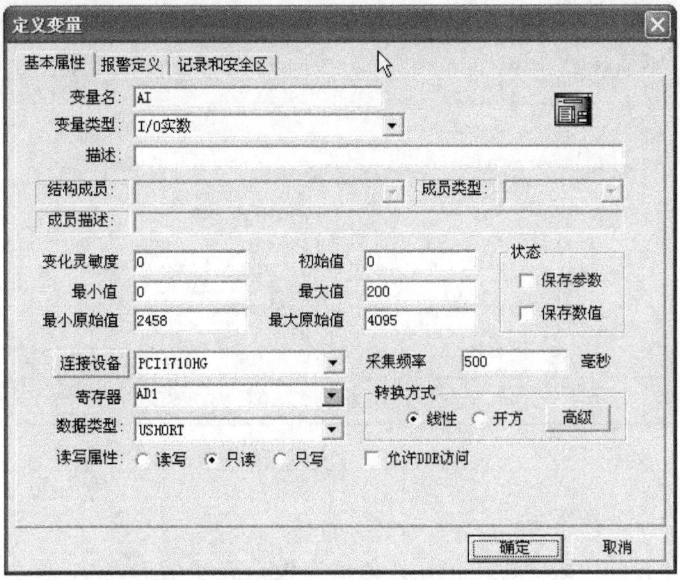

图 11-30 定义输入变量

选择"定义变量"对话框的"记录和安全区"选项，选择"定时记录"设置时间，如图 11-31 所示。

2）定义 1 个数字量输出变量

变量名为"开关量输出"，变量类型选"I/O 整数"，连接设备选"PCI1710HG"，寄存器设为"DO0"，数据类型选"USHORT"，读写属性选"只写"，如图 11-32 所示。

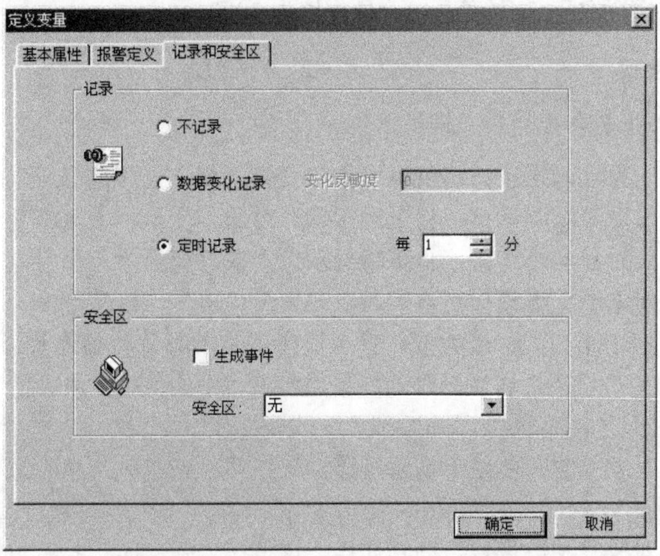

图 11-31 设置 AI 变量定时记录时间

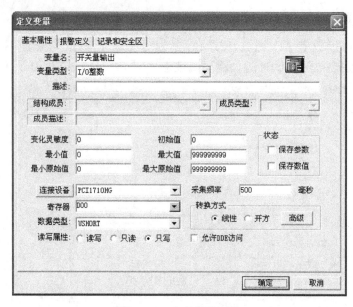

图 11-32　定义输出变量

3）定义 8 个内存实型变量

"上限温度"、"设定上限温度"的初始值均为 35，最小值均为 0，最大值均为 100。
"下限温度"、"设定下限温度"的初始值均为 20，最小值均为 0，最大值均为 100。
"平均值"、"最大值"、"最小值"的初始值、最小值均为 0，最大值均为 100。
"累加值"的初始值、最小值均为 0，最大值为 200000。

4）定义 3 个内存离散变量

上限灯"、"下限灯"、"电炉"的初始值均为"关"。

5）定义 1 个内存整型变量

变量名为"采样个数"，初始值为 0，最大值为 2000。

5. 建立动画连接

1）建立"超温报警与控制"画面动画连接

（1）建立仪表对象动画连接：将仪表对象与变量"AI"连接起来。

（2）建立上限灯对象动画连接：将上限指示灯对象与变量"上限灯"连接起来。

（3）建立下限灯对象动画连接：将下限指示灯对象与变量"下限灯"连接起来。

（4）建立电炉对象动画连接：将电炉对象与变量"电炉"连接起来。

（5）建立当前值、平均值、最大值、最小值显示文本对象动画连接：将它们的显示文本对象"000"的"模拟值输出"属性分别与变量"AI"、"平均值"、"最大值"、"最小值"连接，输出格式：整数"2"位，小数"1"位。

（6）建立按钮对象"实时曲线"动画连接，该按钮"弹起时"执行以下命令：

　　ShowPicture("温度实时曲线");

（7）建立按钮对象"参数设置"动画连接，该按钮"弹起时"执行以下命令：

　　ShowPicture("参数设置");

(8)建立按钮对象"关闭"动画连接,该按钮弹起时执行命令:

BitSet(\\本站点\DO,2,0);

BitSet(\\本站点\DO,3,0);

exit(0);

2)建立"温度实时曲线"画面动画连接

(1)建立"实时趋势曲线"控件动画连接:

在曲线定义中,将曲线 1 与变量"AI"连接起来;在标识定义中,将"标识 Y 轴"选项去掉,将时间轴选项中时间长度改为"2"min。

(2)建立按钮对象"返回主画面"动画连接,该按钮弹起时执行以下命令:

ShowPicture("超温报警与控制");

3)建立"温度历史曲线"画面动画连接

(1)建立"历史趋势曲线"控件动画连接:

在曲线定义中,将曲线 1 与变量"AI"连接起来;在标识定义中,将"标识 Y 轴"选项去掉,将时间轴选项中时间长度改为"2"min。

(2)建立按钮对象"返回主画面"动画连接,该按钮弹起时执行以下命令:

ShowPicture("超温报警与控制");

4)建立"参数设置" 画面动画连接

(1)建立上限温度值显示文本"000"动画连接:

将"模拟值输出"属性与变量"设定上限温度"连接,再将"模拟值输入"属性与变量"设定上限温度"连接,将最大值改为"200",最小值改为"100"。

(2)建立下限温度值显示文本"000"动画连接:

将"模拟值输出"属性与变量"设定下限温度"连接,再将"模拟值输入"属性与变量"设定下限温度"连接,将最大值改为"100",最小值改为"20"。

(3)建立按钮对象"确定"动画连接,该按钮弹起时执行以下命令:

\\本站点\上限温度=\\本站点\设定上限温度;

\\本站点\下限温度=\\本站点\设定下限温度;

closepicture("参数设置");

ShowPicture("超温报警与控制");

(4)建立按钮对象"取消"动画连接,该按钮弹起时执行以下命令:

\\本站点\设定上限温度=\\本站点\上限温度;

\\本站点\设定下限温度=\\本站点\下限温度;

closepicture("参数设置");

ShowPicture("超温报警与控制");

注:ShowPicture 函数用于显示指定名称的画面;

ClosePicture 函数用于将已调入内存的画面关闭,并从内存中删除。

6. 编写程序代码

(1)双击命令语言"事件命令语言"项,在弹出的对话框中,在"事件描述"文本框中输入表达式:"\\本站点\ AI>0";在事件"发生时"编辑栏中输入以下初始化语句:

\\本站点\采样个数=0;

\\本站点\累加值=0;

\\本站点\最大值=\\本站点\AI;

\\本站点\最小值=\\本站点\AI;

（2）双击命令语言"应用程序命令语言"项，在弹出的对话框中，将运行周期设为"500"。

① 在"启动时"编辑栏里输入以下程序：

ShowPicture("温度实时曲线");

ShowPicture("超温报警与控制");

② 在"运行时"编辑栏里输入以下控制程序：

```
if(\\本站点\AI<=\\本站点\下限温度)
{
\\本站点\下限灯=1;
\\本站点\电炉=1;
BitSet(\\本站点\DO,2,1);
}
if(\\本站点\AI>\\本站点\下限温度 && \\本站点\AI<\\本站点\上限温度)
{
\\本站点\上限灯=0;
\\本站点\下限灯=0;
\\本站点\电炉=1;
BitSet(\\本站点\DO,2,0);
BitSet(\\本站点\DO,3,0);
}
if(\\本站点\AI>=\\本站点\上限温度)
{
\\本站点\上限灯=1;
\\本站点\电炉=0;
BitSet(\\本站点\DO,3,1);
}
\\本站点\采样个数=\\本站点\采样个数+1;
\\本站点\累加值=\\本站点\累加值+\\本站点\AI;
\\本站点\平均值=\\本站点\累加值 /\\本站点\采样个数;
if(\\本站点\AI>=\\本站点\最大值)
{
  \\本站点\最大值=\\本站点\AI;
}
if(\\本站点\AI<=\\本站点\最小值)
{
\\本站点\最小值=\\本站点\AI;
}
```

7. 调试与运行

将设计的画面全部存储，将"超温报警与控制"画面配置成主画面，启动画面运行程序。当温度传感器的检测温度在不同范围时，出现不同响应，见表 11-1。

表 11-1 程序运行响应

检测温度 AI（℃）	程序主画面动画			线路中指示灯动作	
	上限灯	下限灯	电炉	DO 指示灯 1	DO 指示灯 2
AI＜下限温度	灭	亮	开	亮	灭
下限温度≤ AI ≤上限温度	灭	灭	开	灭	灭
AI＞上限温度	亮	灭	关	灭	亮

单击主画面"实时曲线"按钮，进入温度实时曲线画面，可以观看温度实时变化曲线，单击"返回主画面"按钮可以返回主画面"超温报警与控制"。

单击主画面"历史曲线"按钮，进入温度历史曲线画面，可以观看温度历史变化曲线，单击"返回主画面"按钮可以返回主画面"超温报警与控制"。

单击主画面"参数设置"按钮，进入参数设置画面，可以设置温度的报警上限、下限值；单击"确定"按钮可以确认当前设定值，单击"取消"按钮保持原先设定值不变。

主画面运行情况如图 11-33 所示。

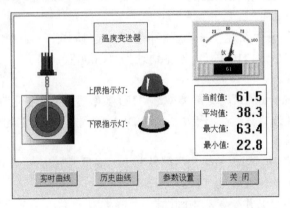

图 11-33 程序运行主画面

实例 45 组态王与 VB 动态数据交换

一、设计任务

采用 KingView 和 VB 编写程序实现二者动态数据交换。

任务要求：

（1）KingView 作为服务程序向 VB 提供数据；

（2）KingView 作为顾客程序从 VB 得到数据。

二、系统框图

KingView 通过板卡驱动程序从下位机采集数据，VB 又向 KingView 请求数据。数据流向如图 11-34 所示。

VB 向 KingView 传递数据的数据流向如图 11-35 所示。

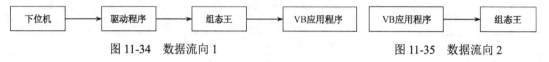

图 11-34　数据流向 1　　　　　　　　　图 11-35　数据流向 2

三、任务实现

1. KingView 作为服务程序向 VB 提供数据

1）建立 KingView 工程项目

（1）建立新项目。

工程名称："VBDDE1"；工程描述："KingView 向 VB 传递数据"。

（2）制作图形画面。

画面名称："数据交换"；图形画面中有一个文本对象"###"。

（3）定义板卡设备。

选择"设备/板卡"→"新建"→"智能模块"→"研华"→YHPCI-1710。

设备逻辑名称为"PCI-1710HG"；设备地址为"C000"。

（4）定义 I/O 变量。

变量名为"fromViewtoVB"，变量类型选"I/O 实数"，寄存器设为"AD0"，数据类型选"USHORT"，读写属性选"只读"；选中"允许 DDE 访问"，如图 11-36 所示。

（5）建立动画连接。

将文本对象"###"的"模拟值输出"属性与 I/O 变量"fromViewtoVB"连接；输出格式：整数位数设为"1"，小数位数设为"2"。

将设计的画面全部存储并配置成主画面。

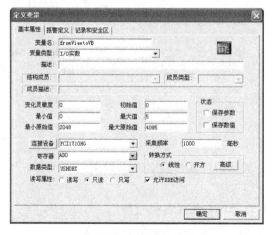

图 11-36　定义 I/O 变量

2）建立 VB 工程项目

（1）建立 VB 工程。

运行可视化编程工具 Visual Basic，新建窗体 Form1。

在窗体中加入两个 Text 控件：Text1 和 Text2；

以"vbdde1.frm"及"vbdde1.vbp"为名存储工程。

（2）编写 Visual Basic 应用程序。

双击 Form1 窗体中任何没有控件的区域，在代码编辑窗口内编写 Form_Load 子程序，同时编写 Text1_Change 子程序，如下所示：

```
Private Sub Form_Load()
    Text1.LinkTopic = "view|tagname"
    Text1.LinkItem = "PCI1710HG.AD0"
    Text1.LinkMode = 1
End Sub
```

```
Private Sub Text1_Change()
    k = (4095 - 4095 / 2) / 5
    data = (Val(Text1.Text) - 4095 / 2) / k
    Text2.Text = Format$(data, "0.00")
End Sub
```

3）调试与运行

先运行 KingView 画面程序，再启动 VB 应用程序。

旋转电位器旋钮，改变组态王画面中的测量电压值，这时就可在 VB 窗口 Form1 的文本框 Text2 中看到从 KingView 传过来的电压测量值，如图 11-37 所示。

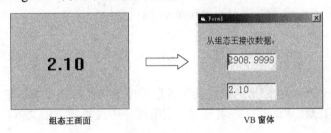

图 11-37　KingView 向 VB 传数据

2．KingView 作为顾客程序从 VB 得到数据

1）建立 VB 工程项目

（1）建立 VB 工程。

运行可视化编程工具 Visual Basic，新建窗体 Form1，在窗体中加入 1 个 Text 控件 Text1。

（2）属性设置。

将窗体 Form1 的 LinkMode 属性设置为 1，LinkTopic 属性设置为 FormToView。

将控件 Text1 的名称设为 TextToView。

以窗体名"vbdde2.frm"及工程名"vbdde2.vbp"存储工程。

2）建立 KingView 工程项目

（1）建立新项目。

工程名称："VBDDE2"；工程描述："KingView 与 VB 动态交换数据"。

（2）定义 DDE 设备。

在工程浏览器中，从左边的工程目录显示区中选择"设备\DDE"选项，然后在右边的内容显示区中双击"新建"图标,则弹出"设备配置向导——DDE"对话框,如图11-38所示。

图 11-38　设备配置向导——DDE

按下面配置。
➔ 选择"DDE";
➔ DDE 设备逻辑名称:"PCIDDE"(用户自己定义)。
➔ 服务程序名:"vbdde2"(必须与 VB 应用程序的工程名一致)。
➔ 话题名:"FormToView"(必须与 VB 应用程序窗体的 LinkToPic 属性值一致)。
➔ 数据交换方式:选择"标准的 Windows 项目交换"。

(3)定义变量。
➔ 变量名:"fromVBtoView"(用户自己定义,在"组态王"内部使用)。
➔ 变量类型:"I/O 字符串"。
➔ 连接设备:"PCIDDE"(用来定义服务器程序的信息,已在前面定义)。
➔ 项目名:"TextToView"(必须与 VB 应用程序中提供数据的文本框控件名一致)。

(4)制作图形画面。
画面名称:"数据交换";图形画面中有一个文本对象"###"。
(5)建立动画连接。
将文本对象"###"的"字符串输出"属性与 I/O 字符串变量"fromVBtoView"连接。
将设计的画面全部存储并配置成主画面。

3)运调与试行

先启动 VB 应用程序,再运行 KingView 画面程序。
改变 VB 画面文本框中的数字,这时就可在 KingView 画面文本框中看到从 VB 传过来的数值,如图 11-39 所示。

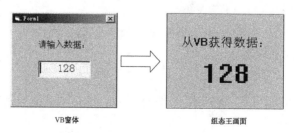

图 11-39　VB 向 KingView 传数据

第12章 USB 数据采集模块监控应用

目前常用的数据采集板卡安装不太方便,灵活性受到限制,易受机箱内环境干扰而导致数据采集失真,容易受计算机插槽数量和地址、中断资源限制,不可能挂接很多设备,可扩展性差。

USB 总线的出现很好地解决了以上问题,目前 USB 接口已经成为计算机的标准设备,它具有通用、高速、支持热插拔等优点,非常适合在数据采集中应用。

本章采用组态软件 KingView 实现 USB 数据采集模块模拟电压输入与输出、开关量输入与输出及其温度监控。

实例 46 USB 数据采集模块模拟电压采集

一、设计任务

采用 KingView 编写应用程序实现 USB-4711A 数据采集模块模拟量输入。
任务要求:
以连续方式采集并显示电压值(范围:0~5V),绘制电压实时变化曲线。

二、线路连接

将直流 5V 电压接到一个电位器两端,通过电位器产生一个模拟变化电压(范围是 0~5V),送入 USB-4711A 数据采集模块模拟量输入 1 通道(端点 AI1 和端点 AGND),同时在电位器电压输出端接一信号指示灯,如图 12-1 所示。

也可在模拟量输入 1 通道接稳压电源提供的 0~5V 电压。

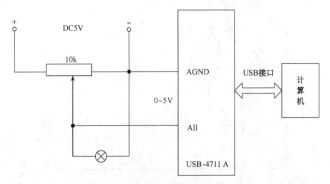

图 12-1 计算机模拟电压输入线路

三、任务实现

1. 建立新工程项目

工程名称:"AI";工程描述:"模拟电压输入"。

2. 制作图形画面

画面名称"模拟量输入"。

(1)执行菜单"图库/打开图库"命令,为图形画面添加 1 个仪表对象。

(2)通过开发系统工具箱为图形画面添加 1 个实时趋势曲线控件。

(3)通过开发系统工具箱为图形画面添加 2 个文本对象:标签"当前电压值:"、当前电压值显示文本"000",添加 1 个按钮对象。

设计的画面如图 12-2 所示。

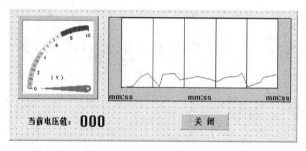

图 12-2　图形画面

3. 定义设备

在组态王工程浏览器的左侧选择"设备"中的"板卡"选项,在右侧双击"新建…"按钮,运行设备配置向导。

(1)选择"设备驱动"→"智能模块"→"研华 PCI 板卡"→USB4711→USB,如图 12-3 所示。

图 12-3　选择 USB 设备

(2)单击"下一步"按钮,给要安装的设备指定唯一的逻辑名称,如"USB4711"。
(3)单击"下一步"按钮,选择串口号,如"COM1"。
(4)单击"下一步"按钮,给要安装的设备指定地址"1"。
(5)单击"下一步"按钮,不改变通信参数。
(6)单击"下一步"按钮,显示所安装设备的所有信息。
(7)检查各项设置是否正确,确认无误后,单击"完成"按钮。

设备定义完成后,可以在工程浏览器的右侧看到新建的外部设备"USB4711"。

4.定义变量

定义变量模拟量输入:变量类型选"I/O实数",变量的最小值设为"0"、最大值设为"5"(按输入电压范围0~5V确定),最小原始值设为"0"、最大原始值设为"5"。

连接设备选"USB4711"(前面已定义),寄存器选"AI",输入1(表示读取模拟量输入1通道输入电压),即寄存器设为AI1;数据类型选"FLOAT";读写属性选"只读"。

变量"模拟量输入"的定义如图12-4所示。

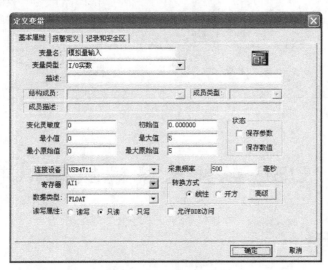

图12-4 定义模拟量输入

5.建立动画连接

1)建立仪表对象的动画连接

双击画面中的仪表对象,弹出"仪表向导"对话框,单击变量名文本框右边的"?",出现"选择变量名"对话框。

选择已定义好的变量名"模拟量输入",单击"确定"按钮,仪表向导对话框变量名文本框中出现"\\本站点\模拟量输入"表达式,仪表表盘标签改为"(V)",填充颜色设为"白色",最大刻度设为"5"。

2)建立实时趋势曲线对象的动画连接

双击画面中实时趋势曲线对象。在曲线定义选项中,单击曲线1表达式文本框右边的"?",选择已定义好的变量"模拟量输入",并设置其他参数值。在标识定义选项中,设置数值轴最大值为"5",数据格式选"实际值",时间轴长度设为"2"min。

3）建立当前电压值显示文本对象动画连接

双击画面中当前电压值显示文本对象"000"，出现动画连接对话框，将"模拟值输出"属性与变量"模拟量输入"连接，输出格式：整数"1"位，小数"1"位。

4）建立按钮对象的动画连接

双击按钮对象"关闭"，出现动画连接对话框，选择命令语言连接功能，单击"弹起时"按钮，在"命令语言"编辑栏中输入命令"exit(0);"。

6．调试与运行

将设计的画面全部存储并配置成主画面，启动画面运行程序。

改变模拟量输入 1 通道输入电压值（范围是 0～5V），程序画面文本对象中的数字、仪表对象中的指针、实时趋势曲线都将随输入电压变化而变化。程序运行画面如图 12-5 所示。

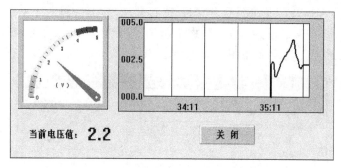

图 12-5　运行画面

实例 47　USB 数据采集模块模拟电压输出

一、设计任务

采用 KingView 编写应用程序，实现 USB-4711A 数据采集模块模拟量输出。

任务要求：

在程序画面中人为产生一个变化的数值（范围为 0～5），绘制数据变化曲线；在 USB 数据采集模块模拟量输出 0 通道输出同样大小的电压值；线路中指示灯 L 的亮度随之变化，示波器显示电压变化波形（范围为 0～5V）。

二、线路连接

在图 12-6 中，将 USB-4711A 数据采集模块模拟量输出 0 通道（AO0 与 AGND）接信号指示灯 L，通过其明暗变化来显示电压大小变化，同时接电子示波器来显示电压变化波形（范围为 0～5V）。

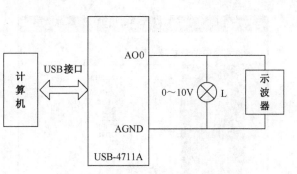

图 12-6 计算机模拟电压输出线路

也可使用万用表直接测量 AO0 与 AGND 之间的输出电压（0～5V）。

三、任务实现

1. 建立新工程项目

工程名称："AO"；工程描述："模拟量输出项目"（可选）。

2. 制作图形画面

画面名称"模拟量输出"。

（1）执行菜单"图库/打开图库"命令，为图形画面添加 1 个游标对象。

（2）在开发系统工具箱中为图形画面添加 1 个实时趋势曲线控件；2 个文本对象（"输出电压值："、"000"）；1 个按钮控件"关闭"等。

设计的画面如图 12-7 所示。

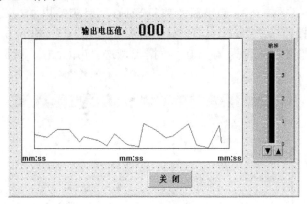

图 12-7 图形画面

3. 定义设备

在组态王工程浏览器的左侧选择"设备"中的"板卡"选项，在右侧双击"新建…"按钮，运行"设备配置向导"。

（1）选择"设备驱动"→"智能模块"→"研华 PCI 板卡"→USB4711→USB，如图 12-8 所示。

图 12-8 选择 USB 设备

（2）单击"下一步"按钮，给要安装的设备指定唯一的逻辑名称，如"USB4711"。
（3）单击"下一步"按钮，选择串口号，如"COM1"。
（4）单击"下一步"按钮，给要安装的设备指定地址"1"。
（5）单击"下一步"按钮，不改变通信参数。
（6）单击"下一步"按钮，显示所安装设备的所有信息。
（7）检查各项设置是否正确，确认无误后，单击"完成"按钮。

设备定义完成后，可以在工程浏览器的右侧看到新建的外部设备"USB4711"。

4. 定义变量

定义变量"模拟量输出"：变量类型选"I/O实数"。最小值设为"0"，最大值设为"5"（按输出电压范围0～5V确定）；最小原始值设为"0"（对应输出0V），最大原始值设为"5"（对应输出5V）；连接设备选"USB4711"，寄存器选"AOV"，输入0（表示向模拟量输出0通道输出电压），即寄存器设为AOV0，数据类型选"FLOAT"，读写属性选"只写"，如图12-9所示。

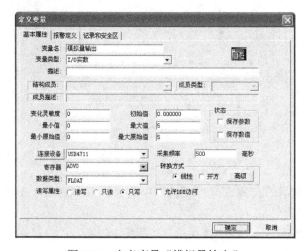

图 12-9 定义变量"模拟量输出"

5. 建立动画连接

1）建立"实时趋势曲线"对象的动画连接

双击画面中实时趋势曲线对象，出现动画连接对话框。在曲线定义选项中，单击曲线 1 表达式文本框右边的"？"号，选择已定义好的变量"模拟量输出"，将背景色改为白色，将 X 方向、Y 方向主分线、次分线数目都改为 0。

在标识定义选项中，设置数值轴最大值为"5"，数据格式选"实际值"，时间轴长度设为"2" min。

2）建立"游标"对象动画连接

双击画面中游标对象，出现动画连接对话框。单击变量名（模拟量）文本框右边的"？"号，选择已定义好的变量"模拟量输出"；并将滑动范围的最大值改为"5"，标志中的主刻度数改为"5"，副刻度数改为"4"。

3）建立输出电压值显示文本对象动画连接

双击画面中输出电压值显示文本对象"000"，出现动画连接对话框，将"模拟值输出"属性与变量"模拟量输出"连接，输出格式：整数"1"位，小数"1"位。

4）建立"按钮"对象的动画连接

双击画面中按钮对象"关闭"，出现动画连接对话框，选择命令语言连接功能，单击"弹起时"按钮，在"命令语言"编辑栏中输入命令"exit(0);"。

6. 调试与运行

将设计的画面全部存储并配置成主画面，启动画面运行程序。

单击游标上下箭头，生成一间断变化的数值（0～5），在程序界面中产生一个随之变化的曲线。同时，"组态王"系统中的 I/O 变量"AO"值也会自动更新不断变化，线路中模拟电压输出 0 通道输出 0～5V 电压。

程序运行画面如图 12-10 所示。

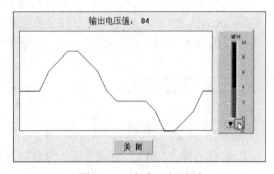

图 12-10 程序运行画面

实例 48　USB 数据采集模块数字信号输入

一、设计任务

采用 KingView 编写应用程序实现 USB-4711A 数据采集模块数字量输入。

任务要求：

利用开关产生数字（开关）信号（0 或 1），使程序界面中信号指示灯颜色改变。

二、线路连接

在图 12-11 中,由电气开关和光电接近开关分别控制 2 个电磁继电器,每个继电器都有 2 路常开和常闭开关,其中,2 个继电器的一个常开开关 KM11 和 KM21 接指示灯,由电气开关控制的继电器的另一常开开关 KM12 接 USB-4711A 数据采集模块数字量输入 0 通道(端点 DI0 和 DGND),由光电接近开关控制的继电器的另一常开开关 KM22 接板卡数字量输入 1 通道(端点 DI1 和 DGND)。

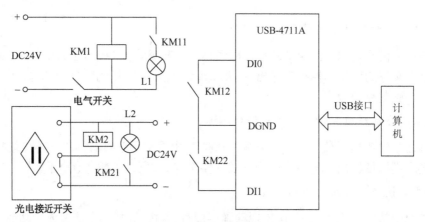

图 12-11 计算机数字量输入线路

也可直接使用按钮、行程开关等的常开触点接数字量输入端口(端点 DI0、DI1、DI2 与端点 DGND 之间)。更简单的方法是直接使用导线短接或断开数字地(DGND)和 DI0、DI1 等数字量输入端点来产生数字(开关)信号。

三、任务实现

1. 建立新工程项目

工程名称:"DI";工程描述:"数字量输入项目"。

2. 制作图形画面

画面名称"数字量输入"。

(1)执行菜单"图库/打开图库"命令,为图形画面添加 2 个指示灯对象。
(2)在开发系统工具箱中为图形画面添加 2 个文本对象("DI0"、"DI1");1 个按钮对象"关闭"等。

设计的画面如图 12-12 所示。

3. 定义设备

在组态王工程浏览器的左侧选择"设备"中的"板卡"选项,在右侧双击"新建…"按钮,运行"设备配置向导"。

(1)选择"设备驱动"→"智能模块"→"研华 PCI 板卡"→USB4711→USB,如图 12-13

所示。

图 12-12 图形画面　　　　　图 12-13 选择 USB 设备

（2）单击"下一步"按钮，给要安装的设备指定唯一的逻辑名称，如"USB4711"。
（3）单击"下一步"按钮，选择串口号，如"COM1"。
（4）单击"下一步"按钮，给要安装的设备指定地址"0"（该值与使用的 USB 口位置有关）。
（5）单击"下一步"按钮，不改变通信参数。
（6）单击"下一步"按钮，显示所安装设备的所有信息。
（7）检查各项设置是否正确，确认无误后，单击"完成"按钮。
设备定义完成后，可以在工程浏览器的右侧看到新建的外部设备 "USB4711"。

4．定义变量

（1）定义变量"开关量输入 0"：数据类型选"I/O 整数"，连接设备选"USB4711"，寄存器设为 DI0（即读取数字量输入 0 通道状态），数据类型选"Bit"，读写属性选"只读"，如图 12-14 所示。

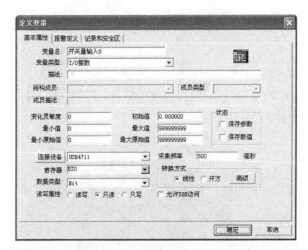

图 12-14 定义"开关量输入 0"变量

变量"开关量输入1"的定义与变量"开关量输入0"基本一样，不同的是寄存器设置为"DI1"。

（2）定义变量"指示灯0"、"指示灯1"：变量类型为选"内存离散"，初始值选"关"。

5．建立动画连接

（1）建立信号指示灯对象动画连接：将指示灯对象DI0、DI1分别与变量"指示灯0"、"指示灯1"连接起来。

（2）建立按钮对象"关闭"动画连接：按钮"弹起时"执行命令"exit(0);"。

6．编写命令语言

在组态王工程浏览器的左侧选择"命令语言/数据改变命令语言"选项，在右侧双击"新建"按钮，弹出"数据改变命令语言"对话框，在"变量[.域]"文本框中输入"\\本站点\开关量输入0"，在编辑栏中输入相应语句，如图12-15所示。

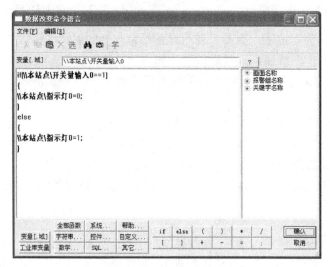

图12-15　输入相应语句

同样编写变量"开关量输入1"的数据改变命令语言。

7．调试与运行

将设计的画面全部存储并配置成主画面，启动画面运行程序。

将模块上DGND分别与DI0、DI1端口短接或断开，程序界面中相应信号指示灯亮/灭（颜色改变），程序运行画面如图12-16所示。

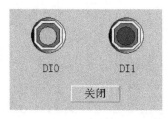

图12-16　程序运行画面

实例 49　USB 数据采集模块数字信号输出

一、设计任务

采用 KingView 编写应用程序，实现 USB-4711A 数据采集模块数字量输出。

任务要求：

在 PC 程序画面中执行打开/关闭命令，画面中信号指示灯变换颜色；USB 数据采集模块开关量输出 0 通道输出高/低电平，线路中 DO 指示灯 L 亮/灭。

二、线路连接

在图 12-17 中，USB-4711A 数据采集模块数字量输出 0 通道（DO0）接三极管基极，当计算机输出控制信号置 DO0 为高电平时，三极管导通，继电器常开开关 KM1 闭合，指示灯 L 亮；当置 DO0 为低电平时，三极管截止，继电器常开开关 KM1 打开，指示灯 L 灭。

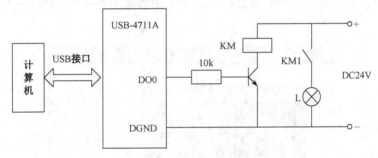

图 12-17　计算机数字量输出线路

也可使用万用表直接测量数字量输出 0 通道（如 DO0 与 DGND）之间的输出电压（高电平或低电平）。

三、任务实现

1. 建立新工程项目

运行组态王程序，在工程管理器中创建新的工程项目。

工程名称："DO"；工程描述："数字量输出项目"。

2. 制作图形画面

画面名称"数字量输出"。

（1）执行菜单"图库/打开图库"命令，为图形画面添加 1 个开关对象，1 个指示灯对象。

（2）在开发系统工具箱中为图形画面添加 1 个按钮控件"关闭"，并用"直线"工具画线将开关对象与指示灯对象连接起来。

设计的画面如图 12-18 所示。

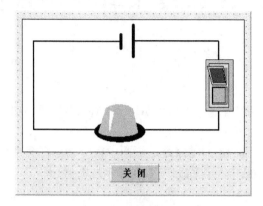

图 12-18　图形画面

3．定义设备

在组态王工程浏览器的左侧选择"设备"中的"板卡"选项，在右侧双击"新建…"按钮，运行"设备配置向导"。

（1）选择"设备驱动"→"智能模块"→"研华 PCI 板卡"→USB4711→USB，如图 12-19 所示。

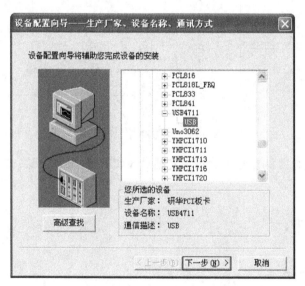

图 12-19　选择 USB 设备

（2）单击"下一步"按钮，给要安装的设备指定唯一的逻辑名称，如"USB4711"。

（3）单击"下一步"按钮，选择串口号，如"COM1"。

（4）单击"下一步"按钮，给要安装的设备指定地址"1"。

（5）单击"下一步"按钮，不改变通信参数。

（6）单击"下一步"按钮，显示所安装设备的所有信息。

(7) 检查各项设置是否正确，确认无误后，单击"完成"按钮。

设备定义完成后，可以在工程浏览器的右侧看到新建的外部设备"USB4711"。

4．定义变量

（1）定义变量"数字量输出"：数据类型选"I/O 整数"，连接设备选"USB4711"，寄存器选"DO"，输入数值 0（表示置数字量输出 0 通道高低电平），数据类型选"Bit"，读写属性选"只写"，如图 12-20 所示。

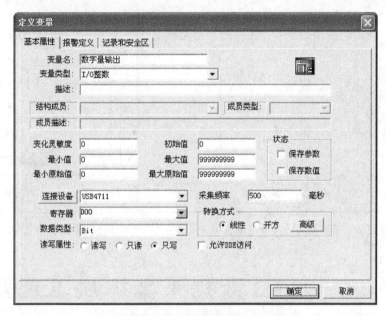

图 12-20　定义"数字量输出"变量

（2）定义变量"指示灯"：变量类型选"内存离散"，初始值选"关"。
（3）定义变量"开关"：变量类型选"内存离散"，初始值选"关"。

5．建立动画连接

（1）建立指示灯对象动画连接：将指示灯对象与变量"指示灯"连接起来。
（2）建立开关对象动画连接：将开关对象与变量"开关"连接起来。
（3）建立按钮对象"关闭"动画连接：按钮"弹起时"执行命令"exit(0);"。

6．编写命令语言

在组态王工程浏览器的左侧选择"命令语言/数据改变命令语言"选项，在右侧双击"新建"按钮，弹出"数据改变命令语言"对话框，在"变量[.域]"文本框中输入"\\本站点\开关"，在编辑栏中输入相应语句，如图 12-21 所示。

7．调试与运行

将设计的画面全部存储并配置成主画面，启动画面运行程序。

开启画面中的开关，画面中指示灯颜色改变，同时，线路中数字量输出 0 通道输出高电平（3.5V）；关闭画面中的开关，画面中指示灯颜色改变，同时线路中数字量输出 0 通道输出低电平（0V）。

程序运行画面如图 12-22 所示。

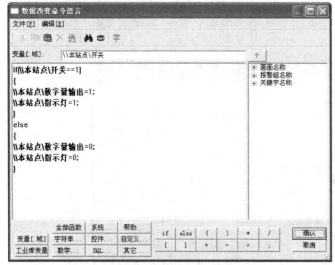

图 12-21 输入数据改变命令语言

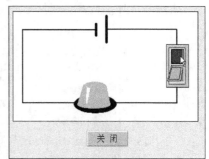

图 12-22 程序运行画面

实例 50 USB 数据采集模块温度监控

一、设计任务

采用 KingView 编写应用程序，实现 USB-4711A 数据采集模块温度测量与报警控制。
（1）自动连续读取并显示温度测量值，绘制温度实时变化曲线。
（2）统计采集的温度平均值、最小值与最大值。
（3）实现温度上下限报警指示并能在程序运行中设置报警上下限值。

二、线路连接

在图 12-23 中，Pt100 热电阻检测温度变化，通过温度变送器（测量范围 0~200℃）和 250Ω 电阻转换为 1~5V 电压信号，送入 USB-4711A 数据采集模块模拟量 1 通道；当检测温度小于计算机程序设定的下限值，计算机输出控制信号，使模块数字量输出 1 通道 DO1 引脚置高电平，DO 指示灯 1 亮；当检测温度大于计算机设定的上限值，计算机输出控制信号，使模块数字量输出 2 通道 DO2 引脚置高电平，DO 指示灯 2 亮。

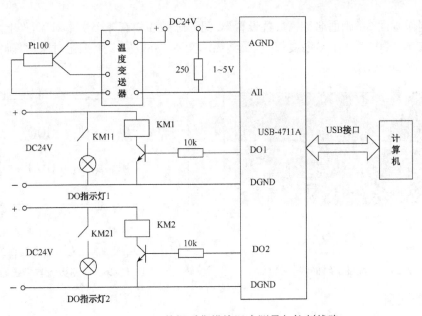

图 12-23 USB 数据采集模块温度测量与控制线路

三、任务实现

1. 建立新工程项目

工程名称:"AI&DO";工程描述:"温度测量与控制"。

2. 制作图形画面

(1) 制作画面 1:画面名称"超温报警与控制"(主画面)。

图形画面 1 中有 1 个仪表对象、3 个指示灯对象、3 个按钮对象、10 个文本对象、1 个传感器对象等,如图 12-24 所示。

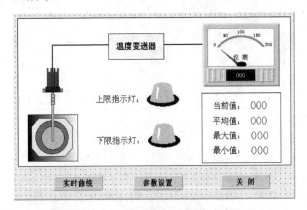

图 12-24 "超温报警与控制"主画面

(2) 制作画面 2:画面名称"温度实时曲线"。

图形画面 2 中有 1 个"温度实时曲线"对象,1 个按钮对象,如图 12-25 所示。

（3）制作画面3：画面名称"参数设置"。图形画面3中有4个文本对象，"上限温度值："及其显示文本"000"，"下限温度值："及其显示文本"000"；2个按钮对象，"确定"和"取消"，如图12-26所示。

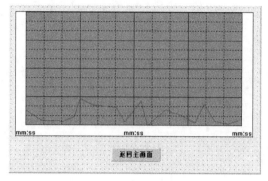

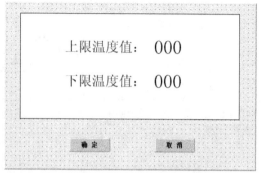

图12-25　"温度实时曲线"画面　　　　　图12-26　"参数设置"画面

3. 定义设备

在组态王工程浏览器的左侧选择"设备"中的"板卡"选项，在右侧双击"新建…"按钮，运行"设备配置向导"。

（1）选择"设备驱动"→"智能模块"→"研华PCI板卡"→USB4711→USB，如图12-27所示。

图12-27　选择USB设备

（2）单击"下一步"按钮，给要安装的设备指定唯一的逻辑名称，如"USB4711"。
（3）单击"下一步"按钮，选择串口号，如"COM1"。
（4）单击"下一步"按钮，给要安装的设备指定地址"1"。
（5）单击"下一步"按钮，不改变通信参数。
（6）单击"下一步"按钮，显示所安装设备的所有信息。
（7）检查各项设置是否正确，确认无误后，单击"完成"按钮。

设备定义完成后，可以在工程浏览器的右侧看到新建的外部设备"USB4711"。

4．定义变量

1）定义 1 个模拟量输入变量

变量名为"AI"，变量类型选"I/O 实数"，变量的最小值设为"0"、最大值设为"200"（按变送器输入温度范围 0~200℃确定）。最小原始值设为 1、最大原始值设为 5（对应 1~5V）。

连接设备选"USB4711"（前面已定义），寄存器选 AI，输入 1（表示模拟量输入 1 通道），即寄存器设为 AI1；数据类型选"FLOAT"；读写属性选"只读"。

变量"模拟量输入"的定义如图 12-28 所示。

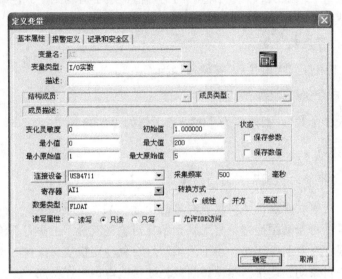

图 12-28　定义模拟量输入变量

2）定义 1 个数字量输出 I/O 变量

变量名为"DO1"，数据类型选"I/O 整数"，连接设备选"USB4711"，寄存器选"DO1"，输入数值 1（表示数字量输出 1 通道），数据类型选"Bit"，读写属性选"只写"，如图 12-29 所示。

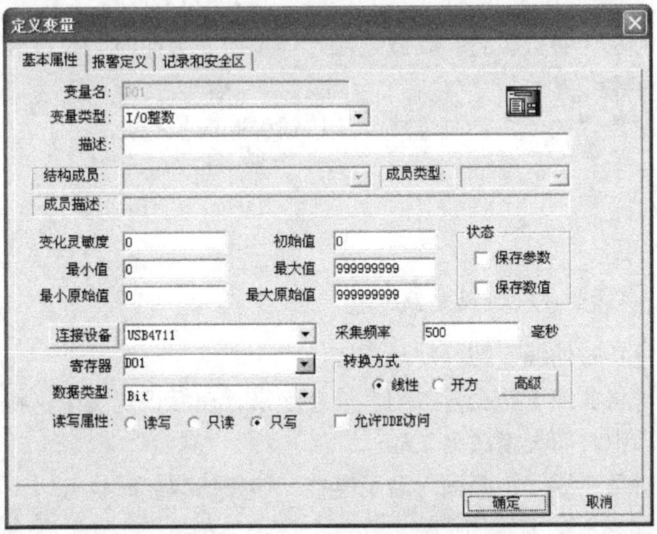

图 12-29　定义数字量输出

同样定义 1 个数字量输出 I/O 变量，变量名为"DO2"，寄存器设为 DO2。

3）定义 8 个内存实型变量

变量"上限温度"、"设定上限温度"的初始值均为"25"，最小值均为"0"，最大值均为"100"。

变量"下限温度"、"设定下限温度"的初始值均为"20"，最小值均为"0"，最大值均为"100"。

变量"平均值"、"最大值"、"最小值"的初始值、最小值均为"0"，最大值均为"100"。

变量"累加值"的初始值、最小值均为"0"，最大值为"200000"。

4）定义 3 个内存离散变量

"上限灯"、"下限灯"、"电炉"，初始值均为"关"。

5）定义 1 个内存整型变量

变量名为"采样个数"，初始值为"0"，最大值为"2000"。

5．建立动画连接

1）建立"超温报警与控制"画面动画连接

（1）建立仪表对象动画连接。将仪表对象与变量"AI"连接起来。

（2）建立上限灯对象动画连接。将上限指示灯对象与变量"上限灯"连接起来。

（3）建立下限灯对象动画连接。将下限指示灯对象与变量"下限灯"连接起来。

（4）建立电炉对象动画连接。将电炉对象与变量"电炉"连接起来。

（5）建立当前值、平均值、最大值、最小值显示文本对象动画连接。将它们显示文本对象"000"的"模拟值输出"属性分别与变量"AI"、"平均值"、"最大值"、"最小值"连接，输出格式为整数 2 位，小数 1 位。

（6）建立按钮对象"实时曲线"动画连接。该按钮"弹起时"执行以下命令：

　　ShowPicture("温度实时曲线");

（7）建立按钮对象"参数设置"动画连接。该按钮"弹起时"执行以下命令：

　　ShowPicture("参数设置");

（8）建立按钮对象"关闭"动画连接。该按钮弹起时执行命令：

　　\\本站点\DO1=0;

　　\\本站点\DO2=0;

　　exit(0);

2）建立"温度实时曲线"画面动画连接

（1）建立"温度实时曲线"控件动画连接。

在曲线定义中，将曲线 1 与变量"AI"连接起来。在标识定义中，将"标识 Y 轴"选项去掉，将时间轴选项中时间长度改为 2min。

（2）建立按钮对象"返回主画面"动画连接。该按钮弹起时执行以下命令：

　　ShowPicture("超温报警与控制");

3）建立"参数设置"画面动画连接

（1）建立上限温度值显示文本"000"动画连接。

将其"模拟值输出"属性与变量"设定上限温度"连接，再将"模拟值输入"属性与变量"设定上限温度"连接，将值范围的最大值改为"200"，最小值改为"100"。

（2）建立下限温度值显示文本"000"动画连接。

将其"模拟值输出"属性与变量"设定下限温度"连接，再将"模拟值输入"属性与变量"设定下限温度"连接，将值范围的最大值改为"100"，最小值改为"20"。

（3）建立按钮对象"确定"动画连接。该按钮弹起时执行以下命令：

\\本站点\上限温度=\\本站点\设定上限温度;

\\本站点\下限温度=\\本站点\设定下限温度;

closepicture("参数设置");

ShowPicture("超温报警与控制");

（4）建立按钮对象"取消"动画连接。该按钮弹起时执行以下命令：

\\本站点\设定上限温度=\\本站点\上限温度;

\\本站点\设定下限温度=\\本站点\下限温度;

closepicture("参数设置");

ShowPicture("超温报警与控制");

注：ShowPicture 函数用于显示指定名称的画面。

ClosePicture 函数用于将已调入内存的画面关闭，并从内存中删除。

6．编写程序代码

（1）双击命令语言"事件命令语言"项，在弹出的对话框中，在"事件描述"文本框中输入表达式："\\本站点\AI>0"；在事件"发生时"编辑栏中输入以下初始化语句：

\\本站点\采样个数=0;

\\本站点\累加值=0;

\\本站点\最大值=\\本站点\AI;

\\本站点\最小值=\\本站点\AI;

（2）双击命令语言"应用程序命令语言"项，在弹出的对话框中，将运行周期设为"500"。在"启动时"编辑栏里输入以下程序：

ShowPicture("温度实时曲线");

ShowPicture("超温报警与控制");

在"运行时"编辑栏里输入以下控制程序：

if(\\本站点\AI<=\\本站点\下限温度)

{

\\本站点\下限灯=1;

\\本站点\电炉=1;

\\本站点\DO1=1;

}

if(\\本站点\AI>\\本站点\下限温度 && \\本站点\AI<\\本站点\上限温度)

```
    {
    \\本站点\上限灯=0;
    \\本站点\下限灯=0;
    \\本站点\电炉=1;
    \\本站点\DO1=0;
    \\本站点\DO2=0;
    }
    if(\\本站点\AI>=\\本站点\上限温度)
    {
    \\本站点\上限灯=1;
    \\本站点\电炉=0;
    \\本站点\DO2=1;
    }
    \\本站点\采样个数=\\本站点\采样个数+1;
    \\本站点\累加值=\\本站点\累加值+\\本站点\AI;
    \\本站点\平均值=\\本站点\累加值 /\\本站点\采样个数;
    if(\\本站点\AI>=\\本站点\最大值)
    {
      \\本站点\最大值=\\本站点\AI;
    }
    if(\\本站点\AI<=\\本站点\最小值)
    {
    \\本站点\最小值=\\本站点\AI;
    }
```

7. 调试与运行

将设计的画面全部存储,将"超温报警与控制"画面配置成主画面,启动画面运行程序。当温度传感器的检测温度在不同范围时,出现不同响应,见表12-1。

表12-1 程序运行响应

检测温度 AI（℃）	程序主画面动画			线路中指示灯动作	
	上限灯	下限灯	电炉	DO 指示灯 1	DO 指示灯 2
AI＜下限温度	灭	亮	开	亮	灭
下限温度≤ AI ≤上限温度	灭	灭	开	灭	灭
AI＞上限温度	亮	灭	关	灭	亮

单击主画面"实时曲线"按钮,进入温度实时曲线画面,可以观看温度实时变化曲线,单击"返回主画面"按钮可以返回"超温报警与控制"主画面。

单击主画面"参数设置"按钮,进入参数设置画面,可以设置温度的报警上限、下限值;单击"确定"按钮可以确认当前设定值,单击"取消"按钮保持原先设定值不变。

主画面运行情况如图 12-30 所示,实时曲线运行情况如图 12-31 所示,参数设置画面如图 12-32 所示。

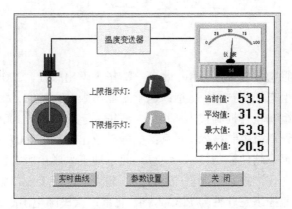

图 12-30　程序主画面

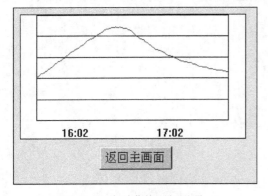

图 12-31　实时曲线运行画面

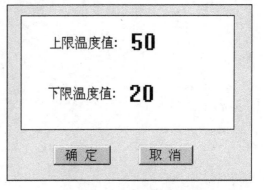

图 12-32　参数设置运行画面

参 考 文 献

[1] 马国华. 监控组态软件及其应用. 北京：清华大学出版社，2001.
[2] 袁秀英，等. 组态控制技术. 北京：电子工业出版社，2003.
[3] 张文明，等. 组态软件控制技术. 北京：清华大学出版社，2006.
[4] 李江全，等. 计算机控制技术. 北京：机械工业出版社，2007.
[5] 覃贵礼，等. 组态软件控制技术. 北京：北京理工大学出版社，2007.
[6] 李江全，等. 现代测控系统典型应用实例. 北京：电子工业出版社，2010.
[7] 严盈富，等. 监控组态软件与 PLC 入门. 北京：人民邮电出版社，2006.
[8] 李江全，等. 案例解说组态软件典型控制应用. 北京：电子工业出版社，2011.